Marketing 2020

Oliver Dziemba und *Eike Wenzel* sind im von Matthias Horx gegründeten Zukunftsinstitut tätig.

Oliver Dziemba arbeitet unter anderem als Autor für verschiedene Zukunftsstudien sowie den Zukunftsletter und als Online-Redakteur.

Eike Wenzel ist Chefredakteur des Zukunftsinstituts und in Beratungsprojekten mit Unternehmen aus den verschiedensten Branchen sowie als Referent in den Bereichen Tourismus, Medien, Food, Handel, Lebensstilforschung und Wertewandel tätig.

Oliver Dziemba, Eike Wenzel

Marketing 2020

Die elf neuen Zielgruppen – wie sie leben, was sie kaufen

Campus Verlag
Frankfurt/New York

Bibliografische Information der Deutschen Nationalbibliothek:
Die Deutsche Nationalbibliothek verzeichnet diese Publikation in der Deutschen Nationalbibliografie. Detaillierte bibliografische Daten sind im Internet unter http://dnb.d-nb.de abrufbar.
ISBN 978-3-593-38826-7

Umschlaggestaltung: Guido Klütsch, Köln
Grafiken: Silke Pentrop, Frankfurt
Satz: Publikations Atelier, Dreieich
Druck und Bindung: Druckhaus »Thomas Müntzer«, Bad Langensalza
Gedruckt auf säurefreiem und chlorfrei gebleichtem Papier.
Printed in Germany

Besuchen Sie uns im Internet: www.campus.de

Inhalt

Vorwort
Ethnologie der Gegenwart – Konzepte für das Leben von morgen

Für viele Menschen, auch für die Kunden des Zukunftsinstituts, sind Trendforscher diejenigen, die über die Zukunft spekulieren. Dabei geht es in unserer Arbeit fast immer um die Gegenwart. Wie setzt sich Gesellschaft zusammen? Und wie verändert sich das Sozialgefüge in der modernen, städtischen Kultur? Wie leben Menschen, aus welchen Gründen und mit welchen Wünschen? Diese Fragen treiben uns um. Trendforschung, wie wir sie definieren, ist »wandlungsorientierte Sozialwissenschaft«. Nicht mehr. Aber auch nicht weniger.

In der Vergangenheit war das alles viel einfacher. Die Feudalgesellschaft kannte nur ganz wenige an der Spitze der Pyramide und 90 Prozent »unten«; allein die Geburt bestimmte über das Schicksal des Einzelnen. Marx definierte das Sozialgefüge dann als Klassengesellschaft, in der sich Proletariat und Bourgeoisie einen erbitterten Kampf um die Ressourcen lieferten – ein einfaches Weltmodell, dem auch heute noch mehr Menschen folgen, als man glauben mag.

Seit den 1970er Jahren sprechen wir von »sozialen Milieus«. Die berühmte Sinus-Studie von 1980 teilte die Gesellschaft in neun oder zehn große »Sozialcluster« auf – vom absteigenden Proletariat bis zu den Postmodernisten. Mit diesem Modell hat man auch im modernen Marketing lange Zeit gearbeitet. Bis es sich, wie auch die klassische Zielgruppenlogik, als zu eng und zu statisch herausstellte.

In den Lebensstil-Typologien, die Sie in diesem Buch finden, werden die Menschen nicht in statische Fächer gesteckt. Es werden vielmehr Geschichten erzählt: von Aufbrüchen, Wandlungen, Veränderungen. Denn das ist ja genau das Wesen der urbanen Mobilitätsgesellschaft, auf die wir mehr und mehr zusteuern: Menschen definieren sich nicht mehr durch ihre Konstanten, sondern durch die Widersprüche und Veränderungen, in denen sie leben. Tiger-Ladys, Inbetweens und Netzwerk-Familien – das sind keine fixierten »Lifestyles« mehr, sondern transitorische Positionen, Häutungsprozesse, in denen man sich zu einer gewissen Zeit seines Lebens befindet. In diesen Begriffen drücken sich die Spannungsverhältnisse aus, die jeder von uns durchläuft. Und an deren Ende womöglich die große, säkulare Utopie unserer Tage steht: reife Individualität.

Zur guten alten Sozialforschung, aber auch zur traditionellen Marktforschung, steht all dies natürlich im Widerspruch. Die sortierte die Menschen gnadenlos und präzise in lebenslange Kästen, Schubladen und Schächtelchen. Trend-Denken und Trend-Logik sollen sie dort wieder herausholen. Ich hoffe, das ist uns gelungen.

Herzlich, Ihr

Matthias Horx

2020: Eine Lebensstil-Typologie für Gesellschaft, Konsum und Marketing

»Moderne Menschen wollen sich heute in verschiedene Lebensstile und Atmosphären einklinken und diese auch flexibel wieder verlassen können.«

Carl-Peter Forster,
Vorstandsvorsitzender der Adam Opel AG

Wandlungsbeschleunigte Gesellschaften brauchen Erkenntnismodelle, die den Wandel verständlich machen. In traditionellen Kulturen sprachen wir von Ständen oder auch Kasten. Bis etwa in die Mitte des 20. Jahrhunderts ließ sich die Sozialstruktur unserer Gesellschaft mittels sozialer Klassen beschreiben. Im Zuge der fortschreitenden Modernisierung, die vor allem durch Megatrends wie Individualisierung und soziale Mobilität gekennzeichnet ist, begann sich unsere Gesellschaft aber immer stärker zu differenzieren und zu pluralisieren. Zumindest in den vom ideologischen Klassendenken befreiten westlichen Gesellschaften konnte man plötzlich nicht mehr von einzelnen wenigen Klassen sprechen, da diese sich – für alle sichtbar – aufgelöst hatten.

Stattdessen begannen Soziologen die Gesellschaft in soziale Schichten aufzuteilen. Aber auch diese Schichten definierten sie weiterhin eindimensional hierarchisch entlang der klassischen Parameter Einkommen, Stellung im Beruf und Bildungsstand der Menschen. Sozialer Aufstieg – etwa durch einen im Vergleich zu den Eltern höheren Bildungsabschluss – war zwar leichter möglich und hauchte der Gesellschaft eine höhere Dynamik und Aufwärtsmobilität ein, aber man wusste nach wie vor ziemlich genau, mit wem man es zu tun hatte, wenn von der »Hausfrau«, dem »Facharbeiter« oder dem »Akademiker« die Rede war. Dem Siegeszug der bürgerlichen Kleinfamilie, der Bildungsreformen, des Massenkonsums, der Massenmedien und der Populärkultur im Lauf der 1970er Jahre war es dann zu verdanken, dass wir bis heute mehrheitlich von Milieus sprechen, wenn wir das soziale Beziehungsgefüge einer Gesellschaft zu beschreiben versuchen.

Veränderung wird allgegenwärtig. Mit einer sich in immer kürzeren Zeitabständen verändernden Gesellschaft veralten die Interpretationsmodelle immer schneller, anhand derer wir unsere Gesellschaft zu verstehen versuchen. Wie können wir soziales Leben heute überhaupt noch erfassen? 60-Jährige stürmen mit ihren Snowboards die Pisten, Mittzwanziger legen sich einen Schrebergarten zu und Schüler gründen in ihrer Freizeit ganz nebenbei Millionen-Unternehmen. Der Megatrend Individualisierung fegt mit gewaltiger Macht über die modernen Lebensentwürfe und Biografien und macht die klassischen Zielgruppeneinteilungen obsolet.

Abbildung 1: Die Zukunft der Gesellschaft: Individuelle Lebensstile
Klasse, Schicht, Milieu, Lebensstil

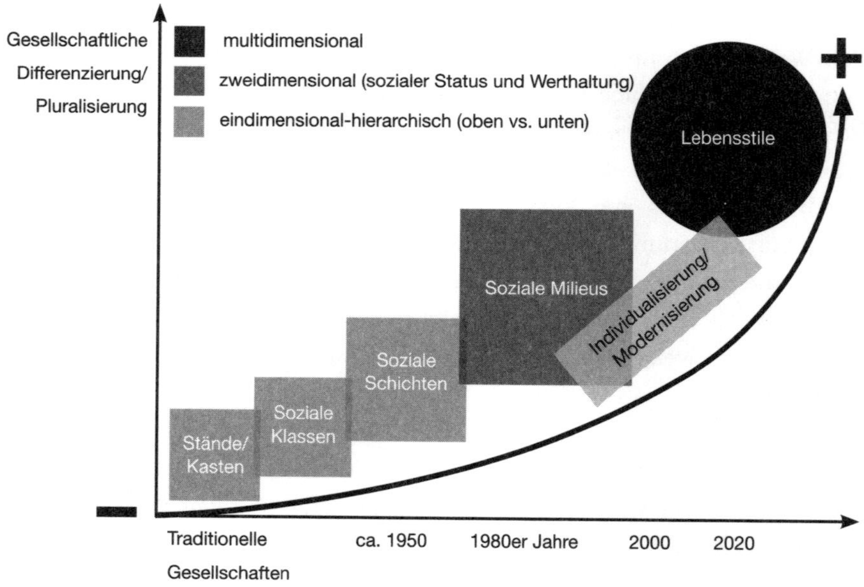

Quelle: Zukunftsinstitut 2007

Das, was Gesellschaft früher so schön überschaubar machte, unterliegt einem gewaltigen Erosionsprozess. Schicht und religiöse Zugehörigkeit sagen heute nur noch wenig über Menschen aus. Die Schichten sind durchlässig geworden und Religion wird als spirituelles Patchwork individuell zusammengestellt – wir sind dabei, uns unseren »eigenen Gott« zu konstruieren, wie der Soziologe Ulrich Beck sagt. Auch die klassischen Marktforschungsparameter Alter, Einkommen und Geschlecht erklären Sozial- und Konsumverhalten in einer differenzierten Gesellschaft nur noch unzureichend.

Marketing 2020 heißt: Abschiednehmen von Milieudenken und klassischer Marktforschung

Soziale Milieus haben gegenüber den Stände-, Klassen- und Schichtenmodellen den Vorteil, dass sie bei der Gruppierung nicht mehr nur allein den sozialen Status (Bildungsabschluss, Einkommen, Stellung im Beruf) berücksichtigen. Neben der vertikalen Dimension des sozialen Status, dem Oben und dem Unten in der gesellschaftlichen Hierarchie, beziehen Milieumodelle für die Gegenwartsdiagnose auch die Einstellungen und Wertorientierungen oder das Konsumverhalten der Menschen mit ein. Durch diese zweite, zusätzliche Dimension berücksichtigen sie auch das Nebeneinander bestimmter Gruppen in modernen Gesellschaften, in denen es eben nicht mehr nur ein Oben und ein Unten gibt – mit ein paar Abstufungen dazwischen.

Was ihren Erklärungswert angeht, kommen Milieumodelle also der zeitgenössischen Realität schon näher als das Denken in sozialen Schichten. Allerdings können sie aktuelle Gesellschaftstrends wie Individualisierung, das Ende der Subkulturen, den Megatrend Reife oder das Female Empowerment nicht einbeziehen. Das hat einen ganz einfachen Grund: Milieumodelle gehen im Grunde auf die Theorie sozialer Milieus des Soziologen Emile Durkheim zurück, der darüber schon Ende des 19. Jahrhunderts die soziale Welt beschrieben hat. Wohlgemerkt: Der Milieuansatz stammt vom Ende des 19. Jahrhunderts und versucht, die Gesellschaft des 19. Jahrhunderts zu beschreiben. Das ist mehr als 100 Jahre her, damals gab es noch keine Autos!

Die Konjunktur der Milieus erreichte ihren Höhepunkt 1992 in Gerhard Schulzes Untersuchung zur *Erlebnisgesellschaft*, einer Arbeit, die noch heute großen Einfluss hat. Schulze selbst hat seine groß angelegte Studie als ein Buch über die Lebensstilkultur der 80er Jahre bezeichnet. Im Prozess des allmählichen Verschwindens der industriellen Arbeit, der Auflösung traditioneller Klassenzugehörigkeit und dem Bedeutungsverlust sozialer Hierarchien stand in der Erlebnisgesellschaft der Blick auf die Milieus, auf Erlebnisse, Stile, Szenen und Subkulturen im Vordergrund. Von da ab machten die Milieus noch einmal Karriere: in der Politik, der Meinungs- und der Marktforschung.

In den Jahren 1980 und 2001 führte das Marktforschungsunternehmen Sinus (heute Sinus Sociovision) zwei weitgehend ähnliche Milieumodelle ein, die bis heute hohe Aufmerksamkeit erfahren – und das trotz ihres bescheidenen Erfolgs bei der strategischen Planung beispielsweise von Wahlkämpfen, wie Franz Walter, Professor für Politikwissenschaft an der Universität Göttingen, hervorhob.[1]

Für die hedonistischen 70er und 80er Jahre und auch noch für die 90er Jahre des 20. Jahrhunderts passten die Milieus jedoch wie angegossen und hatten ihren unbezweifelbaren Erklärungswert. Die klassische Marktforschung sowie das Denken in Zielgruppenschemata, Hoch- und Subkulturen, waren das unverzichtbare Handwerkszeug zum Verstehen einer Gesellschaft, die sich über Massenkonsum, Massenmarketing und Massenmedien definierte. Schulze konnte in der Erlebnisgesellschaft noch mit »Lebensalter und Bildungsgrad diejenigen Merkmale [identifizieren], mit denen sich die trennschärfsten Grenzlinien zwischen Erlebnismilieus in der Bundesrepublik ziehen lassen«.[2]

Weswegen die Milieus unzeitgemäß geworden sind

Im vergangenen Jahr hat TNS Infratest die Milieudebatte in Deutschland angeheizt, als das Meinungsforschungsinstitut in seiner Studie über Deutschlands Reformprozess das Milieu des »Abgehängten Prekariats« (8 Prozent) ausfindig machte. Niedriger Bildungsstand und infolgedessen hohe Arbeitslosigkeit werden als die dominanten Charakteristika angeführt. Am oberen Rand der Gesellschaft tummeln sich die sogenannten »Leistungsindividualisten« (11 Prozent). Die »Leistungsindividualisten« sind hoher Qualität und Service zugetan. Doch was passiert, wenn der Gutverdiener plötzlich arbeitslos wird? Und was ist, wenn jemand aus dem sogenannten »Prekariat« doch einen Job bekommt und über ein Einkommen verfügt?

Wie ist es zu bewerten, wenn sich jemand in seiner prekären Situation einrichtet, gar nicht auf Anstellung und Arbeitsplatz setzt und damit glücklich wird? Gibt es nicht längst eine neue, selbstbewusste Selbstständigen- und Freelancer-Kultur, die den Milieuschubladen auf listige Weise entkommt? Wie lassen sich diese individualistischen Lebensentwürfe erklären und verstehen? Immerhin kommt der aktuelle Armutsbericht der Bundesregierung zu dem überraschenden Ergebnis: Jeder dritte Arme lässt die Armut nach einem Jahr hinter sich, zwei Drittel nach zwei Jahren.[3] Wer unsere Gesellschaft im 21. Jahrhundert verstehen möchte – das ist für uns die Konsequenz –, der muss endlich das Milieukonzept hinter sich lassen. Die offensichtlichen Gründe dafür sind:

Milieus setzen starre Lebensmuster voraus. Milieumodelle haben gegenüber dem Lebensstil-Ansatz den offensichtlichen Nachteil, dass sie mehr oder weniger fixe Existenzen und Lebensmuster voraussetzen. Folgt man diesem Ansatz, dann bleiben Menschen, die einmal in einem bestimmten Milieu »eingecheckt« haben, Zeit ihres Lebens diesem Milieu verhaftet.

Milieus ignorieren soziale Mobilität. Milieumodelle berücksichtigen zu wenig die Wahrscheinlichkeit sozialer Mobilität, also des Wechsels von Lebenssituationen und -mustern innerhalb der Biografie. Gerade aber diese soziale Mobilität und intrabiografischen Wechsel sind zentrale Charakteristika des dynamischen Wandels unserer Zeit.

Milieus sind gegenwartsfixiert. Und wichtiger noch: Milieumodelle eignen sich allenfalls zur Beschreibung der Gegenwart. Obwohl sogar die Milieuforscher inzwischen einsehen müssen, dass es die einstmals so klaren Trennungen einzelner Gruppen gar nicht mehr gibt, haben sie sich nie für die Beschreibung möglicher Zukünfte eingesetzt. Selbst wenn in den unterschiedlichen Milieumodellen zum Beispiel von »Modernen Performern«, »Experimentalisten«, »Aufstiegsorientiertem Milieu« oder »Engagiertem Bürgertum« die Rede ist, ist längst nicht klar, ob und, wenn ja, welche Bedeutung diese für die Gesellschaft von morgen haben.

> »… man strebt nach Gesetzmäßigkeiten, wo alles Wesentliche singulären Charakter hat; man sucht nach einfachen Modellen und empirisch falsifizierbaren Aussagen, klammert Singularität, Facettenreichtum, Unschärfe, Untrennbarkeit von Beobachter und Beobachtungsgegenstand wider besseres Wissen aus.«
>
> *Gerhard Schulze über die Defizite von Marktforschung und empirischer Sozialforschung in »Ökonomie und Glück«*

Der U-Turn des Marketings: Singuläre Lebensstile ersetzen Zielgruppen

Ein Marketing, das zukunftsfähig sein möchte, muss sich den Paradoxien und Überkomplexitäten des modernen Lebens aussetzen. Nur so ist es in der Lage, den Wandel zu gestalten und trendorientierte Kommunikation zu betreiben. Das Faktum der gesellschaftlichen Individualisierung ist hierbei der Dreh- und Angelpunkt. Mit dem Wirkungsloswerden des Milieugedankens wird deshalb auch die klassische Marktforschung fraglich. Ein Beispiel: Was können wir heute noch über das rein biologische Alter im Hinblick auf Wünsche, Bedürfnisse und Konsumentscheidungen der Menschen aussagen? Wir denken, nicht mehr allzu viel. Einige Belege dafür:

Die vermeintliche Twen-Sportart Snowboard. Eine US-Studie ergab, dass mehr als ein Drittel (35 Prozent) der aktiven Snowboarder ab 16 Jahren ihren 35. Geburtstag bereits gefeiert hat. Das ist innerhalb der letzten zehn Jahre ein Zuwachs von mehr als 50 Prozent bei den »Older Snowboardern«.

Ein Mercedes für wen? Die Strategen des Automobilriesen wollten mit dem Launch der A-Klasse den Käufernachwuchs an die konservativen Marken heranführen. Die Zielgruppenstrategie ging nach hinten los – doch der Wagen verkaufte sich trotzdem. Allerdings waren es die sogenannten Best Ager, die die A-Klasse präferierten, unter anderem weil der erhöhte Einstieg mehr Komfort versprach.

Handy- und Online-Gaming für erwachsene Männer und Frauen. Eine Untersuchung des BITKOM hat gezeigt, dass Handy- und Online-Gaming kein reiner Jugendtrend mehr ist: Jeder dritte Käufer von Handy-Spielen ist älter als 30 Jahre. Zudem rücken immer mehr Frauen in den Zielgruppenfokus der Spieleindustrie: Ein Drittel der Downloads wird bereits von weiblichen »Zockern« vorgenommen.

***Born to be wild* jenseits von 40 Jahren.** Die Stuttgarter Motorpresse berichtete, dass mehr als die Hälfte der neu zugelassenen Motorräder auf die über 40-Jährigen entfällt. Desinteresse zeigt dagegen der Nachwuchs: Wurden im Jahr 1995 noch 39 000 Motorräder auf die unter 25-Jährigen zugelassen, so sank diese Zahl im Jahr 2005 auf 13 000 – bei insgesamt 160 000 Motorrad-Zulassungen.

Menschen altern mit ihren geliebten Marken und Produkten. Ein anderes Beispiel sind die sogenannten Popwellen des öffentlich-rechtlichen Rundfunks, also Programme wie SWR3, BR 3, hr3 oder NDR 2. Um sie den Werbetreibenden schmackhaft zu machen, wurden sie lange Zeit als jugendliche Formate angeboten. Erst kürzlich haben einige öffentlich-rechtliche Sender ausgewiesene Jugend- beziehungsweise Teenie-Wellen (You FM, HR, Das Ding, SWR) entwickelt. Allerdings mit bescheidenem Hörerzuspruch und – Jugendwahn hin oder her – ohne besonderen Zuspruch der Werbetreibenden. Vorher galten die Popwellen als jung – obwohl das Durchschnittsalter der tatsächlichen Hörer weit oberhalb der magischen 30er-Grenze lag. Bei vielen der Popwellen war es einfach so, dass die Hörer mit ihrem Sender »mitgewachsen« sind, was dazu führte, dass beispielsweise SWR3-Hörer ihrem Sender (einem der beliebtesten in Deutschland) seit Jahrzehnten die Treue halten, dabei aber durchschnittlich 42,1 Jahre alt geworden sind.

Methusalem-Marathon in der Hauptstadt. In der Berichterstattung über den Berlin-Marathon sind ältere Teilnehmer für gewöhnlich nur eine Randnotiz wert. Schaut man jedoch genauer hin, zeigt sich, dass die Senioren immer sportlicher werden. Waren 1996 lediglich 1 461 Marathon-Teilnehmer über 55 Jahren, so gingen im vergangenen Jahr bereits 3 389 in dieser Altersgruppe an den Start. Am stärksten vertreten war die Gruppe der 40plus-Läufer (14 415).

Fazit: Die persönliche Ausgestaltung der Lebensphasen und die spezifische Situation, in der sich Menschen befinden, werden entscheidender bei der Zielgruppenbestimmung. Alter, Einkommen, Bildung, Geschlecht und soziale Prägung verlieren hingegen an Bedeutung.

Der schillernde Begriff »Zielgruppe« muss daher neu verstanden werden:

- Zielgruppen-Konstellationen verändern sich heute schneller als in Zeiten des Massenkonsums und sind tendenziell alters-, geschlechts- und schichtübergreifend zu verstehen.

- Zielgruppen müssen vor dem Hintergrund der zunehmenden biografischen Freiheiten und besonders unter dem Einfluss des Megatrends Individualisierung stärker in Bezug zum gesellschaftlichen Wandel gesetzt werden.
- Situative Faktoren werden immer wichtiger. Konsumstimmung und Verwendungskontext resultieren vermehrt aus den aktuellen Lebensmustern.

Die entscheidende Frage, die uns bei der vorliegenden Lebensstil-Typologie angetrieben hat, ist deshalb folgende: Welche sozialen Muster, welche Lebens- und Arbeitsweisen sind wegweisend? Diese Frage lässt sich nicht über die Analyse klassischer Milieus beantworten. Sie bedarf der Betrachtung bestimmter avantgardistischer Lebensstile und der Prüfung ihrer Relevanz für die Welt in fünf, zehn oder 20 Jahren. Deswegen analysieren wir Innovatoren, Avantgarden, Vorreiter, Early Adopter oder wie immer man sie nennen mag. Es sind neue Lebensstilgruppen, die in der Regel einen stark individualisierten Lebenswandel pflegen und sich bewusst aus klassischen Rollen herausbewegt haben. Allen ist gemeinsam, dass sie das Ticket für die Zukunft in der Tasche haben. Sie werden, davon sind wir überzeugt, die Lebensstile, Konsumsphären und Märkte der Zukunft prägen. Wer über die Zukunft seiner Kunden nachdenkt, wird bei ihnen fündig – und nicht in einer Marktforschung, die immer nur einen Ist-Zustand zu beschreiben vermag und am Faktischen, am Sichtbaren, Nachprüfbaren, an der Gegenwart hängen bleibt.

Zwei Gesichtspunkte sind hierbei besonders wichtig:

1. Von der Normalbiografie zur Multigrafie
2. Die Macht der Situation

1. Von der Normalbiografie zur Multigrafie

Bis in die 70er Jahre hinein lebten die meisten Menschen ihr Leben gemäß einer dreiteiligen »Normalbiografie«. Jugend (als Ausbildungszeit), Berufstätigkeit und Familienzeit (als Reproduktionsphase) sowie Ruhestand folgten einem linearen und stufenförmigen Ablauf. In der Regel begann die eine Phase erst, wenn die andere abgeschlossen war: Junge Menschen machten einen Bildungsabschluss (damit war das Thema Lernen beendet) und ergriffen dann einen Beruf, den sie nicht selten bis zur Rente ausübten. Die Rentenphase war die Zeit zum Ausruhen (worauf man schließlich das ganze Leben hingearbeitet hat) und die Vorbereitung auf den Tod.

Abbildung 2: Von der dreiphasigen zur fünfphasigen Biografie

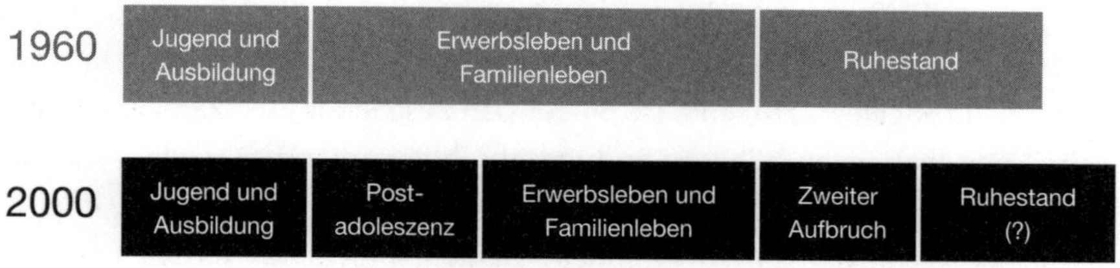

Quelle: Zukunftsinstitut 2007

Im Zeitalter der Wissensgesellschaft gehört die Normalbiografie mehr und mehr der Vergangenheit an. Die Triebkräfte wichtiger Megatrends haben zu der zunehmenden Pluralisierung der Lebensstile geführt und auch die 5-phasige Biografie hervorgebracht. Ein kurzer Überblick:

- **Megatrend Individualisierung.** Die forcierte Pluralisierung der Lebensstile und Lebensentwürfe setzte in den 1980er Jahren des 20. Jahrhunderts ein, als das traditionelle Familienmodell und die bürgerliche Pflichtkultur infrage gestellt wurden. Seitdem entwickeln wir eine Vielheit von individuellen Identitätsentwürfen und Beziehungskonzepten.
- **Megatrend New Work.** In der Wissensgesellschaft sind wir zu lebenslangem Lernen gezwungen. Jobs werden verlagert, Unternehmen strukturieren sich um. Die Flexibilisierung der Wirtschaft erfordert von den Menschen eine ständige Anpassungsleistung. Phasen des Arbeitens lösen sich mit Phasen des Lernens ab. Auch mit 50 können wir Schüler oder Praktikant sein und einen entsprechenden Lebensstil pflegen.
- **Megatrend Alterung.** Die erweiterte Lebensspanne entzerrt den biografischen Druck. Für unsere Lebensplanung ist nicht so sehr entscheidend, wie viele Jahre hinter uns liegen, sondern wie viele Jahre wir noch vor uns haben. Wer als 60-Jähriger mit weiteren 30 Lebensjahren rechnet, tut sich leichter, noch mal ein Unternehmen oder eine Familie zu gründen. Die Tatsache, dass Eltern heute immer später ihr erstes Kind zur Welt bringen, ist dem neuen Langlebigkeitszeitalter geschuldet.

In Zukunft erweitern sich unsere Biografien um zwei neue Lebensphasen:

Postadoleszenz. Zwischen Jugend- und Erwachsenenphase schiebt sich die Postadoleszenz – die Zeit des Ausprobierens, der »seriellen Monogamie«, der Selbstfindung und der Ausprägung individueller Eigenschaften. In dieser Zeit sind junge Menschen noch nicht auf ein berufliches oder familiäres Modell festgelegt. Diese Phase weitet sich zusehends aus. Zum einen weil mehr Menschen einen höheren Bildungsabschluss anstreben, sodass sich die Ausbildungszeiten verlängern. Zum anderen dauert es heute länger, in gesicherte berufliche Bahnen zu kommen. Dementsprechend werden Familien später gegründet und am jugendlichen Lebensstil festgehalten. Entwicklungs- und Sozialpsychologen sprechen auch vom »psychosozialen Moratorium«, einem verzögerten Schritt zur Erwachsenen-Identität.

Ein Beispiel dafür: Mittdreißiger beschäftigen sich mit Fragen des Verliebtseins und des richtigen Outfits. Das Zentralorgan für die Dauerjugendlichen ist das Magazin *Neon*. Titel des März-Hefts 2007: »Verdammt, ich bin verliebt!« Das Magazin aus dem Hause Gruner & Jahr verbucht seit Jahren steigende Auflagenzahlen. Im Jahr 2006 übersprang es die Schwelle von 200 000 verkauften Exemplaren – das sind fast doppelt so viele wie beim Start im Jahr 2003. Anfangs prangte noch als Motto auf der Titelseite: »Eigentlich sollten wir erwachsen werden«. Das Magazin richtete sich zunächst an die 20- bis 29-Jährigen. Der Neon-Durchschnittsleser ist heute jedoch 31 Jahre alt.

Zweiter Aufbruch. Der zweite Aufbruch beschreibt die Phase der Neuorientierung im mittleren Alter, die aufgrund von Fitness- und Gesundheitspotenzialen noch neue Aktivitäten erlaubt. Hier steigt die Scheidungsrate wieder, Frauen verlassen oft ihre regressiven Männer. Männer orientieren sich neu im Beruf oder bei jüngeren Frauen. Der zweite Aufbruch ist nicht mit der Midlife-Crisis zu verwechseln. Diese hat sich auf Mitte 20 verschoben und wird zur Quarterlife-Crisis. Der zweite Aufbruch ist kein rebellisches Aufbäumen vor der Rente, sondern ein bewusster Neuanfang. Die erweiterte Lebensspanne wird im Sinne eines »Zweiten Alters« aktiv gestaltet.

Multigrafie: Alles ist immer (wieder) möglich

Diese erweiterte biografische Freiheit bildet nun die Grundlage für die Ausprägung neuer Lebensstilgruppen, die in diesem Buch unter die Lupe genommen werden.

Jugend beginnt früher und hört später auf. Als neue Lebensstile in der Typologie der Jüngeren bilden sich die CommuniTeens, Inbetweens und Young Globalists heraus. Aber auch die jungen Latte-Macchiato-Eltern zeigen, dass sich »Jugend- und Ausbildungsphase« immer häufiger mit »Familien- und Erwerbsphase« überschneidet. Alle diese Typen erproben verschiedene Strategien im Umgang mit unsicher erscheinenden Zukunftsentwürfen.

In der »Familien- und Erwerbsphase« bilden sich neue Individualitäts- und Partnerschaftsmodelle heraus. Die Super-Daddys heben für sich die Grenze zwischen Familien- und Erwerbsarbeit auf. Die Tiger-Ladys dringen selbstbewusst in viele Reservate der Männer ein und definieren weibliche Identität neu. Während die VIB-Familien traditionelle Rollen neu interpretieren, definieren die Netzwerk-Familien den Begriff »Familie« neu.

Indes kann im »dritten Abschnitt« bei den Älteren nicht mehr von »Ruhestand« gesprochen werden. Kreativität und Selbstbewusstsein sind die Stichwörter für die Phase des »Zweiten Aufbruchs« (und »Dritten Aufbruchs«). Hier tun sich die Silverpreneure, Greyhopper und Super-Grannys als Lebensstile hervor, die nicht mehr mit den Begriffen »Rente« oder »Senior« beschrieben werden können – in den USA hat sich für sie längst die schmeichelhaftere Bezeichnung »Mature-Consumer« gefunden.

Es ist ein besonderer Wesenszug der Multigrafie, dass sie keiner linearen Logik mehr gehorcht. Die einzelnen Abschnitte werden zu Phasen, die sich überschneiden (Kind und Karriere), zu Unterbrechungen führen (Arbeitslosigkeit, Sabbaticals) und ihre Fortsetzungen oder Wiederholungen finden (neue Ehe, neue Familie).

Wie Multigrafien unsere herkömmlichen biografischen Muster ablösen

Einzelne Lebensphasen folgen keinem linearen Zeitstrahl mehr, sondern vollziehen sich in Schleifen, die auf vielfältige Weise miteinander verwoben sein können. Wir durchlaufen sie in vielerlei Hinsicht immer wieder auf neue und andere Weise. Kurzum: Die Normalbiografie weicht der Multigrafie. Die wichtigsten Indikatoren dafür sind:

Zwei bis drei Familiengründungen im Laufe eines Lebens sind keine Seltenheit mehr. Die Anteile der wiederverheiratungswilligen Geschiedenen beispielsweise beträgt nach Auskunft des Bundesfamilienministeriums bei Frauen rund 61 Prozent und bei Männern etwa 55 Prozent.

An die Stelle eines einzelnen, lebenslangen Berufs tritt ein Nebeneinander verschiedener Beschäftigungsformen. Wie eine aktuelle Studie des Instituts für Arbeitsmarkt- und Berufsforschung (IAB) zeigt, hat sich zwischen 2002 und 2004 die Zahl der Mehrfachbeschäftigten von 900 000 auf rund 1,5 Millionen erhöht.

Die Reproduktionsphase hat sich in den letzten Jahren stark ins höhere Lebensalter verschoben. Im Zeitraum von 2000 bis 2004 ist die Geburtenziffer nur bei den 35-Jährigen (plus 7,2) und bei den 40-Jährigen (plus 7,2) angestiegen. Bei den 25-Jährigen (minus 8,9) und den 30-Jährigen (minus 1,0) ist sie gesunken.

Angesichts der neuen multibiografischen Vielfalt greifen viele der im Industriezeitalter entwickelten Absicherungssysteme ins Leere. Warum sollte man beispielsweise nicht einfach die Rente vorziehen, wenn der persönliche Lebensentwurf vorsieht, im Alter zu arbeiten? Forscher am Max-Planck-Institut für demografische Forschung konnten mit dem Rostocker Index kürzlich zeigen, dass bereits in 20 Jahren 8 Prozent weniger gearbeitet wird als heute, wenn die (wenigen) Jüngeren weiter viel und die (vielen) Älteren weiter wenig am Erwerbsleben teilnehmen. Interessant daran ist das Resümee der Forscher: In Zeiten des demografischen Wandels ist neben der geringen Erwerbsbeteiligung Älterer auch das starre Muster der heutigen Biografien nicht mehr zukunftsfähig. Die Forscher schlagen deshalb eine Umverteilung der Arbeit vor. Das würde dann auch Entlastung für die 35- bis 50-Jährigen schaffen, bei denen die Phase umfangreicher Erwerbstätigkeit mit der Zeit kollidiert, die sie benötigen, um eine Familie zu gründen und Kinder großzuziehen. Das ist wissenschaftlich verordnete Multigrafie.

In Holland wird diese Option sogar staatlich unterstützt. Dort können sich die Bürger ihre private Altersvorsorge, die steuerlich begünstigt wird, jederzeit auszahlen lassen. Junge Paare nehmen dies in Anspruch, um mehr Zeit für die Familie zu haben. Viele sagen sich: Warum erst dann aufs Geld zugreifen, wenn man es gar nicht mehr so dringend braucht? Multigrafie in Reinkultur: Jeder soll selbst entscheiden können, wann er in Ruhestand gehen möchte. Und jeder soll es sich leisten können, auch einmal eine Auszeit zu nehmen – vor allem für die Familie. Neben vielen anderen ist das ein Hauptgrund dafür, dass die Kinderquote in unserem Nachbarland wesentlich höher liegt als bei uns.

Abbildung 3: Lebensstile der Zukunft

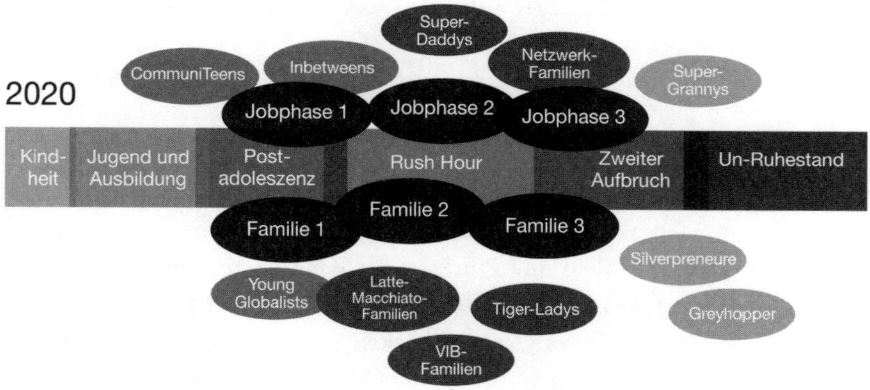

Quelle: Zukunftsinstitut 2007

2. Alle Macht der Situation

Die moderne Gesellschaft ist wie die Finanzmärkte von großer Volatilität gekennzeichnet. Oben und unten sind keine festen Größen mehr. Das seit den 50er Jahren geprägte Leitbild der stetig aufwärts strebenden Mittelschicht scheitert an der Wirklichkeit. Der Gutverdiener mit Festanstellung kann morgen schon Aussteiger oder Freelancer mit stark schwankendem und niedrigem Gehalt sein. Entsprechend anders werden seine Ausgaben und sein Konsumverhalten sein. Ohne Frage: Werte spielen weiterhin eine wichtige Rolle, doch je nach Lebenssituation verhalten wir uns komplett anders.

Das heißt: Situative Faktoren können heute die Art, wie wir leben, wie wir arbeiten, und folglich auch unsere Konsumbedürfnisse blitzschnell verändern – und mitunter auch um 180 Grad drehen. Der Berufseinstieg nach dem Studium, die Geburt eines Kindes, Trennungen ebenso wie neue Bekanntschaften, chronischer Zeitmangel oder umgekehrt neu gewonnene Zeitautonomie in der »Empty-Nest-Phase«, steigende digitale Vernetzung im Internetzeitalter, Veränderungen im Beruf, flexible Arbeitsformen, die Chance, ins Ausland zu gehen sowie hohe geistige und körperliche Fitness auch im fortgeschrittenen Alter sind Beispiele für mehr oder weniger zufällige Situationen, die Menschen – jenseits ihrer Wertvorstellungen – zu Veränderungen in ihrer Lebensführung veranlassen können. Sie werden in Zukunft nicht nur immer häufiger auftreten, sondern auch rigoroser ausfallen.

Die Macht der Situation kann auch heißen: Re-Traditionalisierung der Familie

Bestes Beispiel für die Macht der Situation sind junge Paare. Bevor das erste Kind geboren wird, vertreten viele einen emanzipatorischen Lebensentwurf, der vorsieht, die Aufgaben und Pflichten der Kindererziehung auf beide Elternteile gleichermaßen zu verteilen. Angesichts fehlender Betreuungsplätze und der damit verbundenen Unvereinbarkeit von Familie und Beruf folgen viele Paare dann doch dem traditionellen Muster: Es kommt zu einer Re-Traditionalisierung der Familie. Der Mann arbeitet Vollzeit (da sein Einkommen häufig höher liegt) und die Frau kümmert sich ums Kind. Die äußeren Umstände – die Verfügbarkeit von Krippenplätzen oder Betreuung durch Großeltern – wirken weitaus stärker als die Milieuzugehörigkeit. Die Wertorientierungen mögen die gleichen geblieben sein, doch sie können sich nur dann ausdrücken, wenn es auch die Situation erlaubt.

Am einfachsten wird die Macht der Situation an unserem alltäglichen Konsum deutlich. Die variable Zeit spielt dabei eine immer gewichtigere Rolle. Wer in Eile ist, Durst hat und an der Tankstelle hält, gibt ohne Probleme den dreifachen Preis für eine Dose Cola aus als im Supermarkt – unabhängig davon, ob er ansonsten sehr preisbewusst ist. Um menschliches Verhalten zu erklären, müssen wir daher sehr genau die konkreten Situationen unter die Lupe nehmen, in denen sich jemand befindet.

Mit dieser Perspektive blicken wir auf die neuen Lebensstilgruppen, die in dieser Studie behandelt werden. Was charakterisiert ihre Situation? Welche Verhaltensmuster resultieren daraus? Und welche Konsumvorlieben lassen sich ableiten? Auch wenn wir soziale und kulturelle Bedingungen analysieren, verstehen wir diese Lebensstilgruppen nicht als klassische Milieus. Es handelt sich vielmehr um neue Lebenssituationen, in die Menschen aufgrund des gesellschaftlichen Wandels hineingeraten und die sie prägen.

Zum Beispiel die junge Generation: Das prägende Merkmal aller Teenager ist heute die Unsicherheit – die Unsicherheit, dass die Eltern sich scheiden lassen, die Unsicherheit, keinen Job zu bekommen, und so weiter. Das beschreibt die Situation aller jungen Menschen. Nun gibt es verschiedene Möglichkeiten, auf diese Situation zu reagieren, was wiederum zu neuen Lebensmustern führt. Die einen begegnen der gestiegenen Unsicherheit mit dauerhafter Flexibilität und der Kunst des Durchwurstelns. Wir nennen sie die Inbetweens – sich nicht festlegen ist ihr Lebensmuster. Die anderen begegnen der unsicheren Zukunft mit professionellem Projektmanagement. Sie planen sich selbst und ihre Karriere weit im Voraus und sind auf alles vorbereitet – wir nennen sie die Young Globalists.

11 Lebensstil-Typen – 11 gesellschaftliche Innovatoren

Der Fokus dieser Studie lässt sich folgendermaßen umreißen: In welchen neuen Lebenssituationen befinden sich Menschen und welche innovativen Strategien entwickeln sie, um darauf zu reagieren? In diesem Sinne beschäftigt sich die Analyse mit den Avantgarden, mit den Vorreitern und Innovatoren in der Gesellschaft. Uns geht es nicht darum, sämtliche neuen gesellschaftlichen Teilgruppen repräsentativ abzubilden, sondern jene herauszustellen, die für die übrige Gesellschaft Zugkraft besitzen, weil sie mit ihrem Lebensmodell in die Zukunft weisen und an demografischer Größe und an Einfluss zunehmen werden.

Zum Beispiel der Super-Daddy: Alle Krippenplätze dieser Welt werden nicht zu einer höheren Geburtenrate führen, wenn nicht auch die Männer zu neuen Partnerschaftsmodellen bereit sind. Noch sind die Super-Daddys kein mehrheitliches Rollenmodell für Männer. Aber die Super-Daddys – immer am Rande der Überforderung zwischen Kind und Karriere, Anspruch und Wirklichkeit balancierend – reagieren mit ihren Lebensstilentwürfen auf eine objektive Situation (Doppelverdienerhaushalte, Female Empowerment, neue Bedeutung von Erziehungs- und Gefühlsarbeit), die schon bald zum Alltag nahezu aller Männer gehören wird.

Mit den veränderten Lebensstilen, die diese Vorreiter entwickeln, bilden sich auch neue Bedürfnisse heraus. Auch diese neuen Bedürfniskonstellationen werden wir hier genauer unter die Lupe nehmen. Was ist der Latte-Macchiato-Familie wirklich wichtig? Warum recherchiert sie auf Google, wie sie einen Kaffee-Cupholder für ihren Boogaboo-Buggy auftreiben kann? Was man oberflächlich als Snobismus abtun mag, ergibt bei näherem Hinsehen einen tieferen Sinn. Wenn sich Gesellschaft nicht mehr über Schichten oder Milieus differenziert, braucht es neue Identifikations- und Konsumangebote.

Überall brechen die linearen Lebensmuster von früher auf und machen Platz für eine neue Freiheit des individuellen Lebensentwurfs. Doch diese Freiheit muss ausgefüllt werden – durch neue Lebenspraktiken, Ästhetiken und Werthaltungen. Ein 60-Jähriger, der nach seinem Renteneintritt die Universität besucht, wird sich wohl kaum dem studentischen Milieu zuordnen lassen. Weder die sonst so prägenden Variablen »Beschäftigungsverhältnis« oder »Alter« sagen etwas über seine besondere Lebenssituation aus.

Um die Gruppierung unserer Lebensstile nach Alter kommen wir natürlich auch in dieser Untersuchung nicht umhin. Es handelt sich dabei jedoch um weit auseinander liegende Leitplanken, die eine grobe Orientierung bieten sollen. Das Alter prägt auch in Zukunft die Menschen – allerdings mehr im Sinne eines Erfahrungsschatzes als im Sinne vorgefertigter Lebensentwürfe. Ältere Menschen pflegen heute einen jugendlichen Lebensstil und fragen sich wie Sybille Beckenbauer: »Darf man mit 60 noch in die Disco gehen?« Die Jüngeren hingegen ziehen sich zuweilen in den Schrebergarten zurück und kultivieren die Würde der Neuen Bürgerlichkeit.

Was *Marketing 2020* Ihnen an neuen Einsichten liefert

Trend- und Zukunftsforschung versorgen Sie mit »prognostischem Marktverstehen«. Nicht zufällig hat Gerhard Schulze – *der* Milieutheoretiker – in den 90er Jahren den Wert der Marktforschung für ein zukunftsgerichtetes Denken und Handeln infrage gestellt.[4] Marktforschung, so Schulze, bilde lediglich Gegenwart ab und komme in der Regel dann zum Zuge, wenn ein Produkt bereits vorliegt beziehungsweise der Verkauf eines neuen Produkts stockt. »Von der Gerichtsmedizin der vollendeten Tatsachen hin zum prognostischen Marktverstehen«, das ist es, was Schulze fordert. Trend- und Zukunftsforschung liefern Ihnen genau diesen vorwärtsgerichteten Blick. Mit *Marketing 2020* erhalten Sie Einblick in die komplizierten Lebensstilentscheidungen ihrer zukünftigen Kunden – abgelesen aus den sich abzeichnenden Trends in der Gegenwart.

Kontexte und Situationen sind zukünftig konsumrelevanter als Milieus, Schichten und Klassenzugehörigkeiten. Das Forschen und Nachdenken über Konsumenten wird sich auch in 100 Jahren noch an relevanten Äußerlichkeiten wie Alter, Einkommen, Geschlecht und so weiter orientieren. Es ist jedoch höchste Zeit, die komplexen Strukturen, in denen sich die Menschen im 21. Jahrhundert bewegen, auch in den Beschreibungen der Lebens- und Konsumsituationen zu berücksichtigen. Alter ist dabei tatsächlich nur noch eine Äußerlichkeit, wenn sich beobachten lässt, dass Silverpreneure oder Greyhopper die Pensionierung nur noch als Boxenstopp vor der nächsten Veränderung ansehen. Die konkreten Lebenszusammenhänge und die spezifischen Lebenssituationen sind für das Verständnis dieser Lebensstil-Typen dabei weitaus wichtiger als formale Kategorien.

Lebensstile und Biografien werden fraktaler – die Kenntnis von Kontexten, Situationen und Singularitäten minimiert jedoch Ungewissheit und Planungsunsicherheit. Nach wie vor konfrontiert uns die Marktforschung mit Gruppenidentitäten und Zugehörigkeitsvermutungen, die – wie beim Thema Alterung vorgeführt – mitunter komplett gegenstandslos geworden sind. Wir gehen bei unserer Lebensstil-Typologie von konkreten Individuen (in den Interviews), relevanten Basisdaten (Statistisches Bundesamt) und den minutiösen Veränderungen auf den weltweiten Märkten (Trenddatenbank des Zukunftsinstituts) aus. Mit dieser mehrstufigen und mehrfach rückgekoppelten Systematik – das ist unsere Überzeugung – können Sie sich ein ganzheitliches Bild von den Konsumenten der Zukunft machen. Wenn Lebensstile immer fraktaler werden, lässt sich Planungssicherheit dadurch herstellen, dass man mit dem Konkreten beginnt: am Individuum, in der Gesellschaft, auf den Märkten.

Schneller reagieren, individueller handeln: In letzter Konsequenz möchten wir Sie mit unserer Lebensstil-Typologie in die Lage versetzen, zukunftsorientierter und krisenfester zu handeln. Dazu gehört immer der Blick auf die soziodemografische Entwicklung. Er ist aber nur eine Grundvoraussetzung für substanziellere Einblicke in konkrete Lebenssituationen. Diese Einblicke liefern wir Ihnen, indem wir Daten und Meinungen immer wieder mit Interview-Materialien, unserer Trenddatenbank und vertiefenden Recherchen rückkoppeln.

Die junge Generation im 21. Jahrhundert: Unsicherheit, Umbrüche und Veränderungen gehören zur Normalität

Die Jüngeren sind stark vom Aufstieg und Fall der New Economy sowie von den Terroranschlägen (beispielsweise in New York) geprägt. Hinzu kommen Erfahrungen wie Arbeitslosigkeit, auseinanderbrechende Familien und fragile Identitäten (Ich, Staat, Gesellschaft). Jedoch ist dies für sie kein Grund zur Resignation: CommuniTeens, Inbetweens, Young Globalists und Latte-Macchiato-Familien wissen, dass Unsicherheit, Diskontinuität und Umbrüche zur Normalität gehören. Protest, Verweigerung oder Null-Bock-Stimmung sind nicht mehr die Insignien der Jugend 2020, ebensowenig Affirmation oder Ja-Sagen. Die Jungen entwickeln Realitätssinn und Pragmatismus: Sie möchten ihre (globale) Realität mitgestalten und entwickeln so ihre eigenen Strategien, mit den Unwägbarkeiten des modernen Lebens umzugehen.

Abbildung 4: Die Evolution der Jungen – Übergang als Normalzustand

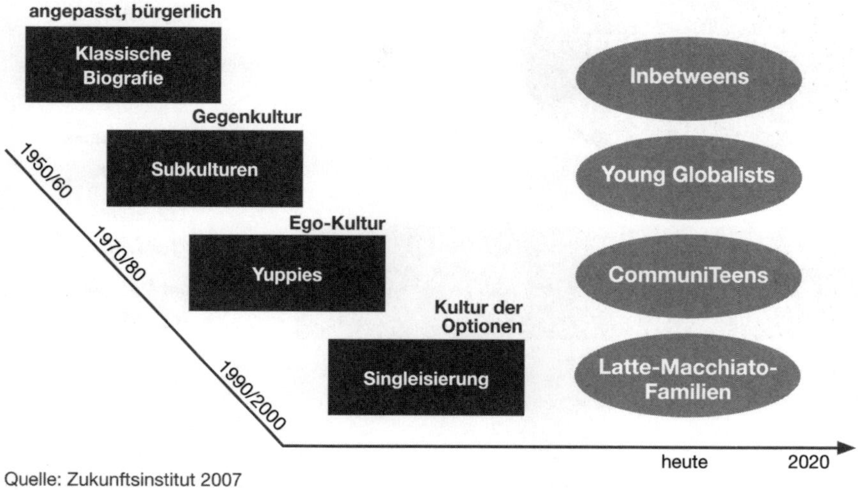

Quelle: Zukunftsinstitut 2007

CommuniTeens – Null Bock war gestern: Internet und die Sehnsucht nach Gemeinschaft sind wichtige Teile der Sozialisation

> »Alles in allem überwiegt der positive Einfluss des Internets: Unser Leben ist derart schnelllebig geworden. In der realen Welt werden Menschen, beispielsweise im Krankenhaus, oft nur als Nummer behandelt. Da ist im Vergleich dazu unser Austausch im Internet sehr viel persönlicher.«
> *Mathias B., CommuniTeen*

Die CommuniTeens reagieren auf die gestiegenen Mobilitätsanforderungen mit intensivem Networking. Den Bedingungen der Erwachsenenwelt halten sie ihr starkes Verlangen nach Gemeinschaft entgegen. CommuniTeens sind Kollektivisten und Individualisten zugleich, die sich in einer globalisierten Welt über Internet und Mobiltelefone ihre Gemeinschaftsorte nach Interessen und Themen aussuchen. Was die CommuniTeens entscheidend von ihren Vorgängergenerationen unterscheidet, ist, dass sie in einer Internetwelt groß

Abbildung 5: CommuniTeens 2007

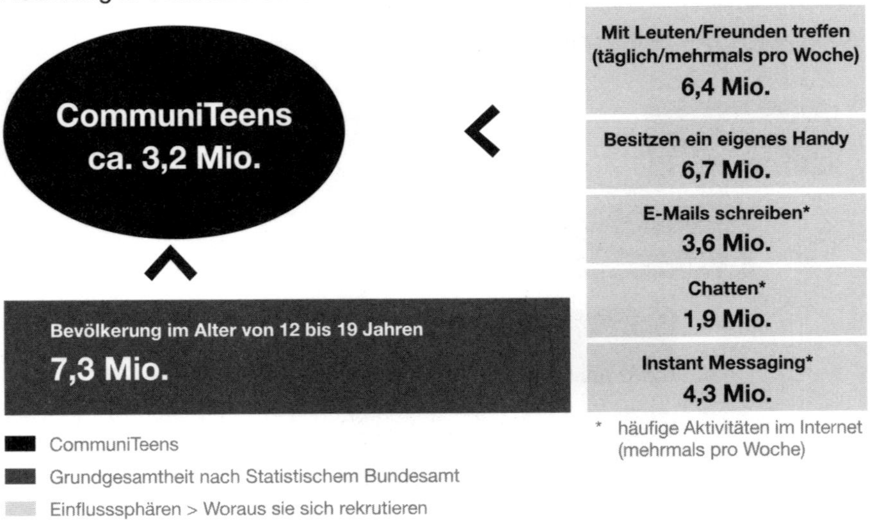

Quelle: Statistisches Bundesamt, W&V Compact 12/2006, JIM-Studie 2006, Schätzung: Zukunftsinstitut

geworden sind. Das Internet gehört zu einem wesentlichen und wichtigen Bestandteil ihrer Sozialisation. Die virtuelle Welt ist für sie jedoch keine »zweite Welt«, in die sie sich flüchten, sondern ein Hilfsmittel, um die Kontakte und Bekanntschaften aus dem analog-realen Leben zu ordnen, zu verwalten und zu pflegen. Die CommuniTeens haben eine ausgeprägte Sehnsucht nach Kollektiven und Netzen, in denen sie das Bedürfnis nach Wärme, Identität und Verankerung ausleben können. Sie sind motiviert und engagiert, wollen in Bildung und Beruf etwas leisten und erreichen. Im Vergleich zu den Young Globalists ist das Karrieredenken bei den CommuniTeens jedoch weniger stark ausgeprägt. Bei ihnen überwiegt der Wunsch nach einem intakten Privatleben und nach der Ausprägung einer eigenen Identität.

Freundschaft und Familie: CommuniTeens sehnen sich nach neuen Gemeinschaftsformen im digitalen Zeitalter

In Deutschland gibt es laut Statistischem Bundesamt insgesamt 7,3 Millionen Jugendliche im Alter von 12 bis 19 Jahren; sie wurden zwischen 1988 und 1995 geboren. 3,2 Millionen von ihnen bezeichnen wir als CommuniTeens.

Bereits in der 14. Shell-Jugendstudie aus dem Jahr 2002 wurde »Aufstieg statt Ausstieg« als Devise und charakteristische Grundstimmung der Jugendlichen in Deutschland festgehalten. Daran hat sich in der aktuellen 15. Shell-Jugenduntersuchung nichts geändert. Klaus Hurrelmann, einer der Leiter der Studie, erklärt, dass die Jugendlichen ihre Zukunftsaussichten aktuell sogar als noch ungewisser einzuschätzen als bei der letzten Untersuchung. Dies drücke sich beispielsweise darin aus, dass 72 Prozent (2002 waren es noch 70 Prozent) der Jugendlichen der Meinung sind, dass man die Gemeinschaftsform Familie braucht, um wirklich glücklich zu leben. Darüber hinaus hat eine vom Forum »Familie stark machen« in Auftrag gegebene Allensbach-Untersuchung aus dem vergangenen Jahr ergeben, dass 89 Prozent der 18- bis 19-Jährigen noch bei ihren Eltern leben (in der Vorgängergeneration waren es nur 71 Prozent). Dabei stehen offensichtlich nicht mehr nur die praktischen und finanziellen Aspekte im Vordergrund, sondern vermehrt der Wunsch nach Gemeinsamkeit. Deshalb betonen die Forscher auch, dass es sich nicht mehr um die sogenannte »Hotel-Mama-Generation« handelt, und sprechen lieber von der freiwilligen »Eltern-Kind-WG«.

Abbildung 6: Offline-Freizeit der CommuniTeens
Non-mediale Freizeitaktivitäten 2006

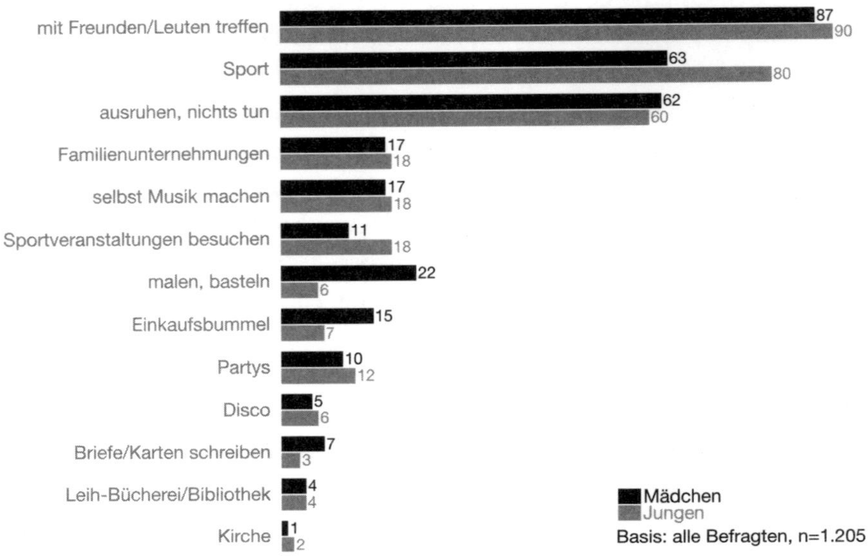

Quelle: JIM-Studie 2006, Angaben in Prozent

Die CommuniTeens sind auch – anders als die Jugendlichen vor 30 Jahren – nicht an Rebellion oder gesellschaftlichem Ausstieg interessiert. Protest und Verweigerung gegen »gesellschaftliches Establishment« sowie Null-Bock auf die Eltern und den Staat treffen auf die CommuniTeens nicht zu. Sie haben ganz im Gegenteil ein vitales Interesse an integren und belastbaren Familien- und Freundschaftsbeziehungen. Forscher der schwedischen Denkfabrik Kairos Future haben diese Veränderungen innerhalb der jungen Generation unter dem Begriff »MeWe-Generation« zusammengefasst. Gemeint ist damit, dass es durch die neuen Möglichkeiten der digitalen Welt zu einer Neukonfiguration zwischen »Ich« und »Wir« kommt. Vor allem die junge Generation nutzt dabei ihre Chance zur medialen Selbstdarstellung. Im gleichen Maße, wie sie individualistisch ist, wird aber auch Gemeinschaft neu erfunden: Jeder Einzelne versteht sich als Teil einer großen Community, die sich je nach individuellen Bedürfnissen, Leidenschaften oder beruflichen Aufgaben jederzeit neu zusammensetzen kann.

Wie das Münchner Meinungsforschungsinstitut iconkids & youth in einer repräsentativen Studie herausfand, haben die 6- bis 19-Jährigen im Jahr 2006 so viel wie nie zuvor ausgegeben: insgesamt 22,5 Milliarden Euro (im Vergleich zum Vorjahr ist das eine Steigerung um 1,3 Milliarden). Dem standen Einnahmen in Höhe von lediglich 21,1 Milliarden Euro gegenüber (2005: 21,2 Milliarden).

Die CommuniTeens haben eine stark ausgeprägte Neigung zum Social Networking. Sie wollen sich also nicht gegenüber anderen gesellschaftlichen Gruppen und Generationen abgrenzen. Im Gegenteil: CommuniTeens möchten in möglichst vielen Gemeinschaften ihren Anschluss.

Lost in Cyberspace? Auf der Suche nach Anschluss und Gemeinschaft werden die CommuniTeens im Internet fündig

CommuniTeens sind zu Zeiten aufgewachsen, als die privaten Fernsehsender anfingen, sich auf dem deutschen Fernsehmarkt auszubreiten. Auch wenn der Fernseher immer noch zu den beliebtesten Medien in Deutschland gehört und derzeit sogar etwa 50 Prozent der insgesamt 7,3 Millionen Jugendlichen zwischen 12 und 19 Jahren in ihrer Freizeit besonders gerne in die Röhre schauen, sind CommuniTeens keine Kinder des (Privat-)Fernsehens. Die Flimmerkiste spielt in der Sozialisation der CommuniTeens eine eher sekundäre Rolle. Kürzlich erst konnte der Medienpädagogische Forschungsverbund Südwest mit einer aktuellen Studie zum Medienverhalten der Jugendlichen (JIM-Studie 2006) zeigen, dass das Fernsehen erstmals vom Computer als unentbehrlichstes Medium verdrängt worden ist: Müssten sich die befragten Jugendlichen für ein Medium entscheiden, würden 19 Prozent den Fernseher und 26 Prozent den Computer wählen.

Bei keiner Generation jemals zuvor spielten digitale Medien eine so große Rolle wie bei den CommuniTeens. Während sich ihre Eltern und älteren Geschwister, die Kinder des Fernsehzeitalters, als passive Rezipienten noch den medialen Angeboten der öffentlichen und privaten Fernsehsender hingeben, gestalten die CommuniTeens, die Kinder des Internets, die Inhalte aktiv und selbst mit. CommuniTeen Felix U. schrieb bereits während seiner Schulzeit Artikel für das freie Online-Lexikon Wikipedia: »So Open-Source-Pro

Abbildung 7: CommuniTeens verschmähen das klassische TV
Wenig Interesse an öffentlich-rechtlichen Inhalten

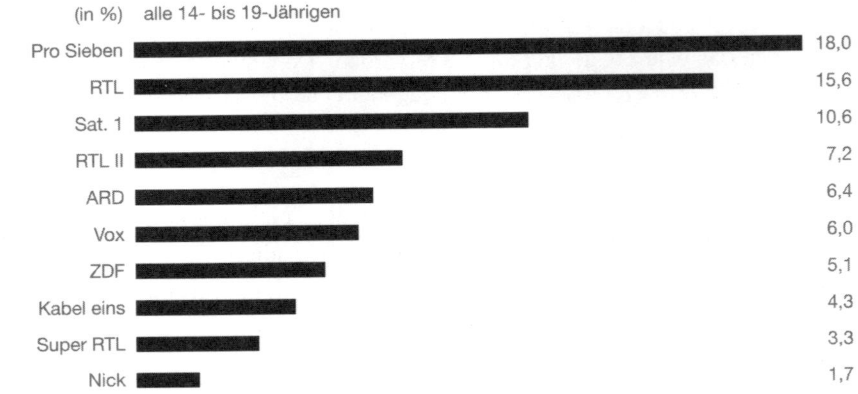

1.1. bis 31.10.2006, 3-3 Uhr, Fernsehpanel D + EU, alle Ebenen, BRD gesamt.

Quelle: W&V Compact, 12/2006

jekte finde ich schon spannend. Ich halte beispielsweise Wikipedia vom Konzept her für eine sehr gute Idee, weil sich jeder beteiligen kann.« CommuniTeens sind eine neue Mediengeneration, für sie müssen Medien in erster Linie Interaktivität gestalten können, also Communitys bilden.

Dank DSL-Verbindung und Flatrate sind CommuniTeens ständig im World Wide Web unterwegs. Besonders reizvoll für sie sind daher auch die Social-Networking-Websites: Plattformen wie YouTube und myspace, aber auch die audio-visuellen Kontaktmöglichkeiten von Skype und/oder die Diskussions- und Austauschmöglichkeiten in den diversen Weblogs machen das Internet für die CommuniTeens zu einer Art Kommunikations-TV und virtuellem Weltempfänger. Das kann auch der 17-jährige CommuniTeen Mathias B. bestätigen: »Ich kann, wenn ich will, meine Freunde praktisch rund um die Uhr erreichen – per Telefon oder über ICQ. Wenn ich ein Problem habe, dann schreibe ich einen oder mehrere von ihnen an, das wird dann von denen geklärt, und ich habe so eine Frage weniger in meinem Leben.« Es wird klar, dass das mit dem klassischen Medienmix (Radio, Fernsehen, Print) nichts mehr zu tun hat.

Die JIM-Studie 2006 fand außerdem heraus, dass fast alle der befragten Jugendlichen (92 Prozent) zu Hause Zugang zum Internet haben. Insgesamt 60 Prozent der Jugendlichen besitzen einen eigenen Computer, mehr als ein Drittel (38 Prozent) hat sogar einen eigenen Internetanschluss im Zimmer.

Abbildung 8: Internet – das Leitmedium der CommuniTeens

Zugang zum Internet 2002 und 2006 (privat, in der Ausbildung oder im Beruf)

	12–14 Jahre	15–17 Jahre	18–21 Jahre
Zugang zum Internet 2002 (in %)	52	67	69
Zugang zum Internet 2006 (in %)	76	87	83
Durchschnittliche Nutzung/Woche in Stunden (2006)	5,9	9,3	10,1

Quelle: Shell Jugendstudie 2006

Abbildung 9: CommuniTeens geht es um Kommunikation und Informationen

häufige Aktivitäten im Internet [1] (in %)		
	Jungen	Mädchen
Instant Messaging (ICQ)	63	52
E-Mails	48	51
Informationssuche [2]	39	29
Nachrichten/Aktuelles	39	21
Musik hören	38	29
Info Schule/Studium/Beruf	33	32
Chatten	24	27
Bei eBay stöbern	24	9
Newsgroups	21	10
Musik-Download	20	13

[1] mehrmals pro Woche; [2] ohne Schule

Quelle: W&V Compact, 12/2006

Im Netz zu Hause: Soziale Kontakte und Freundschaften werden von den CommuniTeens virtuell-real gepflegt

Internet, Web 2.0 und die daraus entstandenen Möglichkeiten sind für die CommuniTeens nicht nur natürlicher Bestandteil ihres Lebens, sondern auch ein wichtiges Hilfsmittel zur Bewältigung des Alltagslebens. Natürlich spielt auch das Handy eine besondere Rolle. Mittlerweile verfügen nahezu alle Jugendlichen über ein Mobiltelefon (92 Prozent), das sie vor allem für den Versand von SMS nutzen: 85 Prozent der jugendlichen Handybesitzer verschicken mehrmals pro Woche eine SMS. Im Vergleich aller Handyfunktionen landet das Senden und Empfangen der schriftlich-elektronischen Kurzmitteilungen damit sogar noch vor der Handy-Ursprungsfunktion Telefonieren auf dem ersten Rang.

Für 56 Prozent der 14- bis 19-Jährigen ist das Versenden und Empfangen von SMS unverzichtbar.

Polis Gesellschaft für Politik- und Sozialforschung 2006

Internet, Handy & Co. sind für die CommuniTeens indes weit mehr als einfache Mittel zur Kommunikation – sie sind wie eine Nabelschnur zur Welt, die für einen 24-stündigen Fluss an Kommunikation und Informationen sorgt. Allerdings sind die CommuniTeens nicht vergleichbar mit Technik-Nerds, die in einem abgedunkelten Raum sitzen und nur durch die Uhr an ihrem Rechner wissen, ob es Tag oder Nacht ist. Die CommuniTeens haben als erste Generation vollstes Vertrauen in die neuen Medienmöglichkeiten. Sie nutzen die Vorteile des World Wide Web beispielsweise dazu, ihre analog-realen Kontakte und Bekanntschaften im virtuell-realen Leben weiterzuführen (natürlich ist das auch umgekehrt möglich). Der CommuniTeen Felix U. hat ähnliche Beobachtungen gemacht: »Ich sehe auch, wie moderne Kommunikationsmedien heute dabei helfen können, eine Beziehung zu pflegen. Ich sehe das bei meiner Kommilitonin, die führt eine Fernbeziehung mit ihrem Freund in Dresden. Die unterhalten sich oft über Handy oder schreiben SMS. Dann treffen sie sich aber gleichzeitig auch fast jedes Wochenende, was dann halt auch unabdingbar ist. Man braucht beides: den Austausch über die Medien und die konkrete Begegnung.«

CommuniTeen Mathias B., für den das digitale Medium nicht nur wegen seiner derzeit beruflichen Tätigkeit als Wirtschaftsassistent für Informationsverarbeitung wie selbstverständlich ins Alltagsgeschehen integriert ist, kann dem nur zustimmen: »Das läuft alles sehr spontan und man ist parallel miteinander verbunden übers Netz und durch die persönlichen Treffen.«

58 Prozent der jugendlichen Internetnutzer verwenden mindestens mehrmals pro Woche Instant-Messenger-Programme wie ICQ, MSN, Skype oder AOL. Dabei weisen die jugendlichen Gymnasiasten eine überdurchschnittlich hohe Nutzung auf (64 Prozent).

Eine intensive Internetnutzung und Aktivitäten in der analog-realen Welt stehen sich bei den CommuniTeens also nicht im Wege – ganz im Gegenteil. Die JIM-Studie 2006 sowie die Shell-Studie belegen, dass bei den Jugendlichen nicht nur die Mediennutzung, sondern auch die Sozialkontakte außerhalb des Internets zugenommen haben (»sich mit Freunden treffen« ist weiterhin an erster Stelle auf der Liste der liebsten Freizeitaktivitäten der Jugendlichen zu finden). 92 Prozent von ihnen geben an, sich mindestens mehrmals pro Woche von Angesicht zu Angesicht mit Freunden zu treffen.

Die CommuniTeens nutzen das Internet und mobile Medien hauptsächlich als Technologie zur Aufrechterhaltung ihrer Beziehungen und Kontakte. Deshalb ist beispielsweise der Instant Messenger nicht unbedingt dafür gedacht, neue Freunde zu finden, sondern vielmehr um bestehende Freundschaften und Beziehungen zu pflegen und zu festigen – auch und gerade, wenn sie durch Umzug, Auslandsaufenthalte oder berufsbedingt (also durch weite räumliche Trennung) dazu gezwungen werden. In gewisser Weise können wir am Beispiel der CommuniTeens gerade die Entstehung eines neuen Medienmixes feststellen. Für CommuniTeens sind Internet, Blogs, Handy, SMS und Instant Messenger die relevanten Medien – eben weil sich mit ihnen nicht nur Inhalte erschließen, sondern auch Kontakte aufrechterhalten lassen.

Felix U. etwa hat sich während eines siebenmonatigen Auslandsaufenthalts ein Weblog eingerichtet, das ihm trotz räumlicher Trennung half, mit seinen Freunden in Kontakt zu bleiben. Derzeit hat es ihn studienbedingt in eine andere Stadt verschlagen, wo er die Vorteile der Online-Kommunikation intensiv nutzt, nämlich um räumlich getrennt, aber in Realzeit den Freunden »nahe« zu sein: »Früher habe ich noch häufiger Chatrooms genutzt. Das tut man allerdings nur, wenn man viel Zeit hat, so zum Spaß. Dafür hab ich heute nicht mehr so die Freiräume. Mir ist es heute wichtiger, mit den Leuten direkt in Kontakt zu treten, wie man das über die Instant Messenger machen kann. Nach meinem Umzug von Dresden nach Hamburg ist das für mich günstig, um mit meinen alten Schulfreunden in Verbindung zu bleiben.«

So schaffen sich die CommuniTeens über ihren neuen Medienmix ihre eigene Wirklichkeitsdefinition. Das Virtuelle oder Mediale ist nicht die Exit-Taste, keine Realitätsflucht per Mouseclick. Es ist ein vitaler Teil ihres Alltags, der für außenstehende Betrachter wie ein Spagat zwischen Realität und Virtualität anmutet – für CommuniTeens aber schlicht normal ist.

Abbildung 10: Die virtuell-realen Kommunikationspfade der CommuniTeens

Kontakt zu Freunden (täglich/mehrmals pro Woche)

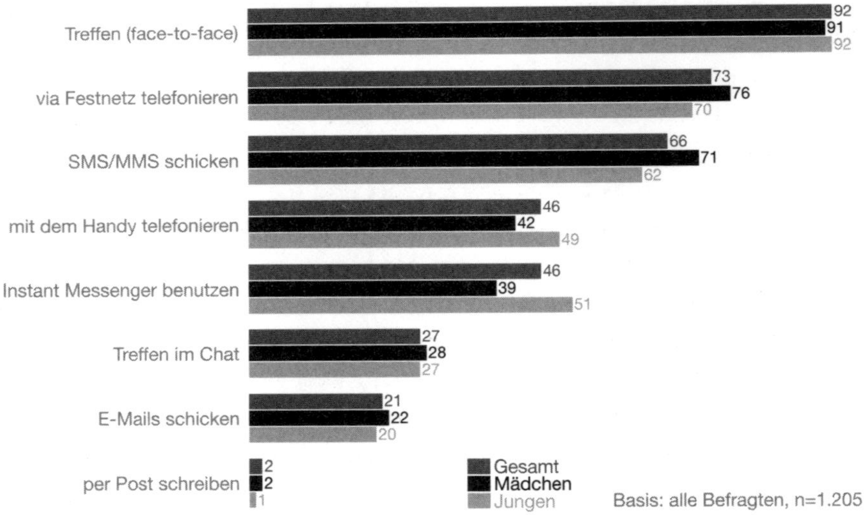

Basis: alle Befragten, n=1.205

Quelle: JIM-Studie 2006, Angaben in Prozent

Interview mit den CommuniTeens Mathias B. und Felix U.

Zwei CommuniTeens, zwei unterschiedliche Lebenssituationen: Der eine geht noch zur Schule und wohnt im Elternhaus, der andere hat gerade seiner Heimatstadt den Rücken gekehrt, um ein Studium in einer anderen Region zu beginnen. Was sie verbindet, ist ihr Bewusstsein für die Flüchtigkeit menschlicher Beziehungen in einem Zeitalter, das speziell jungen Menschen immer mehr Flexibilität und Mobilität abverlangt. Instant Messenger und Handy heißen ihre Wunderwaffen, mit denen beide diesem Umstand begegnen. Wir sprachen mit ihnen über die Bedeutung moderner Kommunikationsmedien, ihre Lebenseinstellungen und ihre Wünsche.

Mathias B. (17) aus Meißen lernt im Rahmen einer schulischen Ausbildung zum Wirtschaftsassistenten für Informationsverarbeitung, wie man Rechner verdrahtet und programmiert. Mit Computern hat er täglichen Umgang, seine Leidenschaft gilt aber eigentlich den Menschen um ihn herum. Der Computer ist für den Social-Networker das Hilfsmittel, um mit ihnen in ständigem Ideenaustausch zu stehen, sich Rat zu holen und Probleme zu lösen.

Felix U. (20) studiert im ersten Semester Wirtschaftsingenieurwesen an der Uni Hamburg. Seit das Studium begonnen hat, bleibt ihm nicht mehr so viel Zeit, sich im Internet zu tummeln wie früher. Er gehörte aber schon frühzeitig zur wachsenden Gruppe der neuen jugendlichen Internet-Avantgarde, die sich aktiv im Netz einbringt, anstatt nur passiv zu rezipieren. Bereits zu Schulzeiten schrieb er Artikel für Wikipedia und war als Organisator am Dresdner Aktionstag der Online-Enzyklopädie beteiligt. Als Teilnehmer an diversen Online-Kollaborationsprojekten ist Felix U. ein großer Fan des Open-Source-Gedankens. Nach dem Abitur hatte er sich einen Weblog eingerichtet, der ihm half, während eines siebenmonatigen Auslandsaufenthalts in Griechenland mit seinen Freunden in Kontakt zu bleiben.

In welchen Bereichen spielt das Internet in eurem Leben eine Rolle?

Mathias B.: Ich nutze das Internet sehr vielseitig. Ich besuche regelmäßig Internetforen. Das eine ist so für die Dresdner Jugend. Dabei geht es weniger um Politik als um die typischen Jugendthemen, die Leute in meinem Alter so interessieren. Das andere Forum nennt sich eXclaim: Das ist dann ein spezielles Forum für Computer-Freaks, die ständig darauf aus sind, ihren Computer zu gestalten. Das Ganze startet immer mit einer Anfrage: »Wie kann man das und das machen?« Und so kriegt man sein Problem gelöst. Dann bin ich bei ICQ angemeldet, wo ich mit meinen Freunden abspreche, was wir in der Freizeit machen wollen, und auch zum Einkaufen gehe ich oft ins Internet. Zuletzt hab ich da zum Beispiel ein Geburtstagsgeschenk für meinen Freund geholt.

Was ich noch erwähnen kann: Es gibt ja auch Webseiten, wo man sich Videos anschauen kann, die Nutzer ins Netz gestellt haben, zum Beispiel myvideo.de oder clipfish.de – da geht man dann drauf, wenn man bei Kumpels ist, weil das gemeinsam mehr Spaß macht. Man hat zu Hause nichts zu tun, der Kumpel fragt: »Kommste mal vorbei?« Dann besucht man ihn, geht schnell mal vor den Rechner und zeigt ihm das Video-Fundstück. Einige meiner Freunde stellen inzwischen auch eigene Uploads ins Netz, die haben eine eigene Homepage mit Bildern und Videos, die sie veröffentlichen. Ich selber nutze das nicht, weil mir das zu aufwändig ist. Ich habe da keine Zeit zu.

Felix U.: Früher habe ich noch häufiger Chatrooms genutzt. Das tut man allerdings nur, wenn man viel Zeit hat, so zum Spaß. Dafür hab ich heute nicht mehr so die Freiräume. Mir ist es heute wichtiger, mit den Leuten direkt in Kontakt zu treten, wie man das über die Instant Messenger machen kann. Nach meinem Umzug von Dresden nach Hamburg ist das für mich günstig, um mit meinen alten Schulfreunden in Verbindung zu bleiben. Ansonsten dient das Internet der Informationsbeschaffung. Wikipedia ist natürlich auch wichtig und nützlich für Informationen, genauso wie Google und andere Suchmaschinen.

Dann mache ich noch ein bisschen Webprogrammierung. Was man so neben dem Studium her machen kann. An meinem Weblog habe ich schon während dem Abi gearbeitet und ihn vollständig eingerichtet, als ich im Ausland war. Da konnte ich dann beschreiben, was ich so erlebe, und Fotos reinstellen. Gerade fehlt mir allerdings etwas die Zeit dafür.

Was fasziniert euch besonders am Internet?

Mathias B.: Das Internet ist ja riesengroß. Ich denke mir oft: Du kennst eigentlich nur einen kleinen Krümel von dem gigantischen Kuchen im Netz. Dementsprechend viel gibt es da zu entdecken, und das reizt mich natürlich. Da hilft dir Google ungemein: Oft fällt dir ein Begriff ein und du gibst ihn ein, weil dich interessiert, was es im Netz dazu gibt. Auch dass sich im Netz spezialisierte Gruppen treffen können, ist von Vorteil: Du weißt, dass deine Fragen genauer beantwortet werden können, wenn du dich auf diesen speziellen Webseiten tummelst. Viele Seiten sind auch nur in der entsprechenden Szene bekannt. Will ich beispielsweise wissen, wie ich meine Wohnküche perfekt gemacht kriege, dann muss ich halt die entsprechende Seite finden. Und dann antworten die Leute: »Ich hab das so und so gemacht.« Vielleicht schicken sie dir sogar noch Bilder dazu.

Felix U.: So Open-Source-Projekte finde ich schon spannend. Ich halte beispielsweise Wikipedia vom Konzept her für eine sehr gute Idee, weil sich jeder beteiligen kann. Es gibt von manchen Seiten Kritik bezüglich der Qualität. Die sehe ich aber nicht bestätigt. Kürzlich wies ausgerechnet die *Bild*-Zeitung in einer Ausgabe auf vermeintliche Fehler bei Wikipedia hin. Wenn man sich die Historie aber genauer anschaut, stellt sich heraus, dass die meisten innerhalb von einer halben Stunde wieder korrigiert wurden. Wikipedia ist frei erhältlich, die Qualität ist relativ hoch, und man bemüht sich, die Artikel relativ neutral zu halten. Anders als bei den vielen Info-Seiten, die eigentlich von Lobby-Arbeitern für einen bestimmten Zweck gemacht wurden.

Was haltet ihr von Regeln, die den Umgang im Internet steuern sollen?

Mathias B.: Es ist nun mal so: Regeln, die von außen kommen, sind da, um gebrochen zu werden. Das wird also nicht viel bringen. Leider gibt es überall schwarze Schafe, also Menschen, die völlig unsozial sind. Es gibt auch Seiten, von denen ich inzwischen weiß, dass ich da nicht wieder hingehen brauche, oder bei den Internet-Dates – da gibt es Leute, die richtig fett schleimen, wo man sich dann sagt, das ist gelogen, der will sich auf eine verlogene Art und Weise einschleimen. Das berührt mich aber kaum. Ich habe im Internet eigentlich nur gute Erfahrungen gemacht. Und alles in allem überwiegt der positive Einfluss des Internets: Unser Leben ist derart schnelllebig geworden. In der realen Welt werden Menschen, beispielsweise im Krankenhaus, oft nur als Nummer behandelt. Da ist im Vergleich dazu unser Austausch im Internet sehr viel persönlicher.

Felix U.: Bei den verschiedenen Computer-Foren denke ich, dass sich das größtenteils von selbst regelt. In den Fachforen erlebt man das eigentlich nicht, dass sich jemand daneben benimmt. Man hat schon beobachtet, dass sich in den Chatforen für Schüler, die alle so zwischen 12 und 14 ihre Chat-Phase durchleben, ältere Teilnehmer einschleichen, die mit schlechten Absichten da reinkommen. Das geschieht aber nur in einem Bruchteil von all den Foren, die es gibt. Für die meisten Leute gilt, dass man sich im Netz so verhält wie im realen Leben sonst auch.

Wie wichtig sind euch Freunde?

Mathias B.: Meine Freunde sind mir unheimlich wichtig, weil man mit denen über gewisse Dinge reden kann, über die man mit den Eltern nicht spricht. Sagen wir mal, ich hab Stress oder irgendwo Mist gebaut, dann gehe ich lieber zu Freunden. Die geben dann einen Rat und Unterstützung. Die sind dann auch nicht so streng wie die Eltern. Klar, die Eltern sind immer noch fürs Leben da, und Familie ist für einen Jugendlichen grundlegender als Freunde, aber man ist insgesamt unabhängiger geworden, denke ich.

Und da kommt wieder das Internet ins Spiel. Obwohl ich betonen will, dass ich all die Freunde, mit denen ich übers Internet kommuniziere, auch in der realen Welt treffe. Das läuft alles sehr spontan, und man ist parallel miteinander verbunden übers Netz und durch die persönlichen Treffen. Das läuft oft so, dass man sich über ICQ abspricht: »Hallo, ich geh heut Abend da und da hin«, dann kommt als Antwort zurück: »Ja, nein, vielleicht«, dann geht man hin und trifft dabei wahrscheinlich noch ein paar weitere Freunde, die man lange nicht gesehen hat. Ich weiß ja auch nicht, was die Zukunft mit sich bringt. Ich hab auch Freunde, die ziehen jetzt nach Leipzig und sind dann nicht mehr so nah bei mir. Aber übers Internet weißt du halt immer noch, wie es ihnen geht, hast eine schnelle und trotzdem persönliche Verbindung mit ihnen. Und wenn sie ein Problem haben, dann kannst du ihnen helfen.

Felix U.: Sie sind sehr, sehr wichtig. Ich glaube, dass sie für alle Menschen wichtig sind. Persönlich brauche ich Freunde zum Ausgleich. Würde ich mich nur auf Uni und Karriere konzentrieren, würde ich verrückt werden. Ich habe hier in Hamburg einige Freunde und noch viel Kontakt zu den alten Weggefährten aus Dresden. Über E-Mail und Messenger ist der Kontakt immer da, aber ich muss dann schon regelmäßig hinfahren, um sie persönlich zu sehen. Man hört ja, dass viele Menschen den Kontakt verlieren, wenn sie an einen anderen Ort ziehen, aber bis jetzt läuft es diesbezüglich bei mir sehr gut.

Dann habe ich noch Kontakt zu einigen von den Leuten, die ich während meines Aufenthalts in Griechenland kennen gelernt habe – die kommen aus den USA, Skandinavien oder Griechenland. So versuche ich mit den Leuten, die ich schon kenne, in Kontakt zu bleiben. Das ist mir wichtiger, als dass ich übers Internet neue Leute kennen lernen müsste.

Ich sehe auch, wie moderne Kommunikationsmedien heute dabei helfen können, eine Beziehung zu pflegen. Ich sehe das bei meiner Kommilitonin, die führt eine Fernbeziehung mit ihrem Freund in Dresden. Die unterhalten sich oft über Handy oder schreiben SMS. Dann treffen sie sich aber gleichzeitig auch fast jedes Wochenende, was dann halt auch unabdingbar ist. Man braucht beides: den Austausch über die Medien und die konkrete Begegnung.

Wie gefallen euch Computerspiele?

Mathias B.: Am Computer spiele ich eher selten, da bin ich eher eine Ausnahme. Aber ich hab viele Freunde, mit denen ich mich auf Partys treffe – dort sagen wir dann häufig: »Komm, wir spielen mal ne Runde!« Ich spiel viel lieber in der Gemeinschaft als allein, weil es mit anderen Leuten zusammen mehr Spaß macht. WLAN-Partys haben da einen großen Fun-Faktor. Man spielt die Spiele, die am heißesten gehandelt werden oder die der Partycrew am besten gefallen. Klar, es werden auch Ego-Shooter gespielt, die spielt jeder. Wenn wir spielen, steht aber hauptsächlich der Spaß im Vordergrund. Es gibt Jugendliche, die nehmen das Spielen zu ernst und übertragen das auf ihre eigene Umgebung. Da müssen Eltern wachsam sein und gegebenenfalls reagieren. Wenn ich ein Elternteil wäre und mein Kind ein Ballerspiel nach dem anderen will und sonst nichts mehr tut, dann würde ich sofort eingreifen.

Wenn man Ballerspiele aber generell verbieten will, dann empfinden wir das als zu hart und wissen gleichzeitig, dass das sowieso nichts bringt. Es gibt so viele Rechner, die kann man nicht alle kontrollieren. Ich denke, was die Politik fordert, da geht es nur drum, dass bestimmte Leute in der Bevölkerung ruhig gestellt werden. Dann herrscht angeblich Ruhe, aber im Versteckten wird es weitergehen.

Felix U.: Momentan habe ich eher wenig Zeit für Computerspiele. Wenn ich aber dazu komme, spiel ich schon gerne. Zu Schulzeiten habe ich das beispielsweise sehr viel gemacht, bin auch zu WLAN-Partys gegangen. Die Bandbreite geht von Wirtschaftssimulationen und Strategiespielen bis hin zum verrufenen Ego-Shooter. Dazu muss ich sagen, dass ich die öffentliche Diskussion nicht verstehe. Wenn einer Amok läuft, dann wird man anschließend immer Counter Strike auf seinem Computer finden. Dabei gibt es dafür auch eine alternative Erklärung: Ich kenne in meinem Alter eigentlich niemanden, der nicht auch ein Ego-Shooter-Spiel auf seinem Rechner hätte. Counter Strike lässt sich also immer mit so einer Tat in Verbindung bringen. Der tatsächliche Grund für den Gewaltakt ist damit aber nicht wirklich aufgeklärt. Das Spiel kann vielleicht als Katalysator wirken, aber das können genauso gut TV-Filme sein oder etwas anderes. Das Problem ist meiner Ansicht nach vielmehr, dass die Gewaltanlage bei dem Jugendlichen schon vorher da war und wahrscheinlich auf seine Familienverhältnisse zurückzuführen ist. Ein Verbot würde meiner Meinung nach da nichts bringen – auch wenn die Öffentlichkeit das zur Beruhigung braucht.

Wofür gebt ihr gerne Geld aus?

Mathias B.: Ich gebe viel Geld für Konzerte aus. Wenn das Taschengeld nicht mehr reicht, dann wird zu Hause nachgefragt: »Könnt ihr mir ein bisschen Zuschuss geben?« Man überlegt sich halt, wie man das anstellt, ohne dass die Eltern »nein« sagen. Ich wollte kürzlich zum Red-Hot-Chili-Peppers-Konzert. 60 Euro Eintritt ist für mich eine Menge Geld, das willst du dann den Eltern nicht antun. Dann habe ich einfach gesagt: »Ich würde gern zu dem Konzert gehen. Für euch und für mich ist es zu teuer, aber wenn wir's uns teilen, geht das vielleicht.« Mein Vater hat mir dann 30 Euro gegeben, 30 hab ich hingelegt und konnte so zu dem Konzert gehen. Man muss wissen, wie man es macht. Für Kleidung und trendige Skater-Klamotten von Adidas, Zoo York oder Volcom gebe ich auch öfters Geld aus. Da setze ich auf Marken, von denen ich sehr überzeugt bin, weil die auch eine sehr gute Qualität haben. Dafür legt man dann ein paar Euro drauf, weil man weiß, dass es sich lohnt.

Die Werbung nutze ich vor allem als Information, um auf neue Produkte und Angebote aufmerksam zu werden – gucken kostet ja nichts. Für meine Interessengebiete bestelle ich auch spezielle Newsletter. Oder man geht auf die Webseite eines bestimmten Anbieters, stöbert ein bisschen rum, um sich zu informieren oder weil man gehört hat, dass die einen spannenden Internetauftritt haben.

Felix U.: Fürs Essen gebe ich viel Geld aus, weil ich gerne selber koche. Sonst für Bücher und Zeitschriften oder Musik in Form von CDs und Schallplatten. Auch für Kleidung gebe ich gerne mal mehr Geld aus. Da weiß man dann, dass sie lange hält. Im Internet ist da eBay natürlich sehr hilfreich, insbesondere für gebrauchte Sachen oder für Dinge, die es im Laden nicht gibt. Ich habe zum Beispiel ein altes Motorrad. Die Ersatzteile könnte ich zwar auch im Fachgeschäft bekommen, aber übers Internet hast du einen schnelleren Zugriff. Bei Kleidung ist es so, dass man die eigentlich anprobieren muss. Das ist der Vorteil von einem echten Laden. Klar kann man auch bestellte Kleider zurückschicken, aber das ist mir dann zu viel Aufwand.

Habt ihr schon Pläne und Ziele, was ihr in Zukunft aus eurem Leben machen wollt?

Mathias B.: Ja, da gibt es einiges: Ich wünsche mir für die Zukunft eine Familie und einen ansprechenden Beruf. Die Familie muss finanziell gut abgesichert sein, und man sollte auf eigenen Beinen stehen. Außerdem will ich was von der Welt sehen, ich will mein Leben voll auskosten können. Ich bin ein fröhlicher Mensch, hab unglaublich viel Freude an meinem Leben. Wenn es mal nicht so gut läuft, stecke ich das weg, nehme das als Erfahrung und steh wieder auf, um meinen Weg zu gehen. Meine Freundschaften möchte ich mir, so weit es geht, bewahren. Aber klar, ich weiß: Freunde verändern sich, und man sich selbst auch. Da wird manches auf der Strecke bleiben, doch das Internet schafft schon mal bessere Voraussetzungen.

Felix U.: Ich möchte gerne eine Arbeit finden, die mir Spaß macht. Das Geld sollte reichen, um für eine Familie, die ich mir auf jeden Fall wünsche, aufzukommen. Aber darüber hinaus ist es beim Beruf am wichtigsten, dass das Interesse angesprochen wird. Ich könnte mir vorstellen, nach dem Studium eine eigene Schule aufzumachen. Das wäre dann eine private, allgemein bildende Schule, in der man mehr zum Nachdenken erzogen wird, als das in der staatlichen Schule der Fall ist. Dort ist vieles so zwanghaft, es scheint oftmals der Verwaltungsapparat und nicht der Schüler im Mittelpunkt zu stehen. Ich möchte gerne eine Schule gründen, die individuell für den Schüler und nicht für den Verwaltungsapparat da ist.

Die Wünsche und Bedürfnisse der CommuniTeens

Die CommuniTeens sind die junge Avantgarde des Web 2.0: Konsum und Kommunikation werden im Web 2.0 der nächsten Jahre in immer neuen Übergangsformen eine neue Form des Freizeitverhaltens ausbilden – weder ausschließlich an Shopping und Einkaufen orientiert noch als pure Kommunikation. Die CommuniTeens werden dieses neue Zeitalter maßgeblich prägen. Auf Portalen wie myspace ist dieser neue Mix aus Kommunikation, Kultur und Kommerz bereits Realität geworden.

Das Internet wird für die CommuniTeens im Handel vor allem an Attraktivität gewinnen, wenn es analoges Leben (Shopping in der Fußgängerzone) mit digitalen Kommunikationslandschaften (zum Beispiel Empfehlungs- und

Sharing-Plattformen) kreuzt. CommuniTeens ist es wichtig, mitreden und mitbestimmen zu können: über Preise, Produkte und Werbung.

eBay ist das Karstadt der CommuniTeens: eBay ist eine der beliebtesten Einkaufsstätten für sie – nicht nur wegen der günstigen Preise, sondern vor allem, weil sie dort einen aktiven Part als Seller spielen können. Der Powerseller Michael Helms erklärt den besonderen Stellenwert des Online-Auktionshauses für die jüngere Generation folgendermaßen: »eBay ist für die Jugendlichen wie für uns früher Karstadt. Da geht man erst einmal hin und guckt. Jugendliche haben ein Grundvertrauen in die Technik und dadurch eine geringere Hemmschwelle bei Online-Zahlungen.«

Der neue Kontinent des Mobile Marketing zielt vor allem auf die CommuniTeens: Basierend auf dem Wissen, dass CommuniTeens ihren Freundeskreis vornehmlich über digitale Vernetzungsplattformen treffen, werden diese kommunikativen Muster in Marketingstrategien integriert. Ein populäres Beispiel ist Coke Fridge, die Community-Plattform von Coca-Cola. Neben der Möglichkeit, mit den in Flaschendeckeln gedruckten Codes Musik downzuladen, bietet der Coke-Fridge-Messenger eine kostengünstige Chat-Funktion für das Handy per GPRS-Verbindung, die oft deutlich günstiger ist als der normale SMS-Versand.

Wie sich Trend-Pioniere auf die CommuniTeens einstellen

Partystrands – demokratisiertes Clubbing: Die Online-Plattform Partystrands transportiert den Netzwerkgedanken aus dem virtuellen Netz in einen analogen Party-Kontext. Jeder Party-Besucher erhält einen Nickname, der auf einem Monitor im Club für alle zu sehen ist. Per SMS-Voting können sie dann das Musikprogramm vor Ort mitbestimmen oder mit anderen eingeloggten und anwesenden Nutzern in Kontakt treten (www.partystrands.com). Ähnliches hat die US-Firma Loca-Moda mit Café-Besuchern vor (www.locamoda.com).

Shyno – Single-Community: Mit personalisierten T-Shirts, auf denen die User-Namen der tragenden Personen stehen, überträgt Shyno den Community-Building-Effekt ins analoge Leben. Man bekommt zur Klamotte einen

User-Namen und eine Nummer. Über eine zentrale SMS-Nummer kann jedes Mitglied der Community dem T-Shirt-Träger, an dem es Gefallen gefunden hat, eine Nachricht senden und sie beziehungsweise ihn »anmachen« (www.shyno.com).

SMS-Shopping: Das US-amerikanische Start-up-Unternehmen ShopText ermöglicht das Einkaufen per SMS. Derzeit läuft ShopText in den USA noch in der Testphase. Das Prinzip ist ganz einfach: Der Kunde muss sich einfach bei ShopText als SMS-Shopper registrieren lassen sowie seine Kreditkartennummer und seine Versandadresse hinterlegen. Sieht er dann beispielsweise in einem Magazin eine Produkt-Anzeige mit einem ShopText-Code, schickt er diesen samt PIN einfach per SMS an ShopText (www.shoptext.com).

Prognose 2020

Im Jahr 2020 beträgt der Anteil der 12- bis 19-Jährigen an der Bevölkerung nur noch 7 Prozent (5,7 Millionen). Der Lebensstil der CommuniTeens ist unmittelbar abhängig von der Weiterentwicklung der Vernetzungstechnologien und wird sich mit den Änderungen der Vernetzungsstandards wandeln. Zahlenmäßig werden sich die CommuniTeens etwa auf dem gleichen Niveau bewegen wie heute. Im Jahr 2020 wird es etwa 3,8 Millionen CommuniTeens geben.

Inbetweens – Der holprige Berufseinstieg wird zur entscheidenden Lern- und Weiterentwicklungsphase für die Ewig-Jungen

»Ganz wichtig: Bloß nicht *Handelsblatt Junge Karriere* lesen! Man darf sich nicht verrückt machen lassen.«
Ulrich M., Inbetween

Die Inbetweens kennzeichnet, dass sie zwischen den Stühlen sitzen. Bei ihrem Übergang respektive Einstieg ins Berufs- und Familienleben unterliegen sie den sozialen Unwägbarkeiten und ökonomischen Zufälligkeiten, die sich in der modernen Gesellschaft nicht mehr grundsätzlich ausschließen lassen: Sie »switchen« daher in jungen Jahren häufiger zwischen verschiedenen Lebenssituationen und Identitätsentwürfen hin und her. Durch ihren holprigen und verzögerten Berufseinstieg (Praktika, befristete Jobverträge, Projektarbeit oder Freiberuflichkeit) leben die Inbetweens in einem Zustand permanenter Mobilität und Umorientierung, der auch ihre privaten Beziehungen strapaziert und häufig zu einer ebenfalls vorübergehenden Angelegenheit

Abbildung 11: Inbetweens 2007

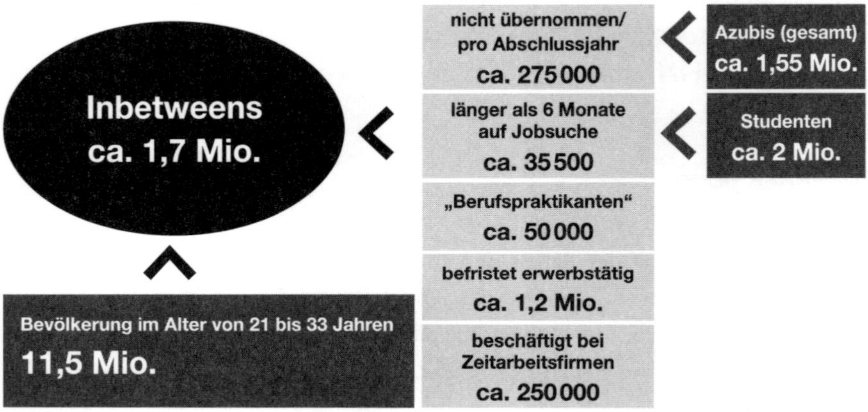

Inbetweens

Grundgesamtheit nach Statistischem Bundesamt

Einflusssphären > Woraus sie sich rekrutieren

Quelle: Statistisches Bundesamt, Bundesverband Zeitarbeit, Berufsbildungsbericht 2006, HIS; Schätzung: Zukunftsinstitut

macht. Während ein Teil der Inbetweens zu einer Art Dauer-Hospitant in sozialer und beruflicher Hinsicht wird, gelingt einigen die Professionalisierung ihrer Situation: In einer stets fragil bleibenden Balance aus ständigem Dazulernen, Projektarbeiten und Unterwegssein erzielen sie in freiberuflich-kreativer Tätigkeit ein respektables Einkommen mit hohem Freiheitsgrad.

Inbetweens widerlegen den Mythos vom »Berufspraktikanten«

Im Jahr 2005 lebten in Deutschland dem Statistischen Bundesamt zufolge 11,5 Millionen Menschen im Alter zwischen 21 und 33 Jahren. Etwa 1,7 Millionen von ihnen bezeichnen wir aufgrund ihres »verzögerten« respektive anderen Einstiegs in das Familien- und Berufsleben als Inbetweens.

Im vergangenen Jahr machte der Begriff der »Generation Praktikum« in Talkshows wie im Feuilleton von Zeitungen und Illustrierten die Runde. Kurze Zeit später kam eine Studie der SPD-nahen Friedrich-Ebert-Stiftung zu dem Ergebnis, dass knapp 6,5 Millionen Deutsche (etwa 8 Prozent der Bevölkerung) zum »abgehängten Prekariat« der Gesellschaft gehören – dazu zählen die Forscher auch Angestellte mit befristeten Arbeitsverträgen und eben die im letzten Jahr viel zitierte »Generation Praktikum«. Am Ende des Jahres schafften es beide Begriffe sogar in die Top 5 der Wörter des Jahres 2006. Was den Sozialdemokraten kaum noch jemand zugetraut hätte, geschah: Sie erreichten öffentliche Aufmerksamkeit. Allerdings auf sehr unsozialdemokratische Weise, denn sie definierten eine neue Zweiklassengesellschaft beziehungsweise ließen sich von den Meinungsforschern eine neue Klasse der Ausgebeuteten und Rechtlosen herbeifragen. Aber gibt es dieses Prekariat tatsächlich? Wir haben mit den Inbetweens eine Lebensstilgruppe ausgemacht, die eng verwandt mit dem Prekariat sein könnte, bei genauerem Hinsehen jedoch von komplett anderen Vorstellungen geleitet wird.

Generation Praktikum – ein Medienphänomen?

Als »Generation Praktikum« werden seit zwei Jahren in den deutschen Medien Studiertenjahrgänge bezeichnet, die nicht direkt nach ihrem Abschluss einen Job finden und sich gezwungenermaßen von Praktikum zu Praktikum hangeln. Eine aktuelle Untersuchung des Hochschulinformations-Systems (HIS) zeigt jedoch (mit der deutschlandweit bisher einzigen repräsentativen Studie zu diesem Thema), dass nur etwa jeder achte Fachhochschulabsolvent und jeder siebte Akademiker mit universitärem Abschluss überhaupt ein Praktikum antritt – nach Mitteilung des Statistischen Bundesamtes gab es im Jahr 2005 insgesamt 252 500 Hochschulabsolventen. Wie HIS weiter herausfand, dauert ein Praktikumsverhältnis in 84 Prozent der Fälle nicht länger als ein halbes Jahr. Neun Monate nach dem Ende des ersten Praktikums waren nur 6 Prozent der Fachhochschul- und 4 Prozent der Uni-Absolventen arbeitslos. Bei der Untersuchung wurden 12 000 Hochschulabsolventen des Abschlussjahrgangs 2005 befragt.

Einige der Inbetweens haben sicherlich ein oder mehrere Praktika absolviert (auch schon während des Studiums). Jedoch begreifen Inbetweens das nicht als Problem und ewigen Zustand, sodass daraus beispielsweise die Lebensform des Berufspraktikanten entstehen könnte. Neben den eben beschriebenen HIS-Ergebnissen konnte eine aktuelle gemeinsame Online-Befragung der Unternehmensberatung McKinsey und des Nachrichtenmagazins *Der Spiegel* unter knapp 25 000 Hochschulabsolventen zudem zeigen, dass der Erfolg bei der Jobsuche stark abhängig vom jeweiligen Fachabschluss ist: Vor allem Gesellschafts- und Sozialwissenschaftler suchen länger als neun Monate nach einem Job. Hingegen findet die große Mehrheit der Natur- und

Abbildung 12: Wirtschaftler und Ingenieure sind kaum Inbetweens

Berufseinsteiger mit Vollzeitstelle (in %)

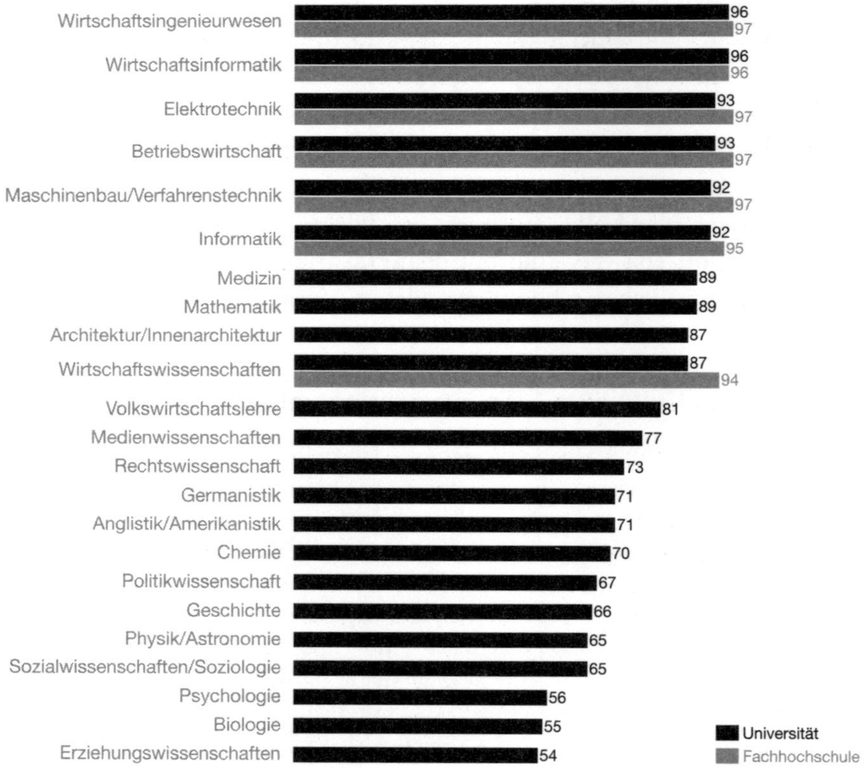

Quelle: Studentenspiegel 2

Wirtschaftswissenschaftler, Ingenieure und Informatiker in weniger als drei Monaten eine Stelle.

25 Prozent der Erwerbstätigen in Deutschland im Alter zwischen 20 und 29 Jahren leben mit einer befristeten Beschäftigung.

Flexibilisierung und Deregulierung beherrschen die globalisierte Wissensgesellschaft und haben den Arbeitsmarkt in den vergangenen Jahren gründlich umgekrempelt. Mittlerweile übt fast jeder vierte Erwerbstätige in Deutschland im Alter zwischen 20 und 29 Jahren eine befristete Beschäftigung aus (1996: nur knapp 16 Prozent). Auch die Zahl der befristeten Jobofferten für Hochschulabsolventen ist im Jahr 2005 auf den höchsten Wert seit 2000 gestiegen, berichtet die Bundesagentur für Arbeit. Die Inbetweens haben diese Umbrüche teilweise direkt miterlebt und sich zwischenzeitlich gut damit arrangiert. Ihr Motto: ständig flexibel, mobil und offen für Veränderungen sein. Denn der reibungslose Job-Einstieg, der Beruf fürs Leben und ein Arbeitsleben ohne zeitweilige Unterbrechungen, das wissen die Inbetweens, sind Relikte aus dem Industriezeitalter.

Die Inbetweens gehen neue Ausbildungs- und Berufswege

Die Inbetweens haben sich also auf diese offene Situation eingestellt und sind nicht in ihrem Weltbild erschüttert. Während die »Älteren« heute in vielen Fällen durch Tariflöhne und Kündigungsschutz noch eine gewisse Absicherung haben und auf ihren Arbeitsplätzen verharren, haben die Inbetweens – trotz einiger Hürden beim Berufseinstieg – längst ein neues Selbstverständnis entwickelt. Ulrich M., ein Inbetween, der als Unternehmensberater arbeitet und gelegentlich als Gastdozent an der Universität lehrt, hat seine Inbetween-Situation inzwischen professionalisiert und erkennt rückblickend: »Flexibilität halte ich für einen sehr wichtigen Wert. Und das ist es, was ich meinen Studenten empfehle: Das Allerwichtigste ist Neugier – die haben ganz wenige Leute. Man braucht Begeisterungsfähigkeit, muss sich in Herausforderungen hineindenken wollen.«

Inbetweens haben begriffen, dass sich im Zeitalter der Wissensarbeit mehr und mehr eine flexible, kreative und selbstverantwortliche Arbeitskultur durchsetzen wird. Die sogenannte prekäre Arbeitsmarktlage interpretieren sie als einen »normalen« Lebensabschnitt auf ihrem Karriereweg jenseits der alten Vorstellungen von Ausbildung und Beruf. Die wichtigsten Indikatoren für die Inbetweens sind:

Zeitarbeit: Immer mehr Berufsanfänger entscheiden sich bewusst für Zeitarbeit. Sie sehen darin eine Alternative zum Praktikum und eine ideale Möglichkeit, internationale Berufserfahrung zu sammeln. Bei den Top-15-Zeitarbeitsfirmen kommen mittlerweile 8 Prozent der Zeitarbeiter direkt aus dem Hörsaal. Insgesamt sind junge Berufsanfänger bei Zeitarbeitsfirmen überproportional stark vertreten: 20- bis 24-Jährige mit stattlichen 20 Prozent. Gesamtwirtschaftlich liegt der Anteil der Zeitarbeiter bei knapp 9 Prozent.

»Positives Prekariat«: Die Kulturwirtschaft trägt in Deutschland jährlich etwa 35 Milliarden Euro zur Wertschöpfung bei. Sie gehört damit zu den dynamischsten und innovativsten Sektoren unserer Wirtschaft. Die Jobs in

Abbildung 13: Soziale Mobilität in Deutschland
Je jünger, desto flexibler: Umstände, die zum Umzug bewegen

Basis=100 %	Total	Alter				
		14 - 29	30 - 39	40 - 49	50 - 59	60 +
	1013	201	172	181	146	314
wenn ich dadurch meinen Arbeitsplatz sichern kann	56	81	78	69	53	21
wenn ich dort meinen Kindern ein besseres Leben ermöglichen kann	55	82	69	63	45	28
wenn mein Lebenspartner es wünscht	49	54	56	58	59	33
wenn ich dort ruhiger und entspannter leben kann	37	48	44	41	42	22
wenn ich dort billiger leben kann	36	42	41	41	37	27
wenn ich dort noch einmal ganz neu anfangen kann	34	42	37	46	25	20
wenn es dort ein besseres kulturelles Angebot gibt	20	31	17	19	20	15
ich würde unter keinen Umständen umziehen	23	7	11	12	17	49

Quelle: TNS Emnid im Auftrag von Chrismon, Befragungszeitraum 23.08. und 24.08.2006

diesem Bereich sind häufig auf Projektarbeit ausgerichtet und die Löhne können stark schwanken. Doch je mehr die Arbeit zur Sphäre der Selbstverwirklichung wird, desto mehr Menschen zieht es in diese »Berufe«. Schätzungen zufolge stieg die Zahl der Künstler, Publizisten, Designer und ähnliche Berufe Ausübenden zwischen den Jahren 1995 und 2003 von 184 000 auf 780 000 Personen – darunter sind auch viele Inbetweens.

»Für einen neuen Job würde ich umziehen.«
36 Prozent auf einen anderen Kontinent
27 Prozent in eine andere Stadt
21 Prozent niemals
14 Prozent in ein anderes Land

www.monster.de/poll

Praktika, Zeitarbeit, Teilzeitanstellung: Der andere Berufseinstieg wird als wichtige Lern-Expedition empfunden

Unser Interview-Partner Ulrich M. kennt die »prekäre« Situation am Arbeitsmarkt, ließ sich davon jedoch nicht entmutigen: »Insgesamt habe ich im Studium neun Praktika absolviert«, erklärt er, »danach ergab sich oft die Möglichkeit der freien Mitarbeit. Ich habe meine Tätigkeit nie als Arbeit empfunden; das, was ich mache, gleicht eher einer großen Lernexpedition.«

Ulrich M. ist ein typisches Beispiel für den Lebensentwurf eines Inbetweens. Inbetweens passen sich der veränderten Auftragslage auf dem Arbeitsmarkt an und entwickeln Strategien, Unsicherheiten in ihrem Leben abzufedern. Dazu gehört, keine allzu großen finanziellen Verbindlichkeiten einzugehen und ein quasi-familiäres Sicherheitsnetz zu spannen. So wird es nur für die wenigsten Inbetweens finanziell wirklich »prekär«. Zudem werden Engpässe häufig durch Eltern oder Großeltern überbrückt. Laut Berechnungen des Deutschen Instituts für Wirtschaftsforschung aus dem Jahr 2004 unterstützen 16 Prozent aller über 65-Jährigen ihre Kinder oder Enkel regelmäßig – im Durchschnitt werden 350 Euro pro Monat gezahlt. Die Sachzuwendungen sind dabei noch nicht dazugerechnet. Auch die jüngste Shell-Studie hat gezeigt, dass jeder dritte 25-Jährige noch im »Hotel Mama« residiert oder in anderer Art und Weise von den Eltern Unterstützung bekommt. Für einen begrenzten Zeitraum funktioniert offenbar die Familie als Stipendiumsgeber. Belohnt werden die Inbetweens, wenn es gut geht, mit einer Phase der zusätzlichen Qualifikation und der Entscheidungsfindung.

Vom Arbeitsplatzbesitzer zum Dauerhospitanten: Der Lebensstil der Inbetweens ist prägend für die neue Arbeitswelt

Das Temporäre ihrer beruflichen Lebenssituation ist das, was die Inbetweens prägt und auch Auswirkungen auf ihr Gefühlsleben hat. Neben den gestiegenen Mobilitätsanforderungen – der Bereitschaft für den Job quer durch Deutschland oder gar die Welt zu reisen – sind die Inbetweens auch flexibel und mobil hinsichtlich ihrer privaten Lebensbereiche. Familie, Freundschaft und Liebe haben bei Ihnen andere Rhythmen und finden unter neuen Bedingungen statt. Entwicklungs- und Sozialpsychologen sprechen deshalb vom »psychosozialen Moratorium« und einem verzögerten Schritt zur Erwachsenen-Identität. Die (statistisch) sichtbaren Folgen davon sind:

- **Immer höheres Heiratsalter.** Das durchschnittliche Heiratsalter von Frauen und Männern lag im Jahr 2005 bei rund 30 respektive 33 Jahren. Zu Beginn der 1990er Jahre schlossen Männer (29 Jahre) und Frauen (26 Jahre) wesentlich früher den Bund der Ehe.
- **Verzögerte Familiengründung.** Im Siebten Familienbericht der Bundesregierung heißt es zur Vereinbarkeit von Erwerbsverlauf und Familiengründung: Nur 39 Prozent der Männer mit diskontinuierlichem Erwerbslauf (Arbeitslosigkeit, Weiterbildung und so weiter) hatten im Alter von 35 Jahren Kinder. Bei den kontinuierlich Erwerbstätigen waren es 62 Prozent.
- **Life-Coach statt Ehepartner.** Die partnerschaftliche Beziehung wird immer mehr zum ganzheitlichen und nutzbringenden Wohlfühlkonzept umfunktioniert: Jenseits von klassischen Rollenverteilungen (Hausfrau, Köchin, Ernährer, Beschützer) werden beide Partner gleichermaßen zum Life-Coach – gerne auch ohne Trauschein. Wichtig ist: Beide Seiten müssen davon profitieren.

Immer mehr kreative und neugierige Menschen in Übergangssituationen definieren einen neuen Lebensstil. Die Inbetweens werden uns als Lebensstil-Typus in den nächsten Jahren an vielen Stellen begegnen. Sie sind kein von der Gesellschaft abgehängtes Prekariat, keine ort- und hoffnungslosen Neoproletarier, sondern sie praktizieren eine neue Lebensart. Wenn sich Ulrich M. in seinem Bekannten- und Gleichgesinntenkreis umschaut, sieht er, dass in den letzten zwei Jahren viele, die so leben wie er, geheiratet haben. »Das scheint auch ein Trend zu sein, dass man, bei allem Wandel, im Privaten für stabile Verhältnisse sorgt. (...) Die Beziehung ist der Ruhepol, und dazu gehört auch die Familienplanung.«

Interview mit Inbetween Ulrich M.

Ulrich M. (30) wohnt in Hamburg und ist verheiratet. Er ist Magister der angewandten Kulturwissenschaften. Im Anschluss an sein Studium arbeitete er vorübergehend als wissenschaftlicher Mitarbeiter an der Universität. Auch heute noch nimmt der selbst ernannte Unternehmensberater gelegentlich Lehraufträge an. Momentan arbeitet er für eine dänische Innovationsberatung, die in Deutschland ein Büro aufbauen möchte. Kürzlich hat Ulrich M. seine Dissertation im Bereich Marketing eingereicht.

Herr M., wie wird man ein Inbetween: durch Zufall oder Planung?

Ich denke, die Rolle eines freiwilligen Inbetweens erreicht man erst ab einem bestimmten Reifegrad. Die bewusste Entscheidung für berufliche Ungebundenheit lässt sich erst dann treffen, wenn man schon einen gewissen Erfahrungshorizont mitbringt. Ab einem bestimmten Bildungsstand wird es außerdem immer schwieriger, sich in standardisierte Jobprofile einzufügen. Von meinem Hintergrund her bin ich ein vielseitig gebildeter, wissensdurstiger Mensch, dem es schnell langweilig wird, wenn er eine eintönige Aufgabe hat. In die Lage dieser Entscheidungsfreiheit bin ich wohl auch durch Zufall geraten. Während des Studiums habe ich immer zwei Dinge gleichzeitig gemacht: Studium und Arbeit. Manchmal kam noch ehrenamtliches Engagement mit hinzu. Natürlich hätte ich auch eine Konzernkarriere einschlagen können.

Ich hatte mich mal bei einem größeren Unternehmen beworben, um eine Abteilung Zukunftsforschung aufzubauen. Nach vier Bewerbungsrunden sagte mir der Amtsinhaber, auf dessen Stelle ich mich beworben hatte und der mich ohnehin schon als seinen Nachfolger vorgeschlagen hatte: »Gehen Sie davon aus, dass hier jede Entscheidung so lange dauert!« Er erklärte mir, dass alles sehr bürokratisch zuginge und er glaube, dass dies für mich zum Problem werden könnte. Und da musste ich ihm Recht geben. Vielleicht könnte man es so formulieren: Ich bin freiwillig-intuitiv in dieses Beschäftigungsverhältnis reingerutscht. Ich stelle auch fest, dass meine Studienkollegen, die in irgendeinem Konzern gelandet sind, extrem neidisch auf mich sind. Sie sehen, wie viel Freiheit ich habe. Das ist das Problem an der klassischen Managementberatung: Die Abläufe sind sehr standardisiert, und durch den hohen Arbeitsaufwand wird man systematisch am Lernen gehindert und zudem noch körperlich ausgebrannt.

Sie sagten, dass Sie während Ihres Studiums immer mehrere Dinge gleichzeitig gemacht haben. Welche zusätzlichen Tätigkeiten waren das so?

Während des Studiums war ich anfangs im Bereich der Markenberatung tätig, als freier Mitarbeiter. Insgesamt habe ich im Studium neun Praktika absolviert, danach ergab sich oft die Möglichkeit der freien Mitarbeit. Ich habe meine Tätigkeit nie als Arbeit empfunden. Das, was ich mache, gleicht eher einer großen Lernexpedition. Auch am Wochenende zähle ich die zusätzlichen Stunden nicht, die ich in meinen Beruf investiere.

Was bedeutet Ihnen Flexibilität und was würden Sie Studenten vor dem Berufseintritt raten?

Flexibilität bedeutet für mich hohe Wandlungsbereitschaft, große Neugier, diplomatisches Gespür, Fingerspitzengefühl und Verfügbarkeit – wenn jemand von mir will, dass ich morgens an einem bestimmten Ort sein soll, dann versuche ich das auch kurzfristig einzurichten. Flexibilität halte ich für einen sehr wichtigen Wert.

Und dies ist es, was ich meinen Studenten empfehle: Das Allerwichtigste ist Neugier – die haben ganz wenige Leute. Man braucht Begeisterungsfähigkeit, muss sich in Herausforderungen hineindenken wollen. Man sollte zuhören können, keine standardisierten Lösungen anbieten, viel lesen – das ist mir aufgefallen, als ich für die Promotion von den Geisteswissenschaften in die BWL gewechselt bin. BWL wird teilweise recht unreflektiert studiert, weil die Leute letztlich zu wenig lesen. Auch Fremdsprachenkenntnisse sind sehr hilfreich.

Und ganz wichtig: Bloß nicht *Handelsblatt Junge Karriere* lesen! Man darf sich nicht verrückt machen lassen. Viele junge Menschen werden heute sehr negativ durch die Medien beeinflusst – von wegen Generation Praktikum und so weiter. Viele trauen sich deshalb nicht mehr, ihre Stärken einzusetzen. Dabei ist es ganz wichtig, Selbstbewusstsein an den Tag zu legen. Es ist heutzutage einfach so, dass es immer mehr Studienprofile gibt, die man nicht in Stellenausschreibungen findet. Aber es gilt, dass sich die guten Leute ihre Stellen selber schaffen werden. Und dahin gelangt man, wenn man sich proaktiv im Unternehmen einbringt und schon im Praktikum ein Konzept erstellt, wie die weitere Mitarbeit aussehen könnte.

Bei so vielen Berufserfahrungen und -stationen in Ihrem Leben: Welche Berufsbezeichnung würden Sie sich da geben?

Wenn ich in der Kneipe gefragt werde, dann sage ich Unternehmensberater. Das ist die offenste Kategorie, da können die meisten was mit anfangen. Ich bin aber auch Wissenskurator, da ich mit Wissen handle. Ich betreibe mit ein paar tollen Jungs aus Kopenhagen eine wissensorientierte Form des Innovationsmanagements, beispielsweise für die Firma Lego oder eine russische Immobilienfirma. Ich mache Markenberatung, weil viele Unternehmen noch gar nicht über Innovationsmanagement nachdenken. Und dann gibt es noch ein weiteres Standbein: die Wissenschaft. Ich nehme Lehraufträge an und besuche regelmäßig Tagungen. Und das spielt auch in die berufliche Tätigkeit mit rein. Ich biete wissenschaftlich fundierte Unternehmensberatung an.

In welchem Beschäftigungsverhältnis befinden Sie sich im Moment?

Ich habe in der Regel keine festen Verträge. Meist erhalte ich auf Tagessatz basierte Projektanfragen und führe dann Feldforschung durch: Da kann es dann sein, dass ich mit Menschen zum Einkaufen gehe und deren Konsumverhalten studiere. Oder ich spiele zwei Wochen lang mit Kindern, um rauszufinden, wie Kinder spielen – das habe ich kürzlich für Lego gemacht. Das Schöne ist: Ich kann Anfragen ablehnen oder ich sage zu, je nach Verfügbarkeit.

Was bedeutet Planung in Ihrem Leben? Und wie gehen Sie mit Unsicherheit um?

Mein Planungshorizont beträgt für gewöhnlich sechs Monate. Der Halbjahrestakt entspricht dem durchschnittlichen Projektrhythmus. Während das Projekt läuft, schiebe ich das nächste an, sodass ich möglichst nahtlos in den nächsten Auftrag übergehen kann. Die mit meinem Beschäftigungsverhältnis verbundene Unsicherheit empfinde ich nicht als Bedrohung. Es gibt vielfältige Bezüge in meiner Arbeit und der spannende Austausch mit spannenden Menschen relativiert diese Unsicherheit.

Wie wichtig sind Ihnen Familie und Freundschaft?

Viele Leute, die so leben wie ich, haben in den letzten zwei Jahren geheiratet. Das scheint auch ein Trend zu sein, dass man, bei allem Wandel, im Privaten für stabile Verhältnisse sorgt. Kinder sind bei mir und meiner Frau schon geplant, und ich denke, das kriegen wir auch hin. Meine Frau hat für mich eine Doppelfunktion. Auf der einen Seite ist sie mein Partner, auf der anderen Seite so was wie mein Career-Coach. Wir haben uns im Studium kennen gelernt und immer ähnliche Sachen gemacht. Sie ist inzwischen mein bester Ratgeber. Da gibt es vielleicht noch zwei bis drei Freunde, aber die kriegen das nicht jeden Abend mit, wenn man sich ausheult, sich fallen lässt. Ich denke, da ist viel intuitive Intelligenz vorhanden, wenn sie mir empfiehlt: »Dies und jenes würde ich machen, dies und das würde ich nicht machen.«

Die Beziehung ist der Ruhepol, und dazu gehört auch die Familienplanung. Durch meinen flexiblen Beruf kann ich es mir gut aussuchen. Ich wohne mit meiner Frau zusammen, wir gehen jeden Morgen gemeinsam raus oder ich arbeite von zu Hause aus. Wir sehen uns eigentlich jeden Tag. So lange man zumindest in Europa tätig ist, lässt sich das gut einrichten, dass man morgens hinfliegt und abends wieder zurück ist. Es ist schon schwierig, Freundschaften zu pflegen, wenn man so lebt wie ich. Ich habe sehr wenige, sehr gute Freundschaften. Bei mir gibt es keinen stammtischartigen Freundeskreis, der sich regelmäßig trifft. Mit den meisten halte ich per E-Mail Kontakt. Wenn es sich anbietet, weil ich in deren Wohnort was Geschäftliches zu erledigen habe, dann geht man abends gemeinsam essen.

Wofür geben Sie gerne Geld aus?

Für Reisen, Bücher, Essen, Klamotten. Ich verreise sehr gern spontan, um in fremde Kontexte einzutauchen. Dort gebe ich dann gerne Geld für Theater- und Museumsbesuche aus. Bei technischen Produkten lege ich sehr viel Wert auf Qualität. Das müssen schon hochwertige Produkte sein. Auch die Gestaltung ist für mich extrem wichtig, mehr noch als die technische Funktionalität. Und das gilt für alle Bereiche: Im Urlaub übernachten meine Frau und ich immer im Divine-Hotel, weil es für uns wichtig ist, eine sinnlich wohltuende Umgebung zu haben. Es soll dann schon schöner sein als zu

Hause. Obwohl ich bei der eigenen Wohnung auch sehr viel Wert auf das Erscheinungsbild lege: Ich habe da eine Mischung aus Design-Klassikern und skandinavischen Elementen.

Wie wichtig ist Ihnen Service und Werbung?

Service ist für mich ganz wichtig. Es fällt mir ungemein schwer, schlechten Service zu akzeptieren. Sie glauben nicht, was eine Call-Center-Warteschleife für Aggressionen auslösen kann, auch wenn man sonst ein friedlicher Mensch ist. Werbung ignoriere ich so gut wie komplett. Von meinem beruflichen Hintergrund her habe ich extreme Probleme mit der Werbeindustrie. Mich nerven Werbeagenturen, die meiste Werbung halte ich für inhaltslos. Es gibt aber auch Werbespots, die ich gut finde: Mann und Frau sitzen auf dem Sofa, sie stellt den ästhetischen Part des Autos in den Vordergrund, er hat eine PS-Zahl auf die Hand geschrieben. Oder die Crashtest-Animation von Renault, wo intelligent mit Stereotypen umgegangen wird. Die ist auch unterhaltsam.

Gibt es Marken, die Sie bevorzugen?

Habitat bei Möbeln, G-Star ist eine extrem coole Marke, Hugo Boss bei Bekleidung, die japanische Marke Muji. Bei Autos schätze ich Audi sehr. Was diese Marken verbindet, ist eine hohe Wertschätzung für Design, was für mich eines der Hauptkaufargumente ist, außerdem Modernität und eine globale Anmutung.

Zum Abschluss die Frage: Wenn Sie so an Ihren tagtäglichen Ablauf denken, welche Dienstleistungen fehlen ihnen da noch?

Bei Finanzdienstleistungen und Versicherungen, da könnte noch einiges geschehen. Ein Vertriebssystem, das auf Provisionsbasis funktioniert, führt nicht dazu, dass ich gut beraten werde. Viele Dinge sind bei Finanzdienstleistungen auch viel zu kompliziert, da besteht Bedarf, dass die mir jemand verständlich erklärt. Ach ja, und ein günstiges Designhotel würde ich mir wünschen. Ein Konzept gibt es da, glaube ich, schon. Und ein Reisebüro, das auf die Persönlichkeit zugeschnittene Beratung anbietet.

Die Wünsche und Bedürfnisse der Inbetweens

Always on: Alltagshilfen fürs Unterwegssein: Schnelles Reagieren ist für die Inbetweens unverzichtbar. Alltagshelfer, die tagtäglich Kommunikation gewährleisten oder unterwegs kleine Inseln der Ruhe und der Selbstfokussierung versprechen, stehen deshalb hoch im Kurs. Das Handy ist für einen Inbetween tatsächlich viel mehr als ein Telefon, es ist die Sekretärin und das Büro, die Lebensader zum Privatleben, das Akquiseinstrument und die Entertainment-Maschine in einem. Natürlich gehört auch der iPod in das Bild eines typischen Inbetweens. Und das nicht zuletzt deshalb, weil er Luxus und Individualität beim täglichen Unterwegssein verspricht. Natürlich kann auch ein Auto diese Funktion übernehmen. Wohl auch aus diesem Grund bezieht sich unser Inbetween Ullrich M. auf die Qualitäten eines Audis.

Konsumenten des Dazwischen: Convenience und Bleibendes: Inbetweens schwanken zwischen einem Lifestyle, der es ihnen erlaubt, jederzeit die Zelte abzubrechen, wann immer es nötig und opportun ist. Die intelligente Reisetasche steht ihnen deshalb in der Regel näher als eine Schrankwand aus Vollholz. Andererseits lassen sich die Inbetweens von Dingen ansprechen, die etwas Bleibendes verkörpern (das Gegenprogramm zu ihrer eigenen Lebenssituation). Dazu gehören natürlich in erster Linie Luxusprodukte, die ideelle und individuelle Werte kommunizieren (Uhren, wertige Arbeitsgeräte und so weiter).

Gegenwelten und Kontrasterlebnisse: Wer einen extrem komplexen Alltag lebt, für den ist es wichtig, einen regelmäßigen Fluchtpunkt zu haben, der aus der Mühle herausführt. Inbetweens werden kaum regelmäßig in 5-Sterne-Hotels einchecken. Aber wenn sie es sich leisten können – wie unser Gesprächspartner Ulrich M. –, gieren sie nach Gegenwelten: entschleunigt, geräuschlos, farbig, minimalistisch – aber bitteschön mit E-Mail-Möglichkeit. Die momentan aus dem Boden sprießenden Smart-Basic-Hotels bieten erschwinglichen Luxus für die junge Business-Elite, die richtigen Resorts für Inbetweens.

Wie sich Trend-Pioniere auf die Inbetweens einstellen

Weltweit online: Es hat alles mit einer simplen Idee und Frage angefangen: Warum unterwegs fürs Internet bezahlen, wenn zu Hause schon für einen Internetanschluss bezahlt wird? Das Web 2.0-Unternehmen FON ist eine WLAN-Community, die mit ihrem WLAN-Router (La Fonera) die Möglichkeit anbietet, den eigenen Breitbandanschluss in einen Access Point umzuwandeln und ihn somit mit anderen Community-Mitgliedern (Foneros) zu teilen. Wenn man dann als Fonero unterwegs ist und Internetzugang braucht, verbindet man sich durch User-ID und Passwort einfach mit dem nächsten FON Access Point. Soll der Internetzugang nicht mit anderen geteilt werden, kann man als Alien trotzdem an der FON-Community teilnehmen: Der Zugang zur FON-Community kann dann per Tagesticket gekauft respektive von den Foneros verkauft werden (www.fon.com/de).

Smart-Basic-Hotels: Mit 13 Häusern in neun Städten und über 1600 Zimmern betreibt die Motel One AG hierzulande derzeit erfolgreich ihre Expansion mit Smart-Basic-Hotels. Unter dem Motto »Viel Design für wenig Geld« beweist Motel One, dass günstige Preise nicht zwangsläufig auf Kosten von Qualität und Stil gehen müssen: Ab 45 Euro pro Übernachtung logieren die Gäste in zeitgemäßen, klimatisierten Doppelbettzimmern mit LCD-Fernseher, mobilem Arbeitsplatz, stilvollen Möbeln und Bädern aus dunklem Granit. Mit den hochwertigen Zimmern, Lounge, Coffee-Shop und Bar in jedem Hotel hält das Unternehmen, was es verspricht. Konzentrierte sich Motel One mit seiner Standortstrategie bislang zunächst auf die Innenstadtlagen deutscher Großstädte, will man mittelfristig auch in anderen europäischen Metropolen präsent sein (www.motel-one.de).

Leihen statt kaufen: Das Portal Luxusbabe.de bietet ein Abo für den Verleih von Designer-Handtaschen an und hat deswegen schon für viel Aufsehen gesorgt. Die trend- und modebewussten Kunden können aus drei verschiedenen Abo-Angeboten wählen, nach denen sich dann auch die Taschenauswahlmöglichkeit richtet: Als Babe für 29 Euro, Glamourbabe für 49 Euro und als Luxusbabe für 79 Euro im Monat hat man eine »Eintrittskarte in den ultimativen Taschenhimmel«, wie es auf der Homepage heißt (www.luxusbabe.de).

Prognose 2020

Neue Jobs vor allem in künstlerisch-kreativen Bereichen, aber auch im flexiblen Dienstleistungssektor begünstigen die etwas andere Lebensplanung und den neuartigen Arbeitsstil der Inbetweens. Das Bedürfnis, in Zeiten von Individualisierung und Globalisierung mobil, flexibel, unabhängig und selbstbestimmt zu sein, führt künftig zu einer verstärkten Verbreitung des Inbetween-Lebensstils. Arbeit, das machen die Inbetweens besonders deutlich, wird in Zukunft immer stärker mit Selbstverwirklichung in Verbindung gebracht. Wir schätzen die Zahl der Inbetweens im Jahr 2020 auf 2,9 Millionen.

Young Globalists – Die rastlosen Weltbürger sind gebildet und suchen Halt und Bestätigung im Job und in der Beziehung

»In unserer Branche sind wir auf dem Niveau,
wo man nicht über Absicherung spricht.
Die ist eigentlich gegeben.«
Martin L., Young Globalist

Wer bisher der Meinung war, dass Karrierewege in Zeiten von Unsicherheitsgesellschaft und Globalisierung nicht mehr planbar sind, wird durch die Young Globalists vom Gegenteil überzeugt. Young Globalists begegnen den Unsicherheiten und Unwägbarkeiten des modernen Lebens mit professionellem Life-Management. Job und Karriere bilden für sie die zentralen Bestandteile zur Identitätsfindung – wo immer es sie hin verschlägt, transnational, weltweit. Über die berufliche Selbstverwirklichung holen sich die Young Globalists Selbstbestätigung und gesellschaftliches Ansehen. Young Globalists sind aber keine emotional kalten »Ego-Karrieristen«, die nur auf ihren monetären Vorteil aus sind. Die Young Globalists haben bereits in jungen Jahren angefangen, mit viel Ehrgeiz und Disziplin, aber auch spielerischer Freude und sportlichem Wettbewerbsgedanken auf ihre Ziele hinzuarbeiten. Das funktioniert allerdings nur, wenn man als Young Globalist auch emotional fit ist und wenn man neben dem Erfolg auch das Scheitern gelernt hat.

Die schöpferisch-kreative Seite ihres Jobs ist ihnen deshalb genauso wichtig wie der Output (Geld). Im Gegensatz zu den Inbetweens sind die Young Globalists bereits in jungen Jahren beruflich angekommen und etabliert. Sicherheit (wenn ihnen Zeit bleibt, darüber nachzudenken) ist ihnen dabei nicht nur über die guten bis sehr guten Gehälter gegeben, sondern über ihre exzellente Ausbildung und ihre globale Netzwerkfähigkeit. Young Globalists kennen keine Grenzen: Sie agieren in einem weltumspannenden Handlungsraum, die Welt ist ihr Arbeitsplatz. Es sind Vielflieger und Überflieger – die neue Business-Elite.

Abbildung 14: Young Globalists 2007

Quelle: Statistisches Bundesamt, Focus MediaLine CN 12.0, Schätzung: Zukunftsinstitut

Young Globalists leben, lieben und arbeiten im Global Village

Derzeit leben in Deutschland 9,7 Millionen Menschen im Alter von 20 bis 30 Jahren. 1,3 Millionen von ihnen bezeichnen wir als Young Globalists.

Die Young Globalists haben schon in der Schulzeit den Gedanken verinnerlicht, dass das Leben ein einziger und endloser Wettlauf mit lauter kleinen und großen Zwischenzielen ist. Deshalb wollen sie sich bereits in jungen Jahren schnell von der Masse abheben und besser sein – beispielsweise mit einem Juniorstudium, das in letzter Zeit (und nicht nur bei ehrgeizigen Eltern) immer mehr Zuspruch findet. Derzeit gibt es bundesweit schätzungsweise 1 000 Schülerstudenten, die das Vordiplom und das Abitur zeitgleich machen wollen. Es ist klar, dass sich auch hier unsere Young Globalists auf ihre Zukunft vorbereiten. Bereits im Jahr 2004 fand ein Modellversuch an der Universität Saarbrücken statt, der den Beweis lieferte, dass die Juniorabsolventen der Ingenieurwissenschaften ihren älteren Kommilitonen in nichts nachstehen: Während 70 Prozent der »normalen« Studenten durchfielen, bestanden 70 Prozent der Juniorstudenten zum Beispiel die Prüfung im gefürchteten Fach »Technische Mechanik I«. Während die Globalisierung der Märkte schon seit längerer Zeit nationalstaatliche Grenzen souverän ignoriert, rütteln die Young Globalists an den Grundfesten des Bildungssystems: Warum soll jemand, der schon früh seine Berufung und seine Neigungen kennt, nicht mit 18 Jahren sein Vordiplom in der Tasche haben? Auf die Frage »Was kommt nach PISA?« kann man antworten: die Young Globalists.

Schülerstudenten – das Speed-Studium für Überflieger

Die besonders eifrigen unter den jüngeren Young Globalists entscheiden sich für private Bildungsinstitute wie die Heidelberger Young Business School (YBS). Die Einrichtung bietet jungen Menschen im Alter von zehn bis 26 Jahren schulergänzende Bildungsprogramme, die für außergewöhnliche Karrierechancen sorgen sollen. Im Angebot für Schüler sind Juniorförderprogramme bereits ab dem 4. und 5. Schuljahr, oder ab der 8. Klasse das Diplom- oder Bachelor-Programm, mit dem man zum Abiturabschluss auch gleichzeitig das Vordiplom in der Tasche hat. Für Abiturienten gibt es »Quality- und Speedprogramme«, die auf Auswahlverfahren von internationalen Eliteuniversitäten (Harvard, Stanford, Berkeley, WHU) vorbereiten (http://www.ybs-heidelberg.de/).

Und während andere nach ihren Bildungsabschlüssen tatsächlich mit Bildung abgeschlossen haben (und auf den bezahlten Job warten), steht bei den Young Globalists häufig schon der nächste Schritt fest. Ihre Devise: »Think global, act global, be global«, denn sie wissen: Um ihre Chancen auf dem internationalen Arbeitsmarkt zu erhöhen, sind (mehrere) Fremdsprachen unabdingbar. Viele Young Globalists zieht es schon in der Schulzeit ins Ausland. Im Schuljahr 2005/2006 entschwebten rund 12 000 deutsche Jugendliche in die Ferne. Unter den rund 45 Austauschländern sind die USA das beliebteste Zielland. Vor kurzem ergab eine Studie des Council on Standards for International Educational Travel in den USA, dass die Zahl der deutschen Schüler, die im Schuljahr 2006/2007 ein halbes oder ganzes Jahr in den USA verbracht haben, mit 8 189 Teilnehmern so stark wie nie zuvor ist. Es ist der globale Hotspot Amerika, der – wie schon andere Generationen (dann aber mit teils grundverschiedenen Motiven) – die Young Globalists besonders anzieht. Die deutschen Austauschschüler bilden damit weiterhin die Spitzengruppe aller USA-Austauschschüler.

Young Globalists – globale Kommunikation und interkulturelle Kompetenz

Auf Platz eins der beliebtesten Reiseziele für Sprachreisen liegen mit 73 Prozent weiterhin Länder, in denen Englisch gesprochen wird. Während Englisch-Sprachreisen bei den Erwachsenen lediglich 66 Prozent ausmachen, beträgt der Anteil bei den Jugendlichen 90 Prozent. Andere beliebte Sprachen bei den Jugendlichen sind Französisch, Spanisch oder Italienisch – aber im Vergleich mit Englisch in wesentlich geringerem Maße. Der Fachverband Deutscher Sprachreiseveranstalter geht auch für die Zukunft von einem weiteren Wachstum der Sprachreisen-Branche aus (http://www.fdsv.de).

Young Globalists: Nutzenmaximierend, output-fixiert und ehrgeizig, aber keineswegs egoistisch

Viele Young Globalists haben schon mit 20 Jahren mehr von der Welt gesehen als ihre Großeltern in ihrem ganzen Leben. Auch wenn sie ihre Freizeit gerne mit schulischen Pflichtaufgaben, Nebenbeistudium oder anderen Fortbildungsmaßnahmen verbringen, passen Young Globalists nicht in das Bild des introvertierten und einsam in seiner Welt vor sich hin lebenden »Strebers« oder »1,0-Abiturienten«. Young Globalists sind in hohem Maße kommunikativ, weltoffen und verfügen schnell und früh über internationale Karriere-Möglichkeiten. Jugend und Revolte? Die

Young Globalists sehen ihre Zukunft in den weltumspannenden Netzwerken von Business oder globalen Organisationen. Sie sind affirmativ, insofern sie egoistisch nach Chancen und Potenzialen in der Weltgesellschaft suchen. Sie grenzen sich wie viele junge Generationen durch ein mitunter bewusst zur Schau gestelltes Anderssein aus. Doch geschieht diese Definition eigener Identität nicht qua Ablehnung der Elterngeneration oder als Protest gegen Allgemeinplätze wie »Gesellschaft«, »Staat« oder »Macht«. Es wäre auch verkehrt, sie als unpolitische Egoisten abzuschreiben. Die Young Globalists kultivieren den politischen Blick jenseits des Links-Rechts-Schemas. Viele von ihnen liebäugeln oder engagieren sich in NGOs. Politik beziehungsweise gesellschaftliches Engagement, so ihr Grundsatz, soll Lösungen anbieten und darf sich nicht in selbstreferenziellen Endlosschleifen reproduzieren.

Auch im angestammten Frauen-Revier Kleidung tut sich etwas. Was für die Business-Frau schon lange selbstverständlich ist, rückt nun zunehmend auch für die männlichen Weltbürger auf die Agenda. Die Zuwachsrate der Kleiderkäufe von Männern übersteigt jene für Kleiderkäufe durch Frauen. Männer geben ungefähr 10 Prozent mehr für Gewandung aus als noch vor zwei Jahren. Verantwortlich für die Veränderungen sind jedoch vor allem junge Männer wie die Young Globalists, die den Herrenanzug, einst Statussymbol der Yuppies und biederen Angestellten, mittlerweile zu einem »coolen« Accessoire umfunktioniert haben. Young Globalists definieren ihr Selbstbild zunehmend über ein gepflegtes Erscheinungsbild – sogar solche, die den eigenen Vater nie in einem Anzug sahen.

Young Globalists brauchen keine Jobgarantie – sie sind Reisende in Sachen Karriere und Selbstverwirklichung

Wie die Studie »Generation 05« der Unternehmensberatung McKinsey und des *manager magazins* aus dem Jahr 2005 herausfand, wollen mehr als die Hälfte der befragten Hochschüler im Hauptstudium (56 Prozent) Deutschland nach Studienabschluss den Rücken kehren. Als mögliche Destinationen für den Berufsanfang nannten die Hochschüler: China (83 Prozent), Japan (71 Prozent), Länder innerhalb der Europäischen Union (65 Prozent) – dabei liegen beispielsweise Großbritannien (39 Prozent) und Frankreich (38 Prozent) am Ende der Rangliste.

Young Globalists sind immer in weltumspannenden Radien unterwegs. Der Weg ist das Ziel, denn es geht ihnen nicht um den einen angestrebten Arbeitsplatz, die lebenslange Tätigkeit. Ihre Berufung ist Selbstverwirklichung, der Ort dafür keine Amtsstube, kein Chefsessel, sondern der Globus. Auch wenn die Young Globalists in jeder Phase ihrer Karriere, bei jeder Zwischenetappe »Hier wollte ich immer hin, das ist mir am wichtigsten« sagen können, haben sie ungeachtet dessen ihren Blick stets schon wieder nach vorn gerichtet: zum nächsten Ziel und zur nächsten Herausforderung. Young Globalists orientieren sich grundsätzlich nicht am Durchschnitt: Beispielsweise sind statistische Mittelwerte, wie die 28 Jahre und rund 14 Semester, die ein deutscher Hochschulabsolvent am Abschlusstag auf seinem Konto hat, kein Maßstab für sie. Young Globalists wollen sich mit den Besten aus dem Kreise der High Potentials messen – mit dem Ziel, noch besser zu werden und Neues zu lernen. Das Ziel ihrer Mühen: die berufliche Selbstverwirklichung.

Über erfolgreiche Geschäftsabschlüsse, exzellente Dienstleistungen und die Lösung schwieriger Probleme holen sich die Young Globalists ihre Selbstbestätigung. Klar, dass nur lebenslanges Lernen den Spaß an der Arbeit und den Wettbewerbsvorteil sichert. Formale Bildung, aber auch das Lernen durch Job-Experience ist für sie wichtig. Young Globalists sind keine besserwisserischen Grünschnäbel mit Prädikatsexamen, sondern junge Bildungsgewinner, Wissensbroker in eigenem Auftrag. Auch unser Young Globalist Martin L., inzwischen 30 Jahre alt, verbrachte seine Bildungszeit auf der Überholspur: »Meine Studienzeit betrug insgesamt 4 Jahre inklusive der Praxisphasen. Schon während des Studiums in Cambridge hatte ich den Entschluss gefasst, in England zu arbeiten. Als ich dann zum Abschluss meines Studiums ein dreimonatiges Praktikum bei einer Investment-Bank absolviert hatte, bot sich mir die Gelegenheit, bei der Bank in London zu bleiben. Der Studienabschluss war dann gar nicht mehr so wichtig. Tatsächlich hatte ich meinen Master erst ein Jahr, nachdem ich schon bei der Bank angefangen hatte, in der Tasche.«

> Mehr als 2,5 Millionen internationale Studenten sind rund um den Globus unterwegs.
>
> *Deutsche Bank Research, 19.04.2007*

Private Wirtschaftsuni gibt den Young Globalists Jobgarantie, sonst Geld zurück

Die private Fachhochschule Göttingen gibt ihren Absolventen eine (nach eigenen Angaben europaweit einzigartige) Jobgarantie. Wenn die Abgänger aus den Fächern Betriebswirtschaftslehre oder Wirtschaftsinformatik sechs Monate nach erfolgreichem Abschluss noch keine Anstellung gefunden haben, erhalten sie die Studiengebühren eines Jahres zurück. Die Jobgarantie ist seit ihrer Einführung vor zehn Jahren von weniger als 1 Prozent der Absolventen genutzt worden (http://www.pfh-goettingen.de/).

Yuppies waren gestern – Young Globalists sind gebildete Weltbürger ohne Star-Allüren

Durch diese Art Doppelcharakter passen Young Globalists ganz und gar nicht in die Vorstellung, die wir uns in den 80er Jahren von den Yuppies gemacht haben. Young Globalists sind keine eiskalten Turbo-Karrieristen,

Abbildung 15: Young Globalists weisen den Weg in die Zukunft
Bevölkerungsanteil mit Hochschulabschluss (25 bis 34-Jährige)

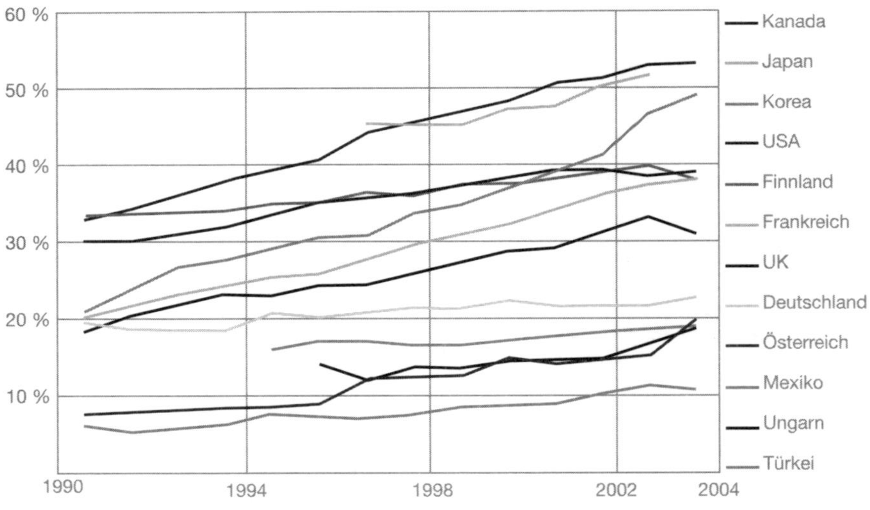

Quelle: OECD, OECD Factbook 2006; OECD, Education at a glance, 2006

die mit Scheuklappen und Ellbogenmentalität ihre Ziele – Geld, Macht und Hedonismus – verfolgen. Sie besitzen neben ihrer hohen Fachlichkeit gleichermaßen ein hohes Maß an sozialer Kompetenz und interkultureller Lernfähigkeit. Was aber noch wichtiger ist: Die Young Globalists sind tatsächlich eine neue Werteelite; immaterielle Gratifikationen wie beispielsweise eine spannende Aufgabe (und natürlich wieder Selbstverwirklichung) sind ihnen wichtiger als Macht und Einfluss. Die Ergebnisse der Studie »Generation 05« bestätigen das: Die »klassischen« Karriereziele (hohes Einkommen, hohe Position) waren den befragten Hochschülern nicht so wichtig wie »interessante Arbeitsinhalte« (93 Prozent) und die »Entwicklung der eigenen Persönlichkeit« (81 Prozent). 79 Prozent der Befragten nannten als wichtiges Kriterium auch die »Vereinbarkeit von Beruf und Familie« (darunter 40 Prozent Männer).

Halt und Geborgenheit finden die Young Globalists im Job und der Beziehung

Martin L., der nun schon seit einigen Jahren erfolgreich als Investmentbanker tätig ist, beschreibt sein Arbeitsethos folgendermaßen: »Was mich motiviert, ist, dass ich mich selbst wiederfinde in dem, was ich produziere. Ich recherchiere selbst, schreibe meine eigenen Berichte und vermarkte die auch selber. Den Erfolg kann man dann in Dollar-Zahlen ausdrücken, weil die Investoren auf Basis meiner Prognosen Gewinne einfahren oder nicht. (...) Die Anerkennung bekommt man dann auch über die Bezahlung, aber nicht ausschließlich. Ohne das Gefühl, selber Verantwortung zu tragen und mein Potenzial in meinem Beruf voll ausschöpfen zu können, wäre ich nicht zufrieden.«

Der Job vermittelt ein hohes Maß an Identität, es ist eine fast handwerkliche Nähe zu den geliebten Dingen, wie ein Schuhmacher, der an seiner Werkbank alles vorfindet, um selbstvergessen sein Tagwerk zu verrichten. Arbeit ist für Martin L. erfüllende Tätigkeit. Sie bedeutet weder Entfremdung noch Fremdsteuerung, die ein Beamter, eingesponnen in seinem Dickicht von Vorschriften und Personalhierarchien, auszuhalten hat.

Selbstverwirklichung heißt bei den Young Globalists also, die optimale Balance zwischen Karriereambitionen sowie der Lust an den selbst gewählten Zielen und Themen herzustellen. Die Young Globalists sind Idealisten, insofern sie an die Steuerbarkeit von Karrieren (nämlich durch Kompetenz und Networking) glauben und sich in den komplexen Strukturen der globalen Märkte zu Hause fühlen. Sicherheit ist für Young Globalists ein Zusammenspiel aus finanzieller Absicherung und der Garantie, das eigene Einzigartigkeitsprofil ständig zu optimieren. Bei Martin L. kommt noch ein weiterer Aspekt hinzu, der ihm bei seinem Turbo-Aufstieg Sicherheit gab: die feste Beziehung, die 300 Kilometer Entfernung aushält, aber trotzdem ein Ruhepol bei der globalen Alltagsbewältigung darstellt: »Meine Freundin und ich haben über zehn Jahre lang immer mindestens 300 Kilometer voneinander entfernt gewohnt. (…) Wir haben während der ganzen Zeit fast täglich telefoniert. Und wir haben immer versucht uns ein- bis zweimal im Monat für ein Wochenende zu sehen.« Denke global, handle global, aber gönne deinen Emotionen ein hohes Maß an Stabilität: Nach einem Jahrzehnt Fernbeziehung leben die beiden heute erstmals zusammen in einer gemeinsamen Wohnung.

Die Young Globalists werden in den nächsten Jahren viele Schlüsselpositionen in Wirtschaft und Gesellschaft einnehmen. Der Arbeitsmarkt beginnt sich schon auf die globale Elite einzustellen. Eine Stellenanzeige aus einer Zeitung von 2007 stellt sich die neue Workforce als eine »Eierlegende Wollmilchsau« vor und hat den Typus des Young Globalists vor Augen: »Sie verfügen über einen überdurchschnittlich guten Bildungsabschluss (meist Hochschulabschluss); Sie sind teamfähige Einzelkämpfer mit hohem Maß an sozialer Kompetenz; Sie sind risikofreudig und suchen immer wieder die neue Herausforderung und beherrschen neben Englisch natürlich noch andere Fremdsprachen; außerdem sind sie uneingeschränkt global mobil und haben bereits Berufs- und Auslandserfahrung …«

Interview mit Young Globalist Martin L.

Während andere in seinem Alter noch auf ihre erste feste Anstellung warten, hat Martin L. (30) seinen Karriereweg auf der Schnellspur gemacht. Er studierte Interkulturelles Management an der Universität Jena, ein zulassungsbeschränkter Studiengang mit hoch selektivem Bewerbungsverfahren. Nach dem Vordiplom in Jena zog es ihn jeweils für ein Jahr nach Cambridge und Oxford, wo er an einer Business School den Master-Abschluss machte. Neben dem Studium absolvierte er bereits zahlreiche Praktika, unter anderem bei Siemens, McKinsey und einer Investmentbank in London, wo er nach Beendigung des Studiums sofort übernommen wurde. Inzwischen ist er Analyst bei einer großen Bank und teilt sich nun nach über zehn Jahren Fernbeziehung mit seiner Freundin eine Wohnung.

Herr L., das ging ja alles ziemlich schnell bei Ihnen. Wie lange haben Sie studiert und wie kam es zu Ihrer ersten Anstellung?

Meine Studienzeit betrug insgesamt vier Jahre inklusive der Praxisphasen. Schon während des Studiums in Cambridge hatte ich den Entschluss gefasst, in England zu arbeiten. Als ich dann zum Abschluss meines Studiums ein dreimonatiges Praktikum bei einer Investment-Bank absolviert hatte, bot sich mir die Gelegenheit, bei der Bank in London zu bleiben. Der Studienabschluss war dann gar nicht mehr so wichtig. Tatsächlich hatte ich meinen Master erst ein Jahr, nachdem ich schon bei der Bank angefangen hatte, in der Tasche, weil ich dort noch einen Praktikumsbericht einzureichen hatte. Das war denen von der Bank aber egal. Für die zählte nur, was man drauf hatte und wo man studiert hatte – und da war ich mit meinen Studienorten natürlich ganz gut aufgestellt. Meine Fähigkeiten wurden dann nur noch in einem dieser berühmten Assessment-Center geprüft.

Warum haben Sie sich gerade für England als Arbeitsort entschieden?

Mir gefällt die Arbeitskultur in Großbritannien einfach besser – ganz abgesehen davon, dass man hier besser bezahlt wird. In Deutschland müssen viele Bedingungen erfüllt werden, bis man für eine bestimmte Position in Betracht gezogen wird: das entsprechende Diplom oder Zertifikat et cetera. Der Arbeitsmarkt in England lässt es eher zu, dass man über Umwege an seine Arbeit gekommen ist: Es ist öfter mal der Fall, dass ich mich dort mit Leuten über Aktien unterhalte, die bis zum Ende ihres Studiums überhaupt nichts mit Börse oder Betriebswirtschaft zu tun hatten.

Außerdem ist man bei den Briten wesentlich freundlicher und lockerer im Umgang miteinander, sowohl intern im Team als auch nach außen mit den Kunden. Ich glaube auch, dass man in England mit wesentlich weniger Hierarchie auskommt.

Welche Rolle spielen langfristige Planung und Stabilität im Berufsleben?

Ich habe keine langfristigen Pläne, weder was Beruf noch was Wohnort oder Familie angeht. Ich denke momentan auch nicht daran, sesshaft zu werden. Es geht mir eher darum, Spaß im Job zu haben. Dort sind dann

Stabilität und Kontinuität insofern wichtig, dass man bei zu schnellen beruflichen Richtungswechseln nicht viel lernt. Stabilität in gewissen Maßen ist ganz sinnvoll.

Bei meiner ersten Bank blieb ich vier Jahre. Dann war die Aufgabe nicht mehr so spannend. Also ging ich weiter zur nächsten Bank. Dort hatte ich mehr Eigenverantwortung und konnte individueller und weniger teamabhängig arbeiten.

Ist finanzielle Absicherung in ihrem Leben ein wichtiger Aspekt?

In unserer Branche sind wir auf dem Niveau, wo man nicht über Absicherung spricht. Die ist eigentlich gegeben. Aber trotz allem schwanken die Einkommen sehr. In gewissen Jahren bekommst du sehr viel bezahlt, in anderen wieder weniger. Wenn du möchtest, gehst du zwischendrin das Risiko ein, den Job zu wechseln oder man arbeitet auch mal für sechs bis zwölf Monate überhaupt nicht. Werden wir deswegen auf der Straße leben? Klares Nein. Die Absicherung, die wir haben, unterscheidet sich aber vom klassischen Stabilitätsdenken – so von wegen ich arbeite jetzt 30 Jahre bei Siemens und für jedes weitere Jahr bekomme ich einen zusätzlichen Tag Urlaub. Solche Vorstellungen spielen eigentlich keine Rolle mehr in unserem Metier.

Woher nehmen Sie die Motivation, mehr zu arbeiten, als andere es in ihrem Alter tun?

Ich habe selbst nicht das Gefühl, dass ich wahnsinnig viel arbeite. Aber klar, wenn man das vergleicht: Ich wende schon mehr Zeit auf als viele andere in meinem Alter. Was mich motiviert, ist, dass ich mich selbst wiederfinde in dem, was ich produziere. Ich recherchiere selbst, schreibe meine eigenen Berichte und vermarkte die auch selber. Den Erfolg kann man dann in Dollar-Zahlen ausdrücken, weil die Investoren auf Basis meiner Prognosen Gewinne einfahren oder nicht. Und ein positives Abschlussergebnis kommt mir dann auch zugute. Die Anerkennung bekommt man dann auch über die Bezahlung, aber nicht ausschließlich. Ohne das Gefühl, selber Verantwortung zu tragen und mein Potenzial in meinem Beruf voll ausschöpfen zu können, wäre ich nicht zufrieden.

Welche Fähigkeiten und Eigenschaften muss man in Ihrem Job mitbringen?

Risikobereitschaft, Entscheidungsfreude, Verantwortungsgefühl, Kommunikationsfähigkeit sind alles wichtige Attribute. Aber auch Konzentrationsfähigkeit, dass man seinen Fokus voll auf den aktuellen Fall richten kann. Zeitmanagement ist ebenfalls extrem wichtig, wenn man sieht, wie viel Geld an den Märkten in kurzer Zeit umgesetzt wird.

Nun sind Sie ja beruflich sehr stark eingebunden. Wie sieht es da mit Ihrem Privatleben aus, wie halten Sie beispielsweise Kontakt mit Freunden?

Freunde sind ungemein wichtig – dass man Gedanken, Ideen oder auch einfach mal nur Quatsch und Unsinn austauscht. Durch meine berufliche Eingebundenheit und stetige Mobilität ist es natürlich schwierig, sich ständig zu sehen, und doch ist man dann immer wieder erstaunt, wie gut man sich versteht, wenn man sich nach einem Jahr wieder sieht. Ich habe da verschiedene Sorten von Freunden, die alle mit einem bestimmten Lebensabschnitt verbunden sind: diejenigen, die man aus der Schule kennt, die viel von der eigenen Geschichte kennen, die man so mit sich herumträgt. Dann gibt es die Freunde, die man aus Uni-Zeiten kennt. Und schließlich die Arbeitskontakte. Alle haben ihre Bedeutung.

Beziehungen können heutzutage auch über weitere Entfernungen halten. Meine Freundin und ich haben über zehn Jahre lang immer mindestens 300 Kilometer voneinander entfernt gewohnt. Die letzten Jahre hat sie in Berlin gearbeitet, während ich in London war. Erst jetzt hat sich die Gelegenheit ergeben, dass sie in London eine Stelle gefunden hat und zu mir ziehen konnte. Die Grundbedingung, dass so etwas funktioniert, ist gegenseitiges Vertrauen. Alles andere kommt dann von selbst. Wir haben während der ganzen Zeit fast täglich telefoniert. Und wir haben immer versucht uns ein- bis zweimal im Monat für ein Wochenende zu sehen. Grundsätzlich machen wir beruflich auch heute keine gemeinsamen Pläne. Aber irgendwann war klar, dass die Trennung auf Ewigkeit ein bisschen schade wäre. Und dann kam der erste große Schritt: Wir zogen in eine gemeinsame Wohnung. Nächster Schritt wird sein: Wir suchen uns eine größere Wohnung. Und was Familie betrifft: Da haben wir nichts geplant, aber wir schließen es auch nicht aus. Und diese Beziehung war für mich auch im Zusammenhang mit meiner Arbeit sehr wichtig. Dass es da jemand gibt, der einen selber sehr gut kennt – und das schon seit langer, langer Zeit. Auch dass dies jemand ist, der außerhalb meines eigenen Berufsfelds steht. Sonst läuft man Gefahr, dass man sich ständig im Hamsterrädchen dreht. Stattdessen bekommt man durch die andere Person eine andere Perspektive und kann sich ab und zu mal selbst im Hamsterrädchen beobachten.

Was würden Sie machen, wenn Ihnen jemand 1 Million Euro zur freien Verfügung geben würde?

Ich denke, ich würde es zum großen Teil auf die Seite legen. Ich bin niemand, der das Geld so schnell ausgibt. Ich habe da auch kein großes Bedürfnis, damit die Welt zu verändern und den Betrag in irgendein gemeinnütziges Projekt zu stecken. Auch was Aktien betrifft, bin ich recht zurückhaltend. Die einzigen, die ich halte, sind die von meiner Bank. Die bekomme ich automatisch. Sonst liegt alles ganz sicher auf einem ganz normalen Bankkonto.

Wenn Sie dann doch mal Geld ausgeben: Wofür geben Sie es gerne aus?

Also, Geldausgeben an sich bereitet mir eigentlich keine Freude. Ich hab zwar einen vollen Kleiderschrank, das liegt aber eher daran, dass ich Dinge nicht wegwerfen kann. Wenn man's dann ausgibt, dann meist für Travel & Entertainment, wie man bei uns so schön sagt: Essen gehen, Kino, Theater, in Urlaub fahren – auch übers Wochenende in eine Stadt in Europa. Der andere große Bereich in puncto Ausgaben sind Miete und Wohnen, da möchte ich nicht sparen – auch wenn man in London schon sehr viel bezahlen muss, um etwas Vernünftiges zu bekommen.

Worauf achten Sie besonders, wenn Sie »shoppen« gehen? Wie wichtig ist Ihnen zum Beispiel Service?

Ästhetik spielt eine große Rolle. Da kann das Produkt schon mal ziemlicher Quatsch sein: Wenn der eine MP3-Player besser aussieht als der andere, dann ziehe ich den mit dem besseren Design vor. Der Preis ist auch ein ausschlaggebendes Argument. Das Preis-Leistungs-Verhältnis muss schon stimmen. Service ist für mich relativ unwichtig. Ich mag das nicht, wenn man ständig beraten wird und Verkäufer hinter einem herrennen. Ich mache es mir lieber allein in einem Laden gemütlich. Anders im Restaurant: Da ist guter Service Teil des Produkts. Gute Bedienung und Ambiente gehören dazu. Beim Essen ist Service also sehr wichtig, beim Kauf von MP3-Playern ist er furchtbar unwichtig.

Spielt Werbung für Sie eine Rolle?

Ich finde Werbung eigentlich klasse. Werbungen sind einfach Produkte unserer Popkultur. Vielleicht mache ich mich so auch zum unbewussten Opfer, who knows? Aber so Kampagnen wie die Bilderserie mit den »Klugen Köpfen« von der *FAZ* – das sind einfach Sprüche, die man sich merkt.

Zum Abschluss die Frage: Gibt es eine Dienstleistung, die für Sie besonders wünschenswert und hilfreich wäre?

Ich wünsche mir häufig irgendwelche Dienstleistungen. Zum Beispiel fände ich es praktisch, wenn mir jemand die tagtäglichen Arbeiten abnehmen würde. Statt drei Stunden Schuhe einkaufen gehen zu müssen in der High Street, könnte jemand das einem vorbeibringen. Dabei bin ich mir sicher, dass es so etwas schon gibt, ich komme nur nicht dazu, die Dienstleistung ausfindig zu machen.

Die Wünsche und Bedürfnisse der Young Globalists

Avantgarde des Distanzkaufs: Young Globalists arbeiten und leben in komplexen Umfeldern. Sie sind die typischen Vertreter von »money rich – time poor«. Und da ihr Arbeitsalltag keine Stechuhr und ihr übriges Leben atemlos sowie ohne räumliche Verankerung vonstatten geht, sind sie nahezu süchtige Kunden von intelligenten Dienstleistungen, Rund-um-die-Uhr-Angeboten und Internet-Services. Der e-Commerce erlebt gerade einen grenzenlosen Boom – die Young Globalists sind die Premiumzielgruppe des virtuellen Global-Shopping.

Statussymbole, aber eher aus Nostalgie: Young Globalists neigen generell zu leicht nostalgischer Verklärung und legen Wert auf Stil und Etikette. Gewissenhaft stecken sie den Mont-Blanc-Füller ein, wenn sie zum Kundentermin gehen, oder haben diesen zumindest auf ihrem heimischen Schreibtisch sichtbar liegen. Aus dem wohlerzogenen Interesse, sich korrekt zu verhalten, ist mittlerweile ein richtiger Dienstleistungsmarkt entstanden. Überall kann man Etikette-Kurse besuchen, um den formvollendeten Umgang mit dem anderen Geschlecht oder dem ausländischen Geschäftspartner zu erlernen.

Gefragt: Infrastrukturen fürs lebenslange Lernen: Vor dem Hintergrund, dass die Young Globalists eine erfolgreiche Karriere anstreben, fragen sie verstärkt Bildungsdienstleister nach – vom Sprach-Camp bis zum Persönlichkeits-Coach. In den USA hat sich bereits ein großer Markt entwickelt, der Schülern bei der Hochschulbewerbung hilft. Jeder fünfte Schüler, der sich an einem privaten College in den USA bewirbt, lässt sich von einem

Berater auf Honorarbasis coachen. 3000 Dollar nimmt ein Berater durchschnittlich für seine zweijährigen, sporadischen Dienste. Dieser schlägt dann schon mal vor, den Tischtennisverein zu verlassen und lieber im Altenheim auszuhelfen, weil soziales Engagement später Pluspunkte bringt. Mit der Privatisierung des Bildungswesens in Deutschland werden sich langfristig ähnliche Serviceangebote herausbilden.

Wie sich Trend-Pioniere auf die Young Globalists einstellen

Flylite – Kofferservice: Flylite nimmt Vielfliegern das Kofferpacken und -schleppen ab. Einmal muss der Koffer natürlich selbst gepackt werden, dann wird er bei Flylite deponiert und steht fortan auf Abruf bereit. Übers Internet wird ein Ankunftsort eingegeben, wo einen der Koffer schließlich mit frisch gebügelten Hemden und voller Zahnpastatube empfängt. Nach Gebrauch übernimmt Flylite selbstverständlich auch das Auspacken sowie das Waschen und Bügeln der Wäsche in Vorbereitung auf den nächsten Business-Trip (www.flylite.com).

Berlitz World Traveler – Lernen im Flug: Bei einigen Fluglinien können während des Flugs Sprachen gelernt werden. Seit April dieses Jahres bietet beispielsweise Air France seinen Passagieren auf ausgewählten Flügen die Möglichkeit, mit dem interaktiven und audiovisuellen Lernprogramm World Traveler von Berlitz seine Sprachkenntnisse zu verbessern. Mittlerweile können die Fluggäste aus 23 verschiedenen Sprachen auswählen. Das Sprachprogramm besteht aus Sprachübungen, Selbsttests und Spielen, bei denen das Erlernte praktisch angewandt werden soll. Am Ende des Kurses erhält jeder Teilnehmer eine Auswertung. Japan Airlines und Singapore Airlines bieten Berlitz World Traveler als Teil ihres Unterhaltungsprogramms an.

The Scholar Ship – die Bildungskreuzfahrt: Das Scholar Ship ist ein Bildungsangebot, das internationale Karrieren verspricht. Es handelt sich um ein viermonatiges akademisches Programm, das auf einem Kreuzfahrtschiff stattfindet. 600 Studenten bereisen acht Länder und vier Kontinente und bilden an Bord eine Lerngemeinschaft für Intercultural Leadership and Communication. »Um in der zunehmend vernetzten Welt Erfolg zu haben, braucht es mehr als Sprachfähigkeiten. Worauf es ankommt, sind internationales Wissen und Verständnis sowie Führungsfähigkeiten, die auf der Erfahrung mit anderen Kulturen beruhen«, heißt es auf der Homepage. Der Preis für diese exklusive Wissensreise beträgt 19950 US-Dollar. Dahinter steht ein Verbund internationaler Universitäten wie beispielsweise die Macquarie University aus Australien und die University of California, Berkeley USA (www.thescholarship.com).

Prognose 2020

In den nächsten Jahren wird der Lebensstil der Young Globalists weitere Verbreitung finden. Bildung, interkulturelle Kompetenz und berufliche Herausforderungen am »Arbeitsplatz Welt« sind die Schlüsselbegriffe für die neue Workforce. Wir schätzen die Zahl der Young Globalists im Jahr 2020 auf 2,5 Millionen.

Latte-Macchiato-Familien – Junge Starterfamilien verwirklichen Kind- und Karrierewunsch im urbanen Raum

»Ich denke schon, dass wir einen Lifestyle haben, der inzwischen gar nicht mehr so untypisch ist.«
Roman Z., Latte-Macchiato-Vater

Die Latte-Macchiato-Familien zeichnen sich dadurch aus, dass sie ihren gewohnten urbanen Lifestyle – Latte Macchiato im Straßencafé, Pizzaservice, Cocktailbar – ins Familienleben transferieren. Es handelt sich bei ihnen um Starter-Familien mit noch jungen Wunschkindern. Sie bleiben bewusst in der Stadt leben, ziehen nicht aufs Land, weil sie mobil sein wollen und das städtische Angebot an Unterhaltung und Konsum wahrnehmen möchten. Latte-Macchiato-Familien sind typische Vertreter eines gesunden, nachhaltigen und hedonistischen Lebensstils. Sie zählen sich nicht zum Establishment, wenden sich aber auch nicht ideologisch gegen die Arrivierten: Konservative Werte, der Hang zu einer Neuen Bürgerlichkeit und idealistische Selbstverwirklichung sind im Latte-Macchiato-Lebensstil keine Widersprüche. Sie handeln umweltbewusst, gleichzeitig aber auch ideologiefrei und offen, was beispielsweise technische Innovationen angeht. Die Latte-Macchiato-Familien legen viel Wert auf Qualität und Design. Es ist ihnen bewusst, dass ein Boogaboo-Buggy für 600 Euro ein stolzer Preis ist, aber sie zahlen ihn für die überlegene Optik gerne.

Abbildung 16: Latte-Macchiato-Familien 2007

Quelle: Statistisches Bundesamt, Focus MediaLine CN 12.0, Schätzung: Zukunftsinstitut

Latte-Macchiato-Familien leben einen »hippen« und neubürgerlichen Lebensstil

Das Statistische Bundesamt gab im jüngsten Mikrozensus-Bericht (2005) bekannt, dass es in Deutschland 8,9 Millionen Haushalte mit mindestens einem Kind unter 18 Jahren gibt. In diesen Haushalten wohnen 3,6 Millionen Eltern im Alter zwischen 25 und 35 mit Kindern bis 13 Jahren. 1,9 Millionen dieser jungen Eltern leben unseren Ergebnissen nach in einer Latte-Macchiato-Familie.

Entgegen dem Trend zur Kinderlosigkeit in Deutschland prägt sich dieser sehr kinderbezogene Lebensstil gerade in urbanen Zentren deutscher Großstädte aus. Londons Notting Hill und Osloer Szene-Viertel wie Grünerløkka oder Bislet sind internationale Orte für die Latte-Macchiato-Familien. Auch hierzulande gibt es Viertel, in denen sie sich tummeln, wie zum Beispiel im hessischen Frankfurt die Stadtteile Bornheim und Nordend, in Hamburg das Schanzenviertel und in Berlin der Prenzlauer Berg. Latte-Macchiato-Eltern gründen unbeirrt von der gesellschaftspolitischen Diskussion um mehr Kindergeld, Krippenplätze und den prognostizierten düsteren Zukunftsaussichten für Familien in relativ jungen Jahren ihre Familie. Die Kinderfrage hat sich ihnen nie als Problem gestellt und die Doppelbelastung Kind / Karriere ist für sie eine wünschenswerte Situation, die es zu organisieren gilt. Mit dieser Doppelbelastung verbinden sie eine Vision von Lebensglück und eine zeitgemäße, »hippe« Lebensform. Ob zur Happy-Hour in Bars oder Cafés oder bei Treffen mit Freunden und Bekannten: Latte-Macchiato-Kinder sind immer dabei – auch dann, wenn es kurz nach der Geburt in ferne Urlaubsländer geht: »Als unsere Tochter sechs Monate alt war, sind wir beispielsweise nach Australien geflogen. Da haben wir uns nicht von abhalten lassen, das geht auch mit einem Kleinkind«, wie der Latte-Macchiato-Vater Roman Z. erklärt. Familie wird in turbulenten und unsicheren Zeiten besonders bei jungen Menschen zu einem neu entdeckten Ort des Wohlfühlens und der Identitätsbildung.

Vier Indikatoren für den neubürgerlichen Lebensstil der Latte-Macchiato-Familien:

Ja, ich will (doch noch). Wie das Statistische Bundesamt im vergangenen Jahr mitteilte, sind die Ehescheidungen in Deutschland im Jahr 2005 auf 201 693 gesunken – das sind 5,6 Prozent weniger als 2004. Indes vermeldet die Hochzeitsmesse Rhein-Main, eine der bundesweit größten Hochzeitsmessen, auch dieses Mal wieder Rekorde bei den Aussteller- und Besucherzahlen: »Der Trend geht deutlich aufwärts, die Nachfrage ist da«, berichtet eine Sprecherin des Messeveranstalters. Nach dem Motto: »Lieber fünfmal glücklich geschieden als ein Leben lang unglücklich verheiratet«, wird es immer Menschen geben, die sich für die Ehe als symbolischen Ausdruck ihres (vorübergehenden) Zusammenlebens entscheiden.

Abbildung 17: Immer mehr Beziehungen ohne Trauschein
Für mich ist eine stabile, langfristige Beziehung genauso viel wert wie eine Ehe

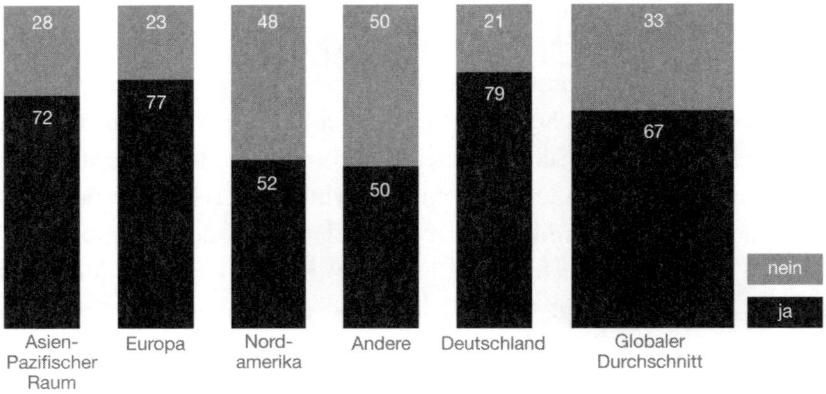

Quelle: AC Nielsen (Basis: alle Befragten)

Der Staat rückt in weite Ferne. Latte-Macchiato-Familien sind bürgerlich, insofern sie Wert legen auf ein intaktes Familienleben. Für sie ist es jedoch auch selbstverständlich, dass sie die Rahmenbedingungen für ihren Lebensstil selbst schaffen müssen. Der Staat als Wohlfahrtsorganisation wird von ihnen nicht mehr in Erwägung gezogen. Man fühlt sich nicht unterstützt, jammert aber nicht darüber, sondern fühlt sich für den eigenen, individuellen Lebensstil selbst verantwortlich. Wenn Latte-Macchiato-Familien die Bedingungen in den Kindergärten verbessern wollen, dann zeigen sie große Eigeninitiative und packen selbst mit an.

Ein bisschen Grün muss sein. Früher noch Symbol für Spießigkeit, verbringen heute mittlerweile 4 Millionen Deutsche ihre Freizeit in einer Kleingarten-Kolonie. Mit einer Studie bestätigte der Bundesverband Deutscher Gartenfreunde kürzlich die Beliebtheit des Schrebergartens. Verantwortlich für diese große Nachfrage nach einem Stückchen eigener Natur sind vor allem junge Menschen ab 25 Jahren und junge Familien mit Kindern – darunter auch viele Akademiker, Ärzte und Beamte. War der typische Schrebergärtner 1994 noch durchschnittlich 57 Jahre alt, so ist er inzwischen zehn Jahre jünger. Das tatsächliche Alter soll noch weit darunter liegen. Denn häufig sind noch die Väter oder Großväter als Pächter eingetragen, so Heinz-Josef Claßen, Vorsitzender des Kreisverbands der Kleingärtner in Mönchengladbach.

»Die Freude am Buddeln in der Natur hat bei jungen Leuten mit Kindern deutlich zugenommen.«

Dietmar Kuck, Landesverband der Gartenfreunde Sachsen-Anhalt

Großvaters Comeback – Retraditionalisierung bei den Latte-Macchiato-Familien. Die Wahl traditionell deutscher Namen für ihren Nachwuchs ist für die Latte-Macchiato-Familien ein bewusstes Bekenntnis zu Tradition und Kontinuität. Hobby-Namensforscher werteten auf der Internetseite www.beliebte-vornamen.de über 27000 Geburtsmeldungen von 79 deutschen Geburtskliniken und Standesämtern aus. In den Top Ten tauchen bei den Mädchen Leonie, Lea und Lena sowie bei den Jungen Paul, Jonas und Max auf.

Latte-Macchiato-Eltern sind Konsum-Twens und erfinden das Familienleben neu

Bereits im vergangenen Jahr hat das Zukunftsinstitut auf die neue Zielgruppe der Latte-Macchiato-Mütter aufmerksam gemacht. Sie blockieren vorzugsweise am späten Vormittag ab elf Uhr (dank Elterngeld, Teilzeit und New Work) mit ihren schreienden Babys die In-Locations der Szeneviertel. Gemeinsam zelebrieren sie bei Latte Macchiato, Bionade oder Gingko-Drinks ihr Mütterdasein. Auch bei den Vätern hat sich in dieser Richtung einiges getan. Wie *Der Spiegel* im Jahr 2005 berichtete, geben sich Prenzlauer-Berg-Väter eine neubürgerliche Vateridentität, wenn sie – unter dem einen Arm das LikeABike (www.kokua.de) und unter dem anderen das iBook gepackt – mit dem Kind die Hauptstadtstraßen entlang laufen.

Besonders die jungen Väter haben sich von der traditionellen Rolle des Familienversorgers und Breadwinners verabschiedet. Der Familienforscher Wassilios Fthenakis erkennt in diesem Wandel eine neue soziale Norm, die sich bei den jungen Vätern etabliert hat und in Zukunft Schule machen wird. Einer Studie des Bundesfamilienministeriums aus dem Jahr 2001 zufolge sieht sich nur noch ein Drittel der befragten Väter in der klassischen Rolle des Familienernährers. Zwei Drittel hingegen sehen sich inzwischen als »Erzieher ihrer Kinder«.

Insgesamt braucht das Latte-Macchiato-Familienleben viel Planung, Koordination und Voraussicht, wie bei einem Projekt im Beruf. Roman Z. vergleicht die Elternrolle mit Projektmanagement: »Als Vater oder Mutter muss man nämlich unglaublich viel koordinieren und recherchieren, weil man sonst nicht rausfindet, welche Angebote es eigentlich gibt oder welche Kindertagesstätten wirklich gut sind. Da braucht man schon auch Ausdauer und Beharrlichkeit. In der Zeit, als wir nach einer Kita gesucht haben, hatten wir zu jeder Zeit unseren Lebenslauf mit Foto als Farbkopie in der Tasche stecken – nur für den Fall, dass man zufällig an einer Kita vorbeiläuft. Dann geht man rein, gibt den Lebenslauf ab und die Leute haben prompt ein gutes Bild von einem – was dann bei der Vergabe der Plätze behilflich sein kann. Das sind so die Tricks, die man braucht, um mitzuspielen.«

Die Genussformel für die Latte-Macchiatos: Leben im urbanen Raum plus berufliche und private Selbstverwirklichung

Die Wohngegend ist ein entscheidender Faktor für die Latte-Macchiato-Familien. Das übliche Modell der ländlichen Kleinfamilie (Hausfrau hütet die Kinder in einer abgeschiedenen Reihenhaussiedlung fernab vom städtischen Treiben, am Abend kommt der Mann nach Hause) spielt bei ihren Planungen keine Rolle mehr. Auch wenn Latte-Macchiato-Familien natürlich nichts gegen mehr Grünflächen einzuwenden hätten, dann aber in einer neuen hybriden Form, wobei die Natur in die Stadt geholt wird: »Na klar würden wir uns alle etwas Grün in der Stadt wünschen. Deswegen wird in Berlin auch bald das englische Konzept der Town Houses verwirklicht. Da nutzen ein paar junge Architekten ein Brachgelände beim Volkspark Friedrichshain und bauen dort Reihenhäuser mit Garten. Da ist natürlich alles super ökologisch und man kauft das Gefühl, dass man alles in Reichweite hat, aber trotzdem ein bisschen Grün in der Stadt bekommt«, so Roman Z.

> Bei den Latte-Macchiato-Familien überschneiden sich häufig die Ausbildungs- und die Familienphase. Der Kinderwunsch ist bei Akademikern wieder ein Thema, der akademische »Gebärstreik« scheint zu Ende zu gehen: Eine Studie an den Universitäten München und Bamberg hat ergeben, dass 90 Prozent der studierenden Paare Kinder wollen, die Mehrheit sogar zwei und mehr.

Für die Latte-Macchiato-Familie, mit der wir uns in Berlin (Prenzlauer Berg) getroffen haben, ist die Nähe zum städtischen Leben sehr wichtig. Auch sie steht vor der Aufgabe, Kinder und Berufsleben zu organisieren und optimal zu vereinbaren. Tägliches Pendeln zur Arbeit würde für sie nicht nur einen Geld-, sondern auch einen erheblichen Zeitverlust bedeuten. Der Stadtsoziologe Professor Hartmut Häußermann spricht (zumindest für die Berliner Stadtteile Prenzlauer Berg, Friedrichshain und Teile von Berlin-Mitte) von einem neuen Phänomen: Seit einiger Zeit wandern junge Familien aus den innerstädtischen Altbaugebieten mit Kindern nicht mehr ins Umland aus. Oft sind das junge und gut gebildete Eltern, die beide berufstätig bleiben wollen und auf kurze Arbeitswege angewiesen sind – typische Latte-Macchiato-Familien also.

Eine GfK-Umfrage im Auftrag der Bausparkasse LBS belegt, dass es 73 Prozent der befragten Familien sehr wichtig ist, Kindergarten, Schule und Arbeitsstelle in der Nähe zu haben – das ist ihnen sogar wichtiger, als die Natur direkt zu erleben (55 Prozent). Zudem bieten schon mittelgroße Städte mehr Spielmöglichkeiten als ländliche Räume, das ist 94 Prozent aller Familien wichtig bis sehr wichtig. Für Roman Z. manifestiert sich dieser Lifestyle an der Art und Weise, wie Eltern zum Spielplatz kommen: »Ein besonderer Treffpunkt für junge Familien ist der Spielplatz am Käthe-Kollwitz-Platz. Da sieht man dann die ganzen Leute, die gekleidet sind, als gehörten sie zu einer Jugendszene: Jeans, Kapuzenpulli und darüber manchmal eine Cordjacke. Wenn einer mal ein Hemd (...) trägt, dann weiß man schon, dass der gerade direkt aus dem Büro kommt.«

Interview mit Latte-Macchiato-Vater Roman Z.

Roman Z. (35) lebt zusammen mit seiner Freundin Anna (37) und der zweijährigen Tochter Leonie am Prenzlauer Berg. Er und seine Freundin sind beide im Medienbusiness beschäftigt. Sie arbeitet Teilzeit.

Herr Z., wie sieht Ihr Familienleben aus: Sind Sie eine typische Familie?

Ich denke schon, dass wir einen Lifestyle haben, der inzwischen gar nicht mehr so untypisch ist. Wir fühlen uns relativ normal, weil unser Umfeld auch so lebt wie wir. Meine Freundin und ich sind nicht verheiratet, weil wir darin keinen Unterschied sehen, ob wir nun den Eheschein haben oder nicht.

Dass man Steuern spart, ist für uns kein Argument für die Heirat. Ich sehe mich auch nicht in der klassischen Vaterrolle, in der die Hauptaufgabe darin besteht, das Geld nach Hause zu schaffen. Wir arbeiten beide weiterhin. Unsere Jobs gestatten es uns, etwas weniger am Arbeitsplatz präsent zu sein und somit auch Zeit für Leonie zu haben.

Ich halte meine Freundin und mich für tolle Eltern. Wir engagieren uns zum Beispiel ehrenamtlich in der Kindertagesstätte unserer Tochter. Wir machen vieles von dem, was die typische Familie auszeichnet. Wir sind nicht die prototypischen Karrieristen, aber als Double-Income-Familie lässt es sich in Berlin schon recht gut leben. Als wir damals beschlossen haben, ein Kind zu bekommen, mussten wir eben gewisse Abstriche in Kauf nehmen, auch was die Zeiteinteilung betrifft. Was Urlaub angeht, gehen wir jetzt statt der klassischen vier Wochen Thailand zwei Wochen auf den Bauernhof. Dabei bewahren wir uns aber auch unsere Flexibilität. Als unsere Tochter sechs Monate alt war, sind wir beispielsweise nach Australien geflogen. Da haben wir uns nicht von abhalten lassen, das geht auch mit einem Kleinkind.

Anna und ich mögen es auch nicht so, ständig nur die klassischen Kindergespräche im Freundeskreis zu führen. Unsere Freunde bewegen sich altersmäßig so zwischen 27 und 50 Jahren. Es gibt also eine relativ große Streuung. Es sind auch welche darunter, die noch keine Kinder haben. Wenn wir uns mit unseren Freunden treffen, dann wird gekocht und Wein getrunken. Sie freuen sich dann auch, wenn sie unser Kind sehen, aber wenn Leonie dann im Bett ist, wird auch über andere Dinge gesprochen. Das ist mir sehr wichtig. Dieses totale Aufgehen in der Mutter-Vater-Kind-Rolle, das würde ich nicht wollen.

Wie wohnen Sie? Und, Sie sagten, dass Sie und Ihre Freundin weiterhin berufstätig sind: Nehmen Sie beispielsweise für Aufgaben im Haushalt Dienstleistungen in Anspruch?

Wir haben über 100 Quadratmeter Wohnraum in einem sanierten Altbau am Prenzlauer Berg. Das Kinderzimmer ist von der Architektur her abgekoppelt, und wir haben eine große Wohnküche. Das ist ideal für Treffen mit Freunden. Wenn wir Besuch haben, holen wir uns das Babyfon in die Küche. Weil das Zimmer akustisch gut geschützt ist, können wir dann auch mal laut lachen, ohne Leonie zu wecken.

Am nächsten Tag müssen wir dann auch nicht unbedingt alles selbst sauber machen, weil wir eine Haushälterin haben, die mindestens einmal die

Woche kommt. Wir haben außerdem einen Babysitter, der jederzeit mit ein bis zwei Tagen Vorlaufzeit aktivierbar ist, sodass wir problemlos weggehen können, wenn wir wollen. Das kostet natürlich Geld, aber wir kaufen uns gerne hin und wieder einen freien Abend. Als unsere Tochter noch etwas kleiner war, ging das nicht so leicht, weil sie da noch Probleme mit dem Einschlafen hatte. Jetzt, wo Leonie redet und läuft, da fällt es schon mal öfter leichter, den Babysitter ins Spiel zu bringen. In Berlin gibt es für uns leider keine Großeltern, die wohnen 400 Kilometer weit entfernt.

Seit Leonie circa ein Jahr alt ist, haben wir einen Kita-Platz. Hier im Osten hat man einen Anspruch darauf. Wir bezahlen zwischen 200 und 250 Euro pro Monat, damit das Kind dann zwischen 9 und 15.30 Uhr betreut wird. In Berlin ist die Betreuungssituation insgesamt sehr gut, in Hamburg oder Frankfurt beispielsweise sind die Kita-Plätze teurer, und es gibt einfach nicht genug davon. Da wird es dann schwierig für die Eltern. Vermutlich wird dann wieder das klassische Rollenmodell gelebt, sprich: Einer bleibt zu Hause (meistens dann doch die Frau) und kümmert sich tagsüber um das Kind. In diesem Fall ist es dann wichtig, dass auch nicht noch die ganze Hausarbeit an einer Person hängen bleibt. Da wir diese Dienstleistungen zumindest teilweise in Anspruch nehmen können, sparen wir unsere Kräfte und sind auch nach 21 Uhr noch in der Lage, etwas zu unternehmen.

Ich glaube ja, dass gerade Projektmanager gute Eltern sind. Als Vater oder Mutter muss man nämlich unglaublich viel koordinieren und recherchieren, weil man sonst nicht rausfindet, welche Angebote es eigentlich gibt oder welche Kindertagesstätten wirklich gut sind. Da braucht man schon auch Ausdauer und Beharrlichkeit. In der Zeit, als wir nach einer Kita gesucht haben, hatten wir zu jeder Zeit unseren Lebenslauf mit Foto als Farbkopie in der Tasche stecken – nur für den Fall, dass man zufällig an einer Kita vorbeiläuft. Dann geht man rein, gibt den Lebenslauf ab, und die Leute haben prompt ein gutes Bild von einem – was dann bei der Vergabe der Plätze behilflich sein kann. Das sind so die Tricks, die man braucht, um mitzuspielen.

Haben Sie und Ihre Freundin Mitgestaltungsmöglichkeiten im Kita-Alltag?

Meine Freundin ist in der Elternvertretung der Kita. Ich habe zum Beispiel mal Werbegeschenke für die Kinder-Tombola organisiert. Das läuft nach dem Prinzip »give and take«. Die Kitas haben alle wenig Geld und können eigentlich nicht kostendeckend arbeiten. Deswegen helfen wir als Eltern von außen mit. So gibt es etwa eine teilweise privat finanzierte Sauna für die

Kinder. Oder auch einige der Spielsachen stammen aus dem Privatbesitz der Eltern. Ich glaube, wir können da von außen etwas mehr Schwung reinbringen.

Können Sie erklären, was das Besondere an dem Prenzlauer-Berg-Lifestyle ist?

Da fällt mir der Bugaboo-Kinderwagen ein: Das ist das Accessoire der jungen Familien hier. Es wird hier im Scherz gesagt, dass man sich ohne den nicht mehr zeigen kann. Dabei kostete er 670 Euro, inzwischen liegt der Preis sogar um die 900 Euro. Das ist eine Menge Geld, aber er ist so was wie der VW Touareg der Kinderwagen. Er ist geländegängig und unglaublich gut zu lenken. Mittlerweile gibt es sogar Zusatzaccessoires dafür, wie den Cup-Holder für den Latte-Macchiato-Becher.

Ein besonderer Treffpunkt für junge Familien ist der Spielplatz am Käthe-Kollwitz-Platz. Da sieht man die ganzen Leute, die gekleidet sind, als gehörten sie zu einer Jugendszene: Jeans, Kapuzenpulli und darüber manchmal eine Cordjacke. Wenn einer mal ein Hemd statt dem Kapuzenpulli trägt, dann weiß man schon, dass der gerade direkt aus dem Büro kommt. Interessant ist auch, dass es diese Szene verstärkt am Wochenende zu geben scheint, wenn alle frei haben. Ich schätze mal, dass viele unter der Woche berufsbedingt ganz anders gekleidet sind.

Sie sagten, dass Ihr Lifestyle inzwischen gar nicht mehr so untypisch und selten ist. Wie sieht es in den Stadtteilen um den Prenzlauer Berg aus?

Da gibt es allein hier in der Stadt schon große Unterschiede. In Wedding beispielsweise hält man nicht so viel von Latte Macchiato und Bugaboo. Das liegt eben auch an der anderen sozialen Schicht, die dort vornehmlich wohnt. Für junge Familien mit Kindern ist in Berlin der Prenzlauer Berg einfach die Vorzeigesiedlung. Hier werden sehr viele Kinder geboren, und viele Eltern zwischen 30 und 40 Jahren haben hier ihr Paradies gefunden. Wenn es bei den einen beruflich gerade nicht so gut läuft, dann entscheiden sie sich dafür, eine Familie zu gründen, weil sie dann mehr Zeit haben. Und bei den anderen dient gerade der berufliche Erfolg als Legitimation für die Familiengründung – weil man sich's nun leisten kann. Beide Varianten sind hier zulässig. Das sind einfach bestimmte Typen, die sich hier gefunden haben. Was uns hier gefällt, ist auch die Fülle an Freizeitangeboten. Im Umkreis von 1,5 Kilometer gibt es hier gut und gerne 30 hervorragende Restaurants. Oder zwei

Cocktailbars in unmittelbarer Nachbarschaft, die bereits prämiert wurden, weil sie zu den besten in ganz Berlin gehören.

Wenn Sie in Charlottenburg oder Zehlendorf wohnen, dann müssen Sie sich ins Auto setzen oder fahren 25 Minuten mit der S-Bahn, um von diesem umfangreichen Angebot Gebrauch machen zu können. Hier am Prenzlauer Berg hingegen ist es toll, in dem Gefühl zu leben, dass man jederzeit raus kann, wenn man möchte. Einen Babysitter für den Abend organisieren, dann ins Restaurant und anschließend in die Cocktailbar gehen – und dann trotzdem noch um 23 Uhr zu Hause sein, das ist am Stadtrand nicht möglich. Na klar, wir würden uns alle etwas Grün in der Stadt wünschen. Deswegen wird in Berlin auch bald das englische Konzept der Town Houses verwirklicht. Da nutzen ein paar junge Architekten ein Brachgelände beim Volkspark Friedrichshain und bauen dort Reihenhäuser mit Garten. Da ist natürlich alles super ökologisch und man kauft das Gefühl, dass man alles in Reichweite hat, aber trotzdem ein bisschen Grün in der Stadt bekommt. Für einen gewissen Zeitraum halte ich das für eine tolle Symbiose, die man mit vielen anderen Familien eingeht. Natürlich hat das seinen Preis: 300 000 Euro sollen die Häuser kosten. Aber der Trend geht klar in diese Richtung.

Wie lange werden Sie Ihren Lifestyle noch pflegen?

Leonie ist jetzt zwei Jahre, das heißt, sie wird so gegen 20 Uhr ins Bett gebracht. Aber mit steigendem Alter werden wir uns sicherlich mehr und länger um sie kümmern – wenn wir ihr beispielsweise bei den Schulaufgaben helfen. Und wenn das zweite oder gar dritte Kind da ist, wird es noch enger mit der Zeit. Aber vielleicht gehen wir dann einfach um 23 Uhr in die Cocktailbar, wer weiß ... Ich denke, wir werden die verbleibende Zeit einfach noch mehr schätzen und gut für uns nutzen.

Wofür geben Sie gerne Geld aus? Worauf legen Sie Wert, wenn Sie Dienstleistungen nutzen?

Was typisch ist für unsere Generation: Wir kochen gerne gemeinsam. In diesem Zusammenhang haben meine Freunde und ich in den letzten Jahren ein gutes Weinverständnis ausgebildet. Auch beim Crémant-Trend machen wir voll mit: Wir lieben den Champagner, der eigentlich keiner ist.

Unser Lieblingssupermarkt ist ganz klar der Kaisers. Ich beobachte immer, wie man bis 18 Uhr die Familien beim Einkaufen sieht, und danach sind es vorwiegend die Singles. Der Einkaufsstil ist eigentlich auch genau festgelegt. Im Vergleich zu früher nimmt man heute etwas weniger Alkohol mit, dafür gibt man beim Fleisch dem Kind zuliebe etwas mehr aus. Dafür gehen wir dann auch zum Bio-Metzger. Samstags zwischen 10 und 15 Uhr wimmelt es da nur so von jungen Eltern, die bereit sind, auch etwas mehr zu bezahlen. Außerdem habe ich erst durch das Elternsein Läden wie zum Beispiel viv BioFrischeMarkt kennen gelernt, der sich vor allem hier am Prenzlauer Berg gut hält, da doch viele auf Bio-Produkte Wert legen. Inzwischen ist in Leonies Kita Bio-Verpflegung angesagt. Das haben wir von Elternseite aus angeregt.

Wenn man Dienstleistungen in Anspruch nimmt, sollte man nicht mehr das Gefühl haben müssen, dass man sich noch selbst um irgendwas kümmern muss. Das gilt besonders für Services, die das Kind betreffen. Da sind wir zum Beispiel mit unserem Kindermädchen sehr zufrieden. Sie ist Kolumbianerin, und wir bitten sie auch, mit unserer Tochter möglichst Spanisch zu sprechen, vielleicht bleibt das ein oder andere hängen.

Zum Abschluss die Frage: Was sagen Sie zu der aktuellen Diskussion um Kita-Plätze?

Vom Staat erwarten wir Eltern nicht viel. Die aktuelle Diskussion um Kita-Plätze wird auch deshalb so lebhaft geführt, weil sich viele Eltern zu Recht vernachlässigt fühlen. Denn in gewisser Weise opfern wir schon gerne einen Teil des Lebens für die nachkommende Generation. Und das machen wir wirklich gerne, freuen uns aber natürlich auch über Unterstützung von der Gesellschaft. Kinderkriegen ist ja auch eine Form der sozialen Verantwortung. Aber heute will keiner mehr schwarz-weiß denken. Deshalb ist es wichtig, auch Beruf und Familie möglichst einfach miteinander verbinden zu können. Daher ist der Bedarf an privaten Kinderbetreuungsangeboten sehr groß. Auch private Kindergärten und Grundschulen sind sehr gefragt, siehe zum Beispiel den Erfolg von Forms.

Die Wünsche und Bedürfnisse der Latte-Macchiato-Familien

Latte-Macchiato-Familien gehören zur neo-urbanen Avantgarde: Für sie ist es wichtig, an den Verdichtungspunkten zu leben, wo Trends entstehen und sich Veränderungen schnell in neue Produkte niederschlagen. Was früher typischen First Movern wie Homosexuellen zugeschrieben wurde, trifft in Zukunft immer stärker auch auf die neuen Familien zu: Sie möchten an den Gravitationspunkten leben, denn Elternschaft bedeutet nicht mehr, dass man sich vom Leben zurückziehen muss.

Latte-Macchiato-Eltern haben mitunter die gleichen Konsuminteressen wie 20-Jährige: Sie bevorzugen die gleichen Modelabels, hören dieselbe Musik und leben die gleichen Träume wie die »Twens«. Sie sind sehr qualitäts- und markenbewusst und schrecken trotz Kind(ern) nicht davor zurück, für eine Outdoor-Jacke (North Face, Fjäll Räven, Jack Wolfskin) oder eine Jeans (Levis, Diesel, G-Star, Mavi) auch mal 150 bis 200 Euro auszugeben. Auch bei Schuhen im Retro-Look (Nike, Puma, Adidas) oder im City-Outdoorstyle (Camper) greifen sie gerne tiefer in die Tasche.

Green Glamour, Qualität und Convenience: Latte-Macchiato-Familien kaufen selbstverständlich im Bio-Supermarkt ein, nicht zuletzt um die gesunde Ernährung ihrer Kinder sicherzustellen. Taschen und Rucksäcke (Crumbler, North Face, Samsonite) müssen neben der Qualität auch multifunktional sein – Latte Macchiatos kaufen ungern Mainstream-Produkte, sie sind keine Konsumverweigerer und neuen technischen Innovationen gegenüber sehr aufgeschlossen. Sie sind mehr Turnschuh- als Anzugeltern, sie tragen in ihrer Freizeit bevorzugt jugendliche Modelabels wie American Apparel, Urban Outfitters oder H&M. Latte-Macchiato-Eltern surfen, fahren Snowboard und vergessen nie ihren iPod.

Deep-Support: Alles, was hilft, Zeit zu sparen und mehr Lebensqualität zu erzielen, interessiert die Latte-Macchiato-Familie. Dienstleistungen und Zeitsparmärkte, von der Nanny über den Bügelservice bis zur leckeren Bio-Lassagne, stehen hoch im Kurs. Latte-Macchiato-Familien sind die künftige Powerzielgruppe für Services, denn um ihre Bastelbiografien mit Lust zu leben, brauchen sie ein 24-Stunden-Unterstützungsnetzwerk.

Wie sich Trend-Pioniere auf die Latte Macchiatos einstellen

Wäscheservice für die Kleinsten: Für die ökologisch-bewussten Latte-Macchiato-Eltern gibt es einen Lieferservice der besonderen Art: Ein Baby wächst im ersten Lebensjahr an die 25 bis 30 Zentimeter – warum dann

Wäsche kaufen, wenn man sie auch mieten kann? Maren Winter aus Hamburg versendet für die ersten sechs Monate Babykleider aus Naturfaser. Ab 17 Euro pro Monat bekommt man Wäsche für Frühchen, ab 24 Euro monatlich alles Notwendige für Babys für drunter und nachts, und weitere 36 Euro kostet alles fürs Drüberziehen (www.luette-leihen.de).

Bio fürs Baby: »Mon bébé mange bio« bedeutet »mein Baby isst Bio« und ist ein Angebot für Babys von der Firma Alterbio France. Gesundheitsbewussten Eltern sollen damit die Auswahl, der Einkauf und die Zubereitung von frischem Obst und Gemüse erleichtert werden. Angeboten wird die Frischeladung selbstverständlich aus biologischer Produktion und in vorsortierten Flow-Pack-Schalen zu je 600 Gramm für Babys verschiedener Altersklassen. Durch die Verpackung bleiben auch die Vitamine und Mineralien erhalten. Auf der letzten Fruit Logisitica in Berlin erzielte Alterbio France mit »mon bébé mange bio« Platz 3 beim Innovation Award 2007 (www.alterbio.com/bebe-gamme.php).

Restaurants für Eltern mit Kind: Ein entspanntes Essen mit Kindern kann einfach sein. »Food Court« aus Heilbronn zum Beispiel nimmt die kleinen Gäste ernst und kümmert sich um sie. An jedem Schalter stehen Podeste. Es gibt Kletterwände, Bobby Cars, einen Zoo und Schminkkurse für Kinder (www.familien-restaurant.de). »Het Pannekoeckershuys« in Den Haag hat auch eine Kinderdisko und Kino auf dem Programm. Die Eltern können per Video ein Auge auf ihre Kinder werfen. Das Konzept hat Erfolg: Im Jahr 2002 war die Hälfte der 80 000 Besucher jünger als zwölf Jahre alt (www.koeckers.nl).

Prognose 2020

Familiäre *und* berufliche Selbstverwirklichung wird auch in Zukunft gerade für junge Starter-Familien eine bewusst gewählte Genuss- und Lebensformel sein. Geprägt durch den Megatrend New Work (den neuen, flexiblen Beschäftigungsformen) und die infrastrukturellen Vorteile eines Lebens im urbanen Raum wird der Latte-Macchiato-Lebensstil im Jahr 2020 auf 2,6 Millionen »Anhänger« steigen.

Die Mid-Ager: In der Rush-Hour des Lebens sind die Rollen neu verteilt

Im Industriezeitalter bis Ende des 20. Jahrhunderts war die Phase der Erwerbstätigkeit und des Familienlebens eindeutig von der Phase der Jugend und der Ausbildung abgegrenzt. Der sogenannte »mittlere« Lebensabschnitt ist heute jedoch eine verdichtete Lebensphase, in der Zeit zum kostbarsten Gut wird und es häufig zur Kollision der Interessen kommt: Karriere, Kinder, Unabhängigkeit und Bindungssehnsucht – all das vermengt sich zu einem Cocktail von Gleichzeitigem und Gegensätzlichem. Super-Daddys, VIB-Familien, Tiger-Ladys und Netzwerk-Familien haben die Rush-Hour des Lebens neu erfunden – und haben mit den alten Rollenmodellen nichts mehr zu tun.

Abbildung 18: Evolution der Mid-Ager – Neudefinition der Rollen

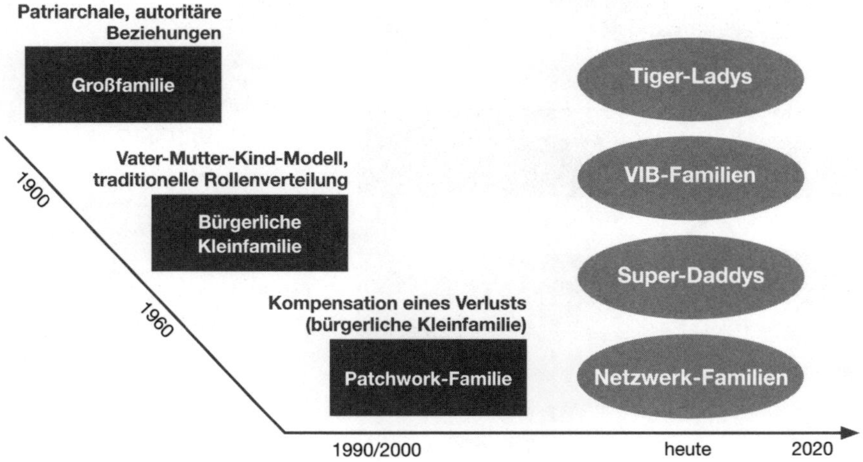

Quelle: Zukunftsinstitut 2007

Super-Daddys – Die neuen Männer bewegen sich zwischen Kind, Karriere und Hausarbeit

»Ich wollte nie Kinder in die Welt setzen, um dann ein Fremder in ihrem Leben zu bleiben.«
Georg M., Super-Daddy

Die Super-Daddys sind pragmatische Idealisten. Das Projekt der Gleichstellung der Geschlechter, über das die 68er in ausführlichen Erläuterungen theoretisieren konnten, wird von ihnen in die Tat umgesetzt. Die Super-Daddys möchten über partnerschaftliches Familienleben nicht nur reden, sie möchten es leben. Auch wenn das bedeutet, dass sie fragmentierte Erwerbskarrieren akzeptieren müssen (aber das müssen Frauen auch). Die Super-Daddys verlangen das Big Picture: beruflichen Erfolg, Glück, Zusammensein mit den Kindern, ein intaktes Familienleben, persönliche Selbstvervollkommnung –

Abbildung 19: Super-Daddys 2007

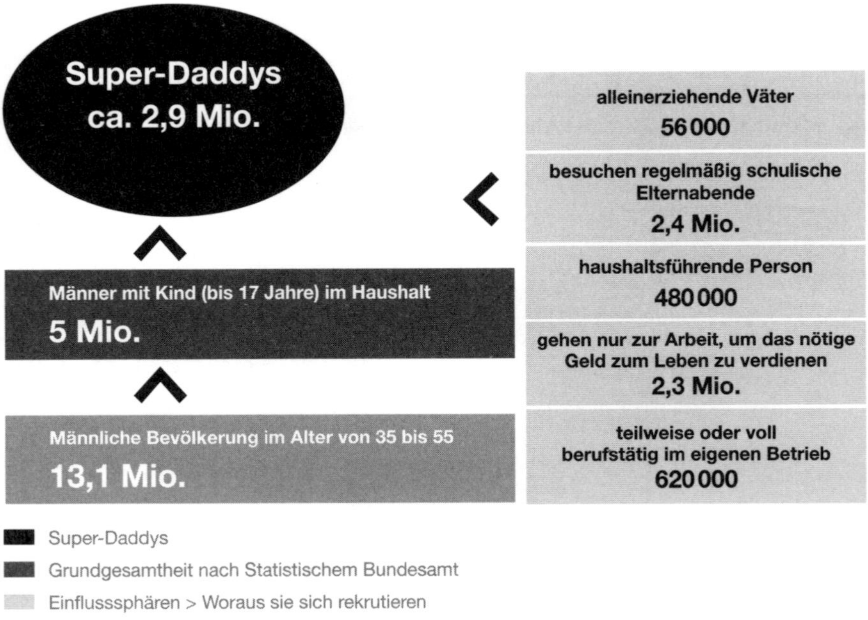

Quelle: Statistisches Bundesamt, Focus MediaLine CN 12.0, Schätzung: Zukunftsinstitut

auch wenn sie das tagtäglich an die Grenzen der Belastbarkeit bringt. Der Einzug der Super-Daddys ins häuslich-familiäre Leben ist demnach kein Rückzug und kein Zeichen für eine »Verweiblichung« – auch kein einfacher Tausch der tradierten Rollenmuster. Die jahrzehntealte Trennung von Familien- und Erwerbsarbeit gehört für die Super-Daddys endgültig in den Mülleimer der Geschichte. Dafür ist der Super-Daddy ein Lebensstil-Typus mit ausgeprägtem Realitätssinn: Veränderungen sind für ihn unausweichlich und grundsätzlich positiv.

Mannsein in Deutschland: Ein kleiner sozialgeschichtlicher Rückblick

In Deutschland gibt es insgesamt 13,1 Millionen Männer zwischen 35 und 55 Jahren. Knapp fünf Millionen von ihnen leben in einem Haushalt mit Kindern, die jünger als 18 Jahre sind. Rund 2,9 Millionen unter ihnen bezeichnen wir als Super-Daddys. Sie wurden zwischen 1952 und 1972 geboren. Das Institut für Demoskopie Allensbach belegte jüngst den Trend zur neuen Familienbezogenheit junger Väter. Während im Jahr 1981 nur 67 Prozent der Väter bis 44 Jahre auf die Frage nach dem »Sinn des Lebens« antworteten, Kinder zu haben, waren es 2003 bereits 78 Prozent. Nach den Ergebnissen der »Familienanalyse 2005« steht die Familie für 83 Prozent der Väter von Kindern unter 14 Jahren an erster Stelle. Nur 10 Prozent halten den Beruf für das Wichtigste im Leben. Für immer mehr Männer wird die Familie zum Lebensmittelpunkt.

Die Super-Daddys kennen die soldatischen Männer des 1. und 2. Weltkriegs noch aus direkter Anschauung. Sie haben die »vaterlose Gesellschaft« (Alexander Mitscherlich) in einem doppelten Sinne erlebt:

1. Die Super-Daddys haben den Erzählungen der Großeltern zugehört, die den Bruch und die Erinnerungen der Kriegszeit ihr ganzes Leben mitschleppen mussten. Die Männer starben im Krieg oder waren über lange Zeit nicht verfügbar. Als Kriegsheimkehrer waren sie häufig apathisch, ratlos und depressiv. Viele von ihnen setzten anschließend ihre Frustration in den manischen Wiederaufbau des Landes um – und waren für ihre Familien wieder nicht verfügbar.
2. Die Männer des Wiederaufbaus und des Wirtschaftswunders waren ihre Väter. Männer, die als »Organization Man« ihren Dienst in den Instituti-

onen und der florierenden Industrie taten, wiederum ihren eigenen (Soldaten-)Vätern kaum begegnet sind und in das Rollenmuster des klassischen Breadwinners fanden. Der Familienvater, ausgestattet mit dem ökonomischen Monopol und entlastet von den organisatorischen Unwägbarkeiten und emotionalen Anforderungen des Zuhause.

Die Super-Daddys sind vor allem eines: Kinder der Bundesrepublik, dieses beschaulichen Wohlstandsgebildes mit lebenslangem Arbeitsplatz, robuster sozialer Absicherung und öffentlich-rechtlichem Fernsehprogramm. Sie wurden von »Lassie«, »Flipper«, »Daktari« und der »Bezaubernden Jeannie« sozialisiert.

> Zu einem Mann gehört das Gefühl: Da draußen, außerhalb des Büroturms, wartet ein Leben, mein Leben.
>
> *Andreas und Stephan Lebert, Autoren*

Die Super-Daddys definieren die Rolle des Mannes neu

In den 70er Jahren setzten sich Themen wie die Veränderung von Familienrollen sowie Gleichstellung von Mann und Frau über den Bildungsboom fort. Gesamtschulen und Gesamthochschulen entstanden, Bildung für alle erreichte Deutschlands Universitäten. Auch hierbei waren die 70er Jahre ein einschneidendes Erlebnis für die Super-Daddys: In dieser Zeit wurde – allerdings nur im akademischen Diskurs – die Rolle des Vaters neu bewertet. An den Schulen und Hochschulen hatten sich mittlerweile die Ideale der antiautoritären Bewegung in den Personen und Lehrplänen niedergeschlagen. Die Super-Daddys haben das Infragestellen des Rollenverständnisses in der bürgerlichen Kleinfamilie also direkt über den Lehrplan und die Hochschulreform eingesogen. Vorbilder dafür bekamen sie jedoch nicht an die Hand.

> Die aktuelle Zeitbudget-Erhebung zeigt, dass jeder dritte Vater sich mehr Zeit für sich und für seine Familie wünscht und dafür weniger Zeit im Beruf verbringen will.

In den 60ern wurde zunächst die gestiegene Bedeutung des Vaters für die Kinder hervorgehoben (»Am Wochenende gehört Papi mir«). Ende der 70er Jahre wurde verstärkt die neue Rolle der Väter diskutiert. Eine soziologische Studie von Rollet und Werneck aus dem Jahr 2002 bringt rückblickend die Verwunderung zum Ausdruck, warum die seitdem im Wandel befindlichen, »derzeit noch diffusen Rollenvorstellungen« der Väter kaum in veränderte Handlungsmuster umgesetzt wurden. Super-Daddy Georg M., 48 Jahre alt, berichtet von seinen Schwierigkeiten, die neue Rolle zu akzeptieren: »Klar müssen Sie eine solche Rolle mit Ihrem männlichen Selbstverständnis vereinbaren. Das war über die Jahre auch nicht so einfach, da viele Freunde und Bekannte das nicht richtig verstanden haben. Vielleicht waren die auch ein bisschen neidisch auf mich. Aber so Sprüche wie: ›Der kann sich's ja leisten. Der hat ja eine Frau, die gut verdient!‹ oder so Begrüßungen wie: ›Ach ja, der Hebammen-Mann wieder!‹ die muss man sich halt anhören können und dann auch drüberstehen.«

Super-Daddys: Die neuen Männer wollen auch neue Väter sein

Der Wandel, der sich an den Super-Daddys und an neuen Familienmodellen manifestiert, ist durchaus dramatisch. (Vergleichen Sie hierzu die Kapitel zu den verschiedenen Familien-Typen.) Gesellschaft und Ökonomie werden danach nicht mehr die gleichen sein. Das *manager magazin* hat im Jahr 2004 eine schöne Geschichte über Deutschlands Manager-Gattinnen, »die Frau an seiner Seite«, veröffentlicht. Das Ergebnis: In den Haushalten von Deutschlands Business-Eliten wird häufig noch gelebt wie in der Steinzeit: »Papi zieht hinaus ins feindliche Leben, Mami dekoriert das Haus und versorgt die Kinder.«

Die Super-Daddys bringen ihren Lebensentwurf eben gegen diese archaischen Verhältnisse mitten in Deutschlands Business-Elite in Stellung. Der Anspruch an das eigene Leben ist einfach höher: Für die neuen Väter muss es »the big picture« sein. Ein glückliches Leben setzt sich nicht mehr nur aus beruflichem Erfolg und formaler Anerkennung zusammen. Das Leben, das haben die Super-Daddys begriffen, ist ein ganzheitlicher Prozess, der verschiedene Rollenmuster, -anforderungen und -zumutungen bereithält. »Eine Karriere strebt man in der Regel ja deshalb an, weil man sich damit einen gewissen öffentlichen Status erwerben kann, der einem dann ein Maß an

Zufriedenheit vermittelt. Aber diese Zufriedenheit habe ich auch. Ich bin zwar nicht Vorstandsvorsitzender bei Siemens, ich bekomme in meinem Wohnort aber auch genügend Anerkennung für das, was ich tue. Ich bezeichne mich immer als Hausmann mit angeschlossenem Immobilienbüro«, erklärt Georg M.

Die Super-Daddys möchten heute mehr Zeit für ihre Kinder aufbringen – anders als ihre Väter. Natürlich möchten sie sich stärker bei der Hausarbeit engagieren und natürlich möchten sie eher fürsorglich als nur versorgend agieren. Und tatsächlich: Noch nie verbrachten die Väter (und Mütter) so viel Zeit mit ihren Kindern wie heute – insgesamt sechs bis sieben Stunden Familienzeit täglich, wie die letzte Zeitbudgeterhebung herausfand.[5] Aber noch nie hatten sie so wenig Zeit zur Verfügung. Eigenzeit und Zeitsouveränität werden für die Super-Daddys zum Luxusgut.

Doch die Super-Daddys werden sich genau überlegen, ob sie tatsächlich mit fliegenden Fahnen die Seite wechseln und den Zweireiher gegen die Kittelschürze eintauschen. In einer Umfrage auf www.vaeter.de waren sich mehr als die Hälfte (58 Prozent) der Befragten einig, dass sie die sogenannten Partnermonate (Väter bleiben zwei Monate zu Hause bei dem neugeborenen Kind) nicht in Anspruch nehmen würden. Die Spülmaschine einzuräumen oder die Fenster zu putzen gehört für sie immer noch zu den Zumutungen.

Super-Daddys stehen für eine Kulturrevolution: Arbeit allein macht sie nicht mehr glücklich

Bis vor kurzem gab es ihn noch, den rhetorischen Frauenversteher, der Emanzipation verkündete und sich im Ernstfall, sprich bei der Geburt des ersten oder zweiten Kindes, heimlich still und leise unter das bequeme Mäntelchen der tradierten Familienrollen flüchtete. Denn bislang war es so, dass sich nach dem ersten oder spätestens nach dem zweiten Kind die Mehrzahl der Familien in Deutschland (re-)traditionalisierte. Das heißt, die Frau gab ihren Beruf auf und widmete sich Heim und Kindern – während sich der Mann voll und ganz der althergebrachten Rolle des Familienernährers hingab.

Was die Super-Daddys mit ihrem neuen Lebensstil »zu stemmen« haben, ist nicht mehr und nicht weniger als ein Stück bundesrepublikanischer Kulturrevolution. Bislang ist hierzulande die Entwicklung einer (männlichen) Erwerbsbiografie ganz stark an eine qualifizierende Ausbildung, eine »Berufsfachlichkeit«, wie es die Soziologen nennen, geknüpft. Ist diese fachliche Qualifikation auf dem Markt mit einem Mal nicht mehr gefragt, droht das schwarze Loch der Arbeitslosigkeit oder eine grundlegende Neuorientierung. Nicht zuletzt die mangelnden Anschlussmöglichkeiten und die fehlende Flexibilität unseres Arbeitsmarktes haben die Männer bislang davon abgehalten, in der Familienarbeit präsenter zu sein. Zahlenbelege und die soziokulturellen Auswirkungen dieser Veränderungen haben wir bereits im Kapital zu den Inbetweens dargestellt.

Abbildung 20: Männer 2006: Noch die klassischen Rollen
Wer übernimmt was?

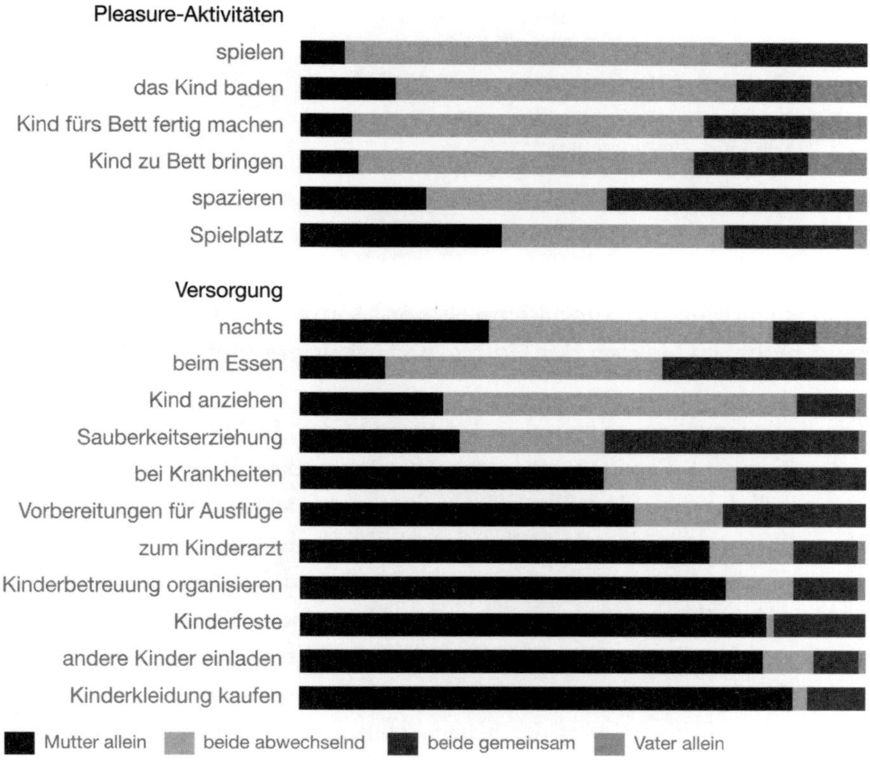

Quelle: Siebter Familienbericht, BMFSFS 2006

Die meisten Super-Daddys willigen intuitiv in eine neue Risikopartnerschaft ein: das Risiko, von einer kompetenteren Frau am Arbeitsplatz verdrängt zu werden und möglicherweise an die eigene Frau die Position des Breadwinners zu verlieren. Doch als Belohnung locken mehr Präsenz in Partnerschaft, Familie und Erziehung, Möglichkeiten der beruflichen Neuorientierung oder bewusste (und akzeptierte) Auszeiten. Mehr noch: Die Super-Daddys erkaufen einen familienorientierten, ganzheitlichen Lebensstil durch höhere Risikobereitschaft in der Arbeitswelt. Die Kulturrevolution dahinter: Arbeit beziehungsweise Erwerbsarbeit bildet nicht mehr die zentrale Gelenkstelle im männlichen Lebensentwurf.

Super-Daddys oszillieren zwischen den folgenden »Baustellen«:

- Hausarbeit, die bislang die Domäne der Frauen war
- Gefühlsarbeit: Kinderbetreuung, Erziehung
- Organisationsarbeit
- Erwerbsarbeit, Karriere
- Hobbys, Freizeit
- Beziehung, Partnerschaft

Super-Daddys möchten keine Super-Moms sein: Die neuen Väter sind nicht die Helden der Hausarbeit, aber der Gefühlsarbeit

Die Rollenannäherung zwischen Mann und Frau, flexibilisierte Arbeitsmodelle, Netzwerk-Familien, eine neue Aufmerksamkeit auf frühkindliche Bildung – all das führt dazu, dass Hausarbeit in den letzten knapp zehn Jahren ein vollkommen neues »Anforderungsprofil« erhalten hat. Die Schnittstellen zu gesellschaftlichen Institutionen wie Schule und Sportverein müssen viel stärker als früher gemanagt werden. Aus Hausarbeit, Küche und Herd wird Familien-Management, was mittlerweile hohe Netzwerkkompetenz voraussetzt.

Gerade bei dieser Form der neuen »Hausarbeit«, die nur schwerlich an Maschinen oder Dienstleister zu delegieren ist, setzt die Neudefinition der Männerrolle an. Mitte der 1960er Jahre brachten Deutschlands Männer ziemlich exakt 1 Stunde pro Woche mit Hausarbeit zu, während die Frauen

35 Stunden kochten, putzten und wuschen. Heute verrichten Männer 16 Stunden Haushaltsdienst, bei den Frauen schlagen nach wie vor 35 Stunden zu Buche.[6] Neue Hausarbeit bedeutet jedoch Organisations-, Beziehungs- und Gefühlsarbeit.

Wie der *Focus* im Dezember 2007 berichtete, wünschen sich viele Frauen einen Super-Daddy: Umfragen belegen, dass 60 Prozent der Frauen Entscheidungsfähigkeit mehr schätzen als Zuhören. Andere Untersuchungen wiederum zeigen, dass 70 Prozent der Frauen Kompromissfähigkeit wichtiger finden als Durchsetzungsvermögen.

Vor allem Organisation (Familien-Management) und Gefühlsarbeit werden von den Super-Daddys bewusst übernommen. Hierüber definiert sich die eigentliche Innovationsleistung der Super-Daddys. Bislang wurden Erziehung, emotionale Entlastung und Beziehungspflege beziehungsweise -aufbau zu den Kindern in erster Linie von den Frauen bewerkstelligt. Damit verbunden war natürlich das überkommene Bild der Mutter als Wärme spendende und fürsorgliche Instanz, wohingegen der Mann als Breadwinner das Realitätsprinzip verkörperte. Dass die wichtige Realitätsebene einer emotional stimmigen Beziehung mit den Kindern ebenso relevant ist wie die »Welt da draußen«, wird von den Super-Daddys bewusst in das eigene Selbstbild integriert.

Dieses neue Verständnis von Hausarbeit und Familienkultur, der sich der Super-Daddy verpflichtet fühlt, könnte langfristig auch die Scheidungsraten senken: Eine von der Universität Stockholm veröffentlichte Doktorarbeit[7] weist nach, dass das Scheidungsrisiko in Familien, in denen Väter Elternurlaub nehmen, um fast ein Drittel sinkt. Georg M. kann diese Erkenntnis aus seiner langjährigen Erfahrung als Super-Daddy bestätigen: »Mit Kindern (...) machen Sie tagtäglich Sisyphus-Arbeit. Da braucht man nebenher noch was, das einen geistig in Anspruch nimmt. Oftmals ist die auseinander klaffende Schere [zwischen voll erwerbstätigem und kinderbetreuendem Elternteil] auch der Grund, glaube ich, warum Beziehungen auseinander gehen.«

Wie aus Wikingern Super-Daddys wurden

In Island nutzen fast 90 Prozent der jungen Väter das Angebot einer bezahlten Elternzeit – und zwar in der Regel über die vollen drei Monate, in denen ihnen das Elterngeld in Höhe von 80 Prozent des Bruttoeinkommens zusteht. Zu diesem Ergebnis kommt das Forschungsprojekt Focus (Fostering Caring Masculinities), mit dem die Europäische Union die Möglichkeiten von Männern untersucht, Erziehungs- und Fürsorgearbeit in ihrer Familie zu übernehmen. Laut Studie befürworten auch fast 74 Prozent der isländischen Arbeitgeber den befristeten Ausstieg der Männer.

Interview mit Super-Daddy Georg M.

Georg M. (48) ist ein Super-Daddy. Vor 17 Jahren zog er aus familiären Gründen in die Nähe von Bonn. Dort lernte er seine Frau kennen, und dann ging alles ganz schnell: Sie wurde schwanger – es folgte die Heirat, und als das Kind da war, machte sich Georg M. als Immobilienmakler selbstständig, um sich besser um die Kinder kümmern zu können. Damals wie heute war seine Frau in ihrer eigenen Zahnarztpraxis tätig. Inzwischen ist das jüngste der drei Kinder zehn Jahre alt und geht aufs Gymnasium. Für den Diplom-Kaufmann war dies auch der Moment, sich etwas mehr um seine eigenen Belange zu kümmern.

Herr M., wie ist das bei Ihnen mit der Kinderbetreuung geregelt?

In den ersten Jahren hatten wir immer eine Tagesmutter im Haus. Die blieb in der Regel von 9 bis 14 Uhr und hat den Kleinen auch mal die Flasche gegeben. Eine Zeit lang hatten wir dann auch eine Au-Pair-Angestellte. Es war dabei aber immer so, dass ein Elternteil zu Hause blieb. Also verlegte ich bald darauf mein Maklerbüro nach Hause. Als unsere Kinder noch kleiner waren, habe ich sie öfter mit ins Büro genommen. Von der Zeiteinteilung hat das ganz gut geklappt mit meiner Frau. Sie ist vorwiegend tagsüber beschäftigt, während ich beim Immobilienhandel eher abends oder am Wochenende gefragt bin. Das sind eher die Zeiten, in denen die Kunden verfügbar sind. Während der Woche bleibt mir also genügend Zeit, mich um Familie und Kinder zu kümmern.

Zwischenzeitlich haben wir auch mal das Hausfrauenmodell probiert, also mit meiner Frau zu Hause. Sie wollte erst ein Jahr Babypause machen.

Damit kam sie aber nicht so klar, sodass sie manchmal abends noch im Bademantel dasaß. Also ist sie wieder vorzeitig in ihre Praxis zurückgekehrt, und ich habe mir ein Home Office eingerichtet.

Heute ist die Lage ohnehin etwas entspannter. Seit die Kinder alle auf dem Gymnasium sind, kommen sie nicht mehr vor 16 Uhr heim. Damit habe ich wiederum mehr Zeit für mich und mein Geschäft. Als die Kinder noch jünger waren, musste ich meine Arbeit streng nach dem Tagesablauf der Kids planen. Wenn Kunden anriefen, mussten die Kinder eben ruhig sein. Auch wenn das größte Geschäft abends gemacht wird, muss man als Makler immer erreichbar sein. Handy und Autotelefon sind unabdingbar für meine ständige Erreichbarkeit – wenn ich zum Beispiel mit dem Kinderwagen unterwegs bin.

Sie sagten, dass Sie in der Vergangenheit schon Tagesmütter und Aupairs engagiert hatten. Gibt es andere familienunterstützende Dienstleistungen, die Sie in Anspruch nehmen? Gibt es Services, die Sie sich noch wünschen würden?

Wir haben eine Haushaltshilfe, die kommt täglich vier Stunden und macht die Wäsche. Außerdem putzt sie, macht die Betten oder geht mal mit den Hunden spazieren. Das Einkaufen übernehme immer ich, und auch die Kinderbetreuung ist inzwischen ganz allein meine Aufgabe. Betreuungsangebote im Servicebereich, wie zum Beispiel die Kinderecke bei der Zukunftsfiliale »Q110« der Deutschen Bank, finde ich grundsätzlich sehr positiv. Ich denke aber, dass da noch viel Entwicklungspotenzial vorhanden ist. Beim Urlaub beispielsweise wünscht man sich als Familie, dass man nicht immer so geschröpft wird. Als Single können sie problemlos in der Nebensaison mal eben nach Mallorca fliegen. Für Familien bleibt nur die Ferienzeit, in der Sie das Doppelte bezahlen. Man würde sich da über etwas familienfreundlichere Angebote freuen.

Neben den organisatorischen gab es da auch noch andere Gründe, die den Ausschlag dazu gegeben haben, dass Sie bei den Kindern zu Hause bleiben?

Wir haben uns da nicht an irgendein Modell gehalten. Wie ich eingangs schon beschrieben habe, hat es sich einfach so ergeben, erwies sich aber in der Situation auch wirtschaftlich als sehr sinnvoll. Meine Frau übernahm vor einigen Jahren eine Praxis, damit war schon mal eine Menge Geld gebunden. Bei mir hingegen geht nicht gleich so viel Geld verloren, wenn das

Geschäft mal weniger gut läuft. Meine Ausgaben für Anzeigen, Computer und Auto sind überschaubar. Was nicht heißt, dass ich mit meiner Arbeit nicht gutes Geld verdienen würde. Aber es hatte in unserer Situation einfach mehr Sinn, dass ich mich vorwiegend um die Kinder kümmere.

Warum haben Sie nicht noch stärker Betreuungsangebote wahrgenommen, um sich mehr Ihrer Arbeit beziehungsweise Ihrer Karriere widmen zu können?

Das wäre natürlich schon möglich gewesen. Und ich sehe das auch bei vielen Bekannten, dass die das so machen. Ich habe allerdings das Gefühl, dass da was auf der Strecke bleibt. Wenn ich sehe, wie beide Elternteile nur auf Achse sind, dann weiß ich, dass ich mit denen nicht tauschen möchte. Eine Karriere strebt man in der Regel ja deshalb an, weil man sich damit einen gewissen öffentlichen Status erwerben kann, der einem dann ein Maß an Zufriedenheit vermittelt. Aber diese Zufriedenheit habe ich auch. Ich bin zwar nicht Vorstandsvorsitzender bei Siemens, ich bekomme in meinem Wohnort aber auch genügend Anerkennung für das, was ich tue. Ich bezeichne mich immer als »Hausmann mit angeschlossenem Immobilienbüro«, und meine Arbeit wird ernster genommen, als wenn das beispielsweise meine Frau machen würde. Da würde man eher denken: Die passt auf die Kinder auf und kümmert sich nebenbei noch ein bisschen um Immobilien. Bei mir steht das Maklergeschäft mit im Vordergrund. Und dabei bewahre ich mir das Gefühl, das Heranwachsen meiner Kinder wirklich begleiten zu können. Ich wollte nie Kinder in die Welt setzen, um dann ein Fremder in ihrem Leben zu bleiben.

Inwiefern berührt Sie das tradierte Familienverständnis, welches in der Öffentlichkeit, wie jüngst von Eva Herman, oftmals noch vertreten wird? Wird man als »Super-Daddy« da nicht irgendwie verspottet?

Klar müssen Sie eine solche Rolle mit Ihrem männlichen Selbstverständnis vereinbaren. Das war über die Jahre auch nicht so einfach, da viele Freunde und Bekannte das nicht richtig verstanden haben. Vielleicht waren die auch ein bisschen neidisch auf mich. Aber so Sprüche wie: »Der kann sich's ja leisten. Der hat ja eine Frau, die gut verdient!« oder so Begrüßungen wie: »Ach ja, der Hebammen-Mann wieder!«, die muss man sich halt anhören können und dann auch drüberstehen. Ein gutes Selbstbewusstsein braucht man da – und dies basiert auch darauf, dass man eine Ausbildung oder ein abgeschlossenes Studium im Hintergrund hat. Wenn die anderen mit ihren Sprüchen kamen, dann wusste ich, dass ich mit meinem Studienabschluss und dem Ein-Mann-Unternehmen schon was vorzuweisen hatte. Das ist anders bei Vätern, die zu Hause bei den Kindern bleiben, weil sie keine Ausbildung und damit nichts Besseres zu tun haben. Das kann dann schon unglücklich machen.

Ich habe auch das Gefühl, dass dieses umgekehrte Rollenverständnis immer mehr akzeptiert wird. Obwohl es noch eine Zeit lang dauern wird, bis es voll bei den Leuten angekommen ist. Momentan passt das traditionelle Rollenverständnis vielen Männern noch gut in ihr Konzept. Da wirken öffentliche Bekenntnisse von Leuten wie Eva Herman oder Kardinal Lehmann wie Wasser auf die Mühlen. »Siehste mal«, können die Männer dann zu ihren Frauen sagen, »der sagt es ja auch, dass die Frauen besser zu Hause bleiben!«

Vieles wird aber auch davon abhängen, welche neuen Arbeitsformen es in der Zukunft geben wird. In anderen Bereichen hat sich schon einiges verändert: Junge Väter sind heute viel stärker in den ganzen Prozess des Vaterwerdens mit eingebunden – bei der ganzen Schwangerschaftsberatung, der Geburtsvorbereitung und dann im Kreißsaal sind sie mit dabei. Dadurch wird es selbstverständlicher, dass sie sich auch in der Erziehung um die Kinder kümmern.

Könnten Sie sich vorstellen, ganz auf Ihre Erwerbstätigkeit zu verzichten und sich ausschließlich um die Kinderbetreuung zu kümmern?

Nein, die Arbeit ist schon wichtig. Sonst würde die Schere zwischen mir und meiner Frau zu weit auseinander gehen. Sie bildet sich ja ständig fort, fährt auf Konferenzen, zu Seminaren, ist intellektuell also gefordert. Mit Kindern hingegen machen Sie tagtäglich Sisyphus-Arbeit. Da braucht man nebenher noch was, das einen geistig in Anspruch nimmt.

Oftmals ist die auseinander klaffende Schere auch der Grund, glaube ich, warum Beziehungen auseinander gehen. Der Mann ist beruflich viel unterwegs, hat abends Meetings mit anschließendem Essen. Er denkt dann, er muss das alles machen, um beruflich weiterzukommen. Sie will aber auch weiterkommen und nicht nur zu Hause sitzen. Wenn der Mann stark eingebunden ist, wird es schon problematisch, da einen gemeinsamen Kompromiss zu finden, denn wenn die Frau zu lange Pause gemacht hat, wird es für sie ja auch schwierig, wieder einzusteigen.

Arbeit und Kinderbetreuung unter einem Dach: Da denken viele doch, dass der Konflikt programmiert ist. Was halten Sie für notwendige Voraussetzungen, um beides vereinen zu können?

Die räumlichen Voraussetzungen sind schon mal ganz wichtig. Sie können nicht vom Kinderzimmer aus arbeiten, das muss schon getrennt sein. Dann ist bei mir natürlich der zeitliche Schwerpunkt der Arbeit eher abends und am Wochenende. Das kann ich mir dann ganz gut mit meiner Frau einteilen. Als selbstständiger Unternehmer hat man diese Freiheit. In Konzernen ist es nicht so einfach. In Japan geht das vielleicht, die haben schon Kindergärten in den Betrieben. Bei uns fängt man mit solchen Konzepten erst an. Aber auch bei der Erziehung setzt man entsprechende Prioritäten. Wir haben versucht, unseren Kindern das Rüstzeug mitzugeben, dass sie sich die Dinge selbst erarbeiten können. Eine 3 in Mathe, die man durch eigenständiges Lernen erreicht hat, halten wir für höherwertiger als die Note 1, die man bekommt, weil Mami und Papi sich jeden Abend mit einem hinsetzen.

Worauf achten Sie beim Produktkauf oder wenn Sie Dienstleistungen in Anspruch nehmen?

Bei Lebensmitteln setze ich auf hochwertige Produkte, in denen möglichst wenig Chemie drinsteckt. Bei anderen Produkten bin ich auch gerne bereit, etwas mehr Geld auszugeben, wenn sie eine gute Funktionalität haben. Ich möchte nur ungern Dinge wegschmeißen müssen, weil man feststellt, dass sie ihren zugedachten Zweck nicht erfüllen. Ich mache mit meinen Kindern auch lieber einen hochwertigen Urlaub im Robinson-Club oder in einem guten Hotel, anstatt bei Neckermann ein Schnäppchen zu ergattern und dann unzufrieden wieder nach Hause zu fahren. Lieber fährt man nur ein- bis zweimal Mal im Jahr in den Urlaub und weiß dafür aber, dass es einem gefallen wird.

Zum Abschluss die Frage: Was würden Sie machen, wenn Ihnen jemand eine Million Euro zur freien Verfügung geben würde?

Ich würde meine Restverbindlichkeiten abtragen, so ähnlich weiterleben wie zuvor – ja, und ein paar schöne Sachen würde ich mir schon gönnen.

Die Wünsche und Bedürfnisse der Super-Daddys

Neue Servicebereiche für Männer, die auf neue Rollenanforderungen vorbereiten: Was bislang eine Konsumdomäne der Frauen war, wird in Zukunft immer stärker von den Männern beansprucht: Service und Unterstützungsdienstleistungen. Männer müssen klären, welchen Weg sie gehen möchten beim Ritt auf der Rasierklinge zwischen Kind und Karriere. Bislang haben sich kaum bemerkenswerte Zeitschriften oder Ähnliches für Väter aufgestellt. Das hat damit zu tun, dass die Beratungsbedürfnisse von den Super-Daddys ansatzweise im Internet befriedigt werden – oder überhaupt nicht.

Die Maskulinisierung des Haushalts: Dank immer mehr Doppelverdienerhaushalten und größerem Interesse der Väter an ihrem Nachwuchs beeinflussen Männer auch im Bereich Haushalt zunehmend, was gekauft wird. Designer von Kinderwagen richten sich direkt an die Konsumentengruppe der Väter, wenn sie verchromte Buggys mit auswechselbaren Reifen entwerfen. Mittlerweile gibt es nicht nur Toaster und Wasserkocher im Porsche-Design, sondern auch Espressomaschinen und Kaffee von Lamborghini.

Männer sind halt so: Die Feminisierung des männlichen Konsums hat jedoch klare Grenzen. Männer werden mittelfristig weiterhin auf Daten, Fakten, Infos und Spezialinteressen setzen. In der Mediennutzung wird es deswegen einstweilen bei *Spiegel*, *Focus*, DSF und n-tv bleiben. Auch der neue Mann wird die männliche Weltsicht zumindest mittelfristig nicht verändern. Männer orientieren sich an Konkretem, wenn sie Medien nutzen. Frauen fragen nach wie vor stärker Angebote nach, die Antworten auf ihr eigenes Leben, die eigene Befindlichkeit geben.

Wie sich Trend-Pioniere auf die Super-Daddys einstellen

Shopping für Vater und Kind: Dem Verlangen der wachsenden Zahl von Vätern, die mit ihren Kindern shoppen wollen, ist die amerikanische Kette Yoya-Mart nachgekommen. In New York betreibt Yoya-Mart zwei Shops, die speziell für die Bedürfnisse von Vätern mit ihren Teens/Twens gestaltet wurden. Yoya-Mart hat hippe Klamotten für Kinder und Jugendliche sowie spezielle Gadgets für die Väter. Auch die Shop-Inneneinrichtung ist sehr vaterfreundlich: Den Vätern wird die Wartezeit, während Sohn oder Tochter Kleidung aussuchen, durch riesige Fernsehbildschirme und Musik aus den 70er und 80er Jahren verschönert (www.yoyamart.com).

Vater, Kind und Karriere: Immer mehr Väter wollen in Beruf und Familie erfolgreich sein. Väter & Karriere ist ein Projekt, das im Rahmen des Programms »Innovation Weiterbildung NRW« vom Land Nordrhein-Westfalen und der Europäischen Union gefördert wird und sich speziell an Unternehmen richtet. Durch Seminar-, Coaching- und Beratungsangebote werden Instrumente geliefert, die den jeweiligen Unternehmen helfen, die Potenziale von aktiven Vätern besser zu nutzen (www.vaeter-und-karriere.de).

Daddy-Starter-Kit: Für Väter, die genug von den prüfenden und kontrollierenden Mütterblicken haben und sich den Umgang mit dem Neugeborenen lieber selbst beibringen möchten, gibt es Daddy's Tool Bag. Daddy's Tool Bag ist eine praktische Windeltasche, die bewusst im schlichten Männer-Design gehalten ist. Das Besondere an der Männer-Baby-Tasche für 44,99 US-Dollar sind neben den vielen Fächern und Taschen die diversen Extras: eine Vinyl-Wickelunterlage, ein Lernvideo mit Schritt-für-Schritt-Erklärungen fürs Fläschchengeben und Windelnwechseln, Informationen zum Kindersitz sowie andere Baby-Skills. Außerdem enthält die Windeltasche eine Liste, auf der Dinge stehen, die ein Daddy on tour nie vergessen darf (www.babiesenvogue.com).

Prognose 2020

Der Lebensstil des Super-Daddys wird auch in Zukunft von beruflich »angekommenen« Vätern bewusst gewählt werden. Genauso wie ihre jüngeren Gegenüber, die Latte-Macchiato-Väter, wollen die Super-Daddys Kinder, Familienleben *und* Erfolg im Beruf nicht missen. Im Jahr 2020 werden sich etwa 3,8 Millionen an diesem Rollenspagat versuchen.

VIB-Familien – Späte Elternschaft als logischer und konsequenter Anschluss an die erfolgreiche Karriere

»In den letzten Jahren haben so viele Eltern angefangen, ihre Kinder als Projekte zu betrachten, als etwas, das ständig optimiert werden muss, um es noch ein bisschen besser zu machen – gerade so, wie man es mit einem Auto macht ...«
Meg Sanders, Autorin von ›The Madness of Modern Families‹

VIB-Familien (Very-Important-Baby-Familien) sind der gelebte Beweis dafür, dass Familienplanung mit Mitte bis Ende 30 noch nicht abgeschlossen ist. Die VIB-Eltern sind gesellschaftlich und beruflich etabliert. Viele ihrer Ziele haben sie bereits verwirklicht. Was ihnen zur Vervollkommnung des privaten Glücks noch fehlt, ist ein Kind. Das »späte« Kind (meist bleibt es

Abbildung 21: VIB-Familien 2007

Quelle: Statistisches Bundesamt, Focus MediaLine CN 12.0, Schätzung: Zukunftsinstitut

bei einem) betrachten die VIB-Eltern dann als logischen Anschluss an die bis dato erfolgreiche berufliche Karriere. Anders gesagt: Vorher war für ein Kind kein Platz im Leben – jetzt wird es dafür umso mehr zu einem großen Wunschprojekt. VIBs sind in der Regel Eltern mit hoher Schulbildung und einem bildungsbürgerlichen Hintergrund. Zu ihnen zählen aber auch soziale Aufsteiger, für die Bildung und Werte zentrale Bedeutung haben. Die VIBs gehören zur Kernzielgruppe, die den Trend zur »Neuen Bürgerlichkeit« (Tradition, Bildung, Werte) antreiben. Aufgrund ihres werte- und bildungszentrierten Weltbilds legen sie gerade bei der Kindererziehung die Messlatte sehr hoch. In den überwiegenden Fällen kommt es bei VIB-Familien zu einer Re-Traditionalisierung der Rollen: Die Frau übernimmt (zumindest in der ersten Zeit nach der Geburt) den Hauptanteil bei der Kindererziehung. Da beide Elternteile bereits Karriere gemacht haben, stehen VIB-Familien finanziell sehr gut da.

VIB-Familien – reife Spätzünder: Lieber später als gar nicht

In den 8,9 Millionen Familienhaushalten mit mindestens einem Kind unter 18 Jahren leben 3,2 Millionen Eltern im Alter zwischen 35 und 55 mit maximal zwei Kindern bis sechs Jahren. Etwa 1,7 Millionen von ihnen bezeichnen wir als VIB-Eltern. 930 000 davon verfügen über ein Haushaltsnettoeinkommen von mehr als 3 000 Euro im Monat.

Wenn das Statistische Bundesamt in seinem Mikrozensus 2003 davon berichtet, dass sich für westdeutsche Universitätsabsolventinnen im Alter von 37 bis 40 Jahren eine Kinderlosenquote von 40 Prozent ergibt, darf das nicht zu voreiligen Schlüssen in Richtung »Gebärstreik der akademischen Frauen« führen. Denn immer häufiger ist es so, dass besonders Frauen und Männer mit höheren Bildungsabschlüssen ihren Kinderwunsch bewusst nach hinten verschieben, dass die Familienplanung also auch mit 39, 40 oder 41 Jahren noch nicht abgeschlossen ist. Einen Großteil dieser Familien bezeichnen wir als VIB-Familien: Very-Important-Baby-Familien. Die Kinder kommen spät, sind dann aber umso wichtiger und können sich erhöhter Aufmerksamkeit sicher sein. Ein weiterer Blick in den Mikrozensus-Bericht von 2003 belegt: Die 41- bis 44-jährigen Universitätsabsolventinnen verwirklichen ihren Kinderwunsch häufiger als die Gruppe der 35- bis 39-Jährigen: Die Kinderlosenquote beträgt bei ihnen lediglich 36 Prozent.

Ein verlässlicherer Indikator zur Bestimmung der Geburtenlage in Deutschland ist da eher die amtliche Geburtenstatistik. Diese kann belegen, dass es in den letzten Jahren tatsächlich einen Anstieg der spät gebärenden Mütter gab (wie Sie in Abbildung 22 sehen können). Der Trend dahinter: Immer mehr Paare kümmern sich erst einmal vorrangig um ihre persönlichen Ziele. Den Kinder- und Familienwunsch verschieben sie bewusst nach hinten, widmen sich dann aber mit all ihrer Erfahrung und vollem Einsatz dem Lebensmittelpunkt Kind – so wie wir es für die VIB-Eltern beschreiben.

VIB-Familien: Bewusst erst die Karriere, dann das Kind

Wie sieht nun eine typische VIB-Familie aus? Die VIB-Eltern wollen sich in aller Regel nach langen und aufwändigen Ausbildungswegen zuerst einmal beruflich verwirklichen und etablieren. Auf der anderen Seite ist ihnen das Gefühl wichtig, sich ausgetobt und ausprobiert zu haben. Besonders die Erfahrung bei der beruflichen Etablierung inspiriert hier den Rhythmus der Familiengründung. Das Prinzip Step-by-step hat sich bei vielen schon im Studium und im Job bewährt und ist deshalb auch das Erfolgsmodell für eine rationale Familienplanung. VIB-Eltern haben den Schritt Richtung Familie und Kind gut bedacht und von langer Hand geplant. Sie haben alle möglichen Konsequenzen der Veränderungen vorsichtig abgewogen. Die Frage »Was möchte ich mir noch an Vergnügungen und Egotrips (persönlicher und beruflicher Natur) leisten, bevor ich endgültig in die Phase des Erwachsenseins und der verantwortungsvollen Elternschaft eintrete?« haben sie sich schon vor langer Zeit gestellt. Jetzt wird dem Projekt Elternschaft der Startschuss erteilt.

Eine kleine statistische Spitzfindigkeit – mit erheblichen Konsequenzen

Bei den erwähnten statistischen Ergebnissen ist Vorsicht angeraten. In der jährlichen stichprobenhaften Mikrozensus-Befragung wird nämlich nur nach den zum Zeitpunkt der Befragung tatsächlich im Haushalt lebenden (ledigen und minderjährigen) Kindern gefragt. In welchen Familienformen die Befragten vor vier Jahren lebten oder in vier Jahren leben werden, ist nicht Gegenstand der Befragung. Kinder, die beispielsweise nicht mehr bei der Mutter oder beim Vater, sondern woanders leben, werden ebenfalls nicht erfasst. Das heißt: Die errechnete Zahl der kinderlosen Frauen ist tendenziell zu hoch.

Dadurch, dass VIB-Eltern ihr ganzes bisheriges Leben projektbezogen gelebt und geplant haben, konnten in der Vergangenheit in der Regel Zielkonflikte vermieden werden. Der Vorteil, zumindest aus ihrer Sicht: Die Gefahr, die Steuerungshoheit über den eigenen Lebenswandel zu verlieren, lässt sich so trotz Multioptions- und Unsicherheitsgesellschaft zielsicher minimieren. Und da es in Zukunft keine Vollkaskogesellschaften mehr geben wird – da sind die VIB-Familien emotionslos –, muss jeder selbst die Leitplanken für seinen Lebensentwurf in Stellung bringen. VIB-Vater Franz D. klärt uns darüber auf, warum der Kinderwunsch bewusst nach hinten verschoben wurde: »Je später Sie ein Kind bekommen, desto länger haben Sie die Möglichkeit, was zu erleben, auf Partys zu gehen und auch spontan zu entscheiden: Ich fahr jetzt mal weg oder gehe heute noch aus. Mit Kind geht das nicht mehr so einfach, das ist mit viel Planung verbunden. Bei einer späten Elternschaft laufen Sie daher weniger Gefahr, sich irgendwann mal zu denken: Ich hab was versäumt in meinem Leben.«

Abbildung 22: Späte Mütter

Alter der Mutter bei Erstgeburt

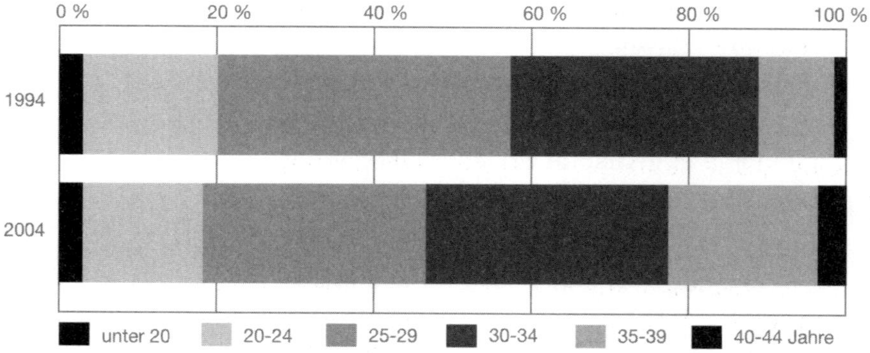

Quelle: Statistisches Bundesamt 2006

Ist das Wunschkind dann da, wird von Anfang an alles getan und kein Aufwand gescheut, um bestmögliche Entwicklungsvoraussetzungen zu schaffen. Die Elternschaft der VIBs ist Selbstverwirklichung, die sich mit Verantwortung und Engagement verbindet: Das Kind soll die optimalen Startvoraussetzungen haben. Anders als beispielsweise bei den Latte-Macchiato-Familien setzen sich bei VIB-Familien (zumindest vorübergehend) traditionelle Familienvorstellungen und Rollenverteilungen durch. In der Regel erhält die Mutter die Gelegenheit, sich intensiv mit dem Kind zu beschäftigen, genießt die (erwerbs-)arbeitsfreie Zeit und ist jederzeit für den Nachwuchs da.

Natur und Spiritualität

Für die VIBs sind Modernität und Religiosität keine Gegensätze. Die katholische sowie die evangelische Kirche in Deutschland verzeichnet immer mehr Kircheneintritte. Von 2000 bis 2005 stieg die Zahl der Eintritte bei den Protestanten um rund 2800 auf insgesamt 27674. Bei den Katholiken stieg die Zahl der Rückkehrer um über 30 Prozent. Wie die Evangelische Landeskirche Baden mitteilt, ist der typische Rückkehrer in ihrem Einzugsgebiet 52 Jahre, verheiratet und hat zwei Kinder.

Entgegen dem Trend »Zurück in die Stadt« bevorzugen VIB-Familien das Leben außerhalb von großurbanen Zentren. Eine Umfrage im Auftrag der LBS hat gezeigt, dass die meisten »über 50-Jährigen« mit Hang zum Urbanen eher Klein- und Mittelstädte bevorzugen. Klarer Favorit ist die Kleinstadt (30 Prozent). Wie auch für die VIB-Familie S. sind neben einer guten Infrastruktur gute und ruhige (möglichst grüne) Wohnumgebungen fernab der lauten Großstadt gefragt. In den USA, das belegen neue statistische Erhebungen, leben bereits 10 Prozent der Bevölkerung in den Exurbs, den ländlichen Zonen jenseits der Metropolen und der heruntergekommenen Suburbs.

Im Fürsorgeuniversium der VIB-Familien darf es dem Nachwuchs an nichts fehlen

Da VIB-Eltern ihr erstes Kind mit Mitte bis Ende 30 oder gar Anfang 40 bekommen, sind sie zeitsouveräner und verfügen auch über mehr Einkommen als jüngere Eltern. Durch die spätere Elternschaft haben VIB-Eltern auch eine längere Vorbereitungszeit für die Elternaufgabe hinter sich. Die wird unter anderem immer häufiger für die Schaffung einer frühkindlichen Bildungsinfrastruktur genutzt. Auch die VIB-Familie S. hat mehr als rechtzeitig mit der Suche nach den geeigneten frühkindlichen Förderprogrammen angefangen: »Wir haben uns selbst mit einer speziellen Fremdsprachenerziehungsmethode für Babys beschäftigt, mit der wir schon nach wenigen Wochen begonnen haben: Möglichst frühe Förderung, das war mir sehr wichtig und da war ich allen sinnigen und unsinnigen Dingen gegenüber sehr aufgeschlossen« erklärt VIB-Vater Franz D. rückblickend.

Den gewünschten Nachkommen wird es im Fürsorgeuniversum VIB-Familie also an nichts fehlen. VIB-Eltern glauben ganz genau zu wissen, was gut und schlecht für ihr Kind ist. Dementsprechend hoch sind die Erwartungen an die VIB-Kinder. Noch in den 90er Jahren war es üblich, etwa einen Kindergarten auszuwählen, der dem Wohnort am nächsten liegt. Bei den VIB-Familien spielen jedoch ganz andere Faktoren eine Rolle: Während sich beispielsweise Latte-Macchiato-Familien in erster Linie günstige Infrastrukturen suchen (Öffnungszeiten, Verkehrsanbindung sowie Kindergarten-Mitgestaltungsmöglichkeiten), sind für VIBs das pädagogische Kindergartenkonzept, deren Umsetzung in der Praxis sowie der Erfahrungsaustausch mit anderen Kindergarteneltern die entscheidenden Kriterien.

Die VIB-Familie S. hat es sich gut überlegt, bevor sie ihre Tochter in einen Waldorfkindergarten schickte. Der Kindergarten soll ein Raum des Lernens von Kreativität, aber auch ein »alternativer Ort« sein, wo Standardisierung noch nicht stattfindet, wo es eine Sensibilität für den individuellen Menschen gibt: »... und das, obwohl wir keine Waldorfianer sind«, fügt Franz D. hinzu und erklärt weiter: »Der Gedanke war, dass sie [die Tochter] dort in kleineren Gruppen agiert und sich wenigstens einen halben Tag lang in einem alternativen Raum bewegt – so konnten wir die standardisierte Überfütterung, der man ohnehin nicht entgehen kann, wenigstens für eine Zeit von ihr fernhalten. Außerdem war der Aspekt der Kreativitätsförderung ein ausschlaggebender Grund für den Waldorfkindergarten.«

VIB-Eltern überlegen ganz genau, ob sie sich für Montessori-, Reggio- oder Waldorf-Pädagogik entscheiden, denn schließlich wissen sie, dass die vorschulische Umgebung und die Bedingungen über den künftigen Erfolg und Misserfolg der VIB-Kinder entscheiden können. In pointierter Form lässt sich das Bemühen der VIB-Familien mit dem Begriff »Helicopter Parenting« beschreiben: VIBs »umschwirren« ihre Kinder in ständiger Sorge um sie.

VIB-Familien: Das Kind als Aufgabe und Mittelpunkt des Lebens

Dass fürsorgliches und überfürsorgliches Elternverhalten keine Seltenheit mehr ist, zeigt das gestiegene wissenschaftliche Interesse daran. Frank Furedi, Professor der Soziologie an der Universität von Kent und Autor des Buches *Paranoid Parenting*, hält übervorsorglichen Eltern entgegen, »das Vertrauen in ihre Instinkte verloren zu haben«: »Man hat ihnen gesagt, dass die ersten drei Jahre im Leben eines Kindes entscheidend sind. Das bringt ›elterlichen Determinismus‹ hervor, die Idee, dass alles, was dem Kind geschieht, die direkte Konsequenz dessen ist, was sie als Eltern tun.« VIB-Eltern tappen nicht zwangsläufig in die Fallen der Übervorsorglichkeit. Aber sie repräsentieren einen Lebensstil-Trend, der Kinder zu Projekten macht. Und diese Projekte sollen vor allem auch eines haben: Aussicht auf Erfolg. Vieles wird der Zukunftsfähigkeit des Kindes nachgeordnet. PISA (und die Missverständnisse, die durch die mediale Aufarbeitung entstanden sind) ist ein Schlüsselerlebnis für die VIBs: Der eigene Nachwuchs jedenfalls soll nicht zu den Verlierern auf den globalen Märkten von morgen gehören.

Dass VIB-Tochter S. nach dem Waldorfkindergarten bis heute lieber staatliche Schulen besucht, ist VIB-Vater S. ein kleiner Dorn im Auge: »Die Kluft zwischen Anspruch und Wirklichkeit klafft an öffentlichen Schulen auseinander, es wird einfach zu wenig Kreativitätsübung betrieben.« Er hat ihr deshalb empfohlen, auf eine Privatschule zu wechseln. Den »gefühlten Qualitätsverlust« versucht diese VIB-Familie einstweilen durch das »entsprechende außerunterrichtliche Programm« auszugleichen: »Sie [die Tochter] spielt ein Instrument und besucht Bastelkurse, wo sie beispielsweise lernt, wie man Schmuck herstellt.« Zum weiteren Bestandteil des außerschulischen Programms gehören Lehrbücher, in die die VIB-Familie S. – neben Markenkleidung und Urlaub – gerne investiert.

Von der Geburt an (oftmals auch schon davor) begreifen VIB-Eltern es als Herausforderung, immer das Beste für ihr Kind auszusuchen und es auch geliefert zu bekommen. Die VIB-Kinder sind gewissermaßen der lebendige Ausdruck des erfolgreichen Lebens der VIB-Eltern. VIB-Familien sehen Kinder nicht einfach mehr als Teil und Veränderung der Familienstruktur, sondern immer stärker auch als leibhaftiges Statussymbol. Der Philosoph Alain de Botton vermutet dahinter eine unbewusste Statusangst: die Angst davor, was andere über uns und unsere Kinder denken – davor, ob wir und unsere Kinder als Erfolg oder Misserfolg beurteilt werden, als Gewinner oder Verlierer. In gewisser Weise sind die VIBs ein Sinnbild für den befürchteten Statusverlust in den Turbulenzen der globalisierten Wissensgesellschaft.

Auch international sind VIB-Familien längst keine Randphänome mehr

In London beispielsweise werden Kinder schon im Alter von 20 Monaten von ihren Eltern zum Französischunterricht, zu Musikveranstaltungen und sogar zum Fitnessstudio gebracht. Und es ist nicht unüblich, dass Kinder im Krabbelalter einen vollen Sozial- und Lernplan mit mindestens einer Unterrichtseinheit am Tag zu bewältigen haben. Dieser Unterricht soll die »Qualifikationen« liefern, um den begehrten Platz in den privaten Super-Kindergärten zu bekommen. Wie eine »erfolgreiche« Mutter in einem Interview mit der Zeitung *Observer* sagte: »Dieser Kindergarten ist wunderbar: Dort wird Unterricht in Japanisch, Latein und Ballett gegeben. Es gibt nichts, was Lizzy dort nicht tun könnte. Wie könnte dies nicht ihre Chancen im späteren Leben verbessern, wenn sie mit anderen konkurrieren muss?« Drei Jahre Unterricht für Lizzy als Vorbereitung auf den Elite-Kindergarten kosten die VIB-Familie 10 000 Euro.

Interview mit VIB-Familienvater Franz D.

Als leitender Redakteur ist Franz D. (55) ein viel beschäftigter Mann. Eine seiner zentralen Aufgaben sieht er aber gleichzeitig in der Erziehung und Förderung seiner 15-jährigen Tochter. Er engagiert sich im Elternbeirat ihres Gymnasiums und bekennt sich klar zur Familie: »Familie hat für uns und unser Umfeld einen sehr hohen Stellenwert. Der Großteil unserer Bekannten hat Kinder. Kinderlose Paare kennen meine Frau und ich eigentlich kaum.« Die Frau (57) von Franz D. ist ausgebildete Pädagogin. Sie arbeitet inzwischen halbtags als Journalistin und freie Autorin. Ihre Freizeit widmet sie voll und ganz der Betreuung ihrer Tochter.

Herr D., Sie und Ihre Frau waren beide Anfang 40 bei der Geburt Ihrer Tochter. Wie viel Planung war bei dem Schritt, eine Familie zu gründen, mit im Spiel?

Dieser Schritt war sehr gut geplant. Ich war vor der Geburt noch in Hamburg tätig, während meine Frau in München war. Als das Kind dann geboren wurde, bin ich wieder nach München gegangen. Dort waren wir zuvor schon aufs Land südlich von München gezogen. Wenn wir das nicht bereits getan hätten, dann wäre es spätestens mit der Geburt unserer Tochter so weit gewesen. Meine Frau blieb anfangs erst mal ein Jahr zu Hause und hat sich in den ersten zwei Jahren im Job sehr zurückgehalten. Bis heute arbeitet sie halbtags. Ich arbeitete erst noch fulltime, hab dann zwischenzeitlich aber auch reduziert und mich schon bald mit modernen Fremdsprachenmethoden um die Förderung meiner Tochter gekümmert. Wenn meine Frau bei der Arbeit war, hat meine Schwiegermutter öfter die Betreuung übernommen. Zeitweise hatten wir auch ein Aupair beschäftigt.

Sehen Sie einen besonderen Vorteil darin, erst spät ein Kind zu bekommen?

Ja, gewiss. Je später Sie ein Kind bekommen, desto länger haben Sie die Möglichkeit, was zu erleben, auf Partys zu gehen und auch spontan zu entscheiden: Ich fahr jetzt mal weg oder gehe heute noch aus. Mit Kind geht das dann nicht mehr so einfach, das ist mit viel mehr Planung verbunden. Bei einer späten Elternschaft laufen Sie daher weniger Gefahr, sich irgendwann mal zu denken: Ich hab was versäumt in meinem Leben. Und Sie sind im höheren Alter der bessere Zeitmanager. Sie können bei entsprechender Beanspruchung in Job und Familie mit beiden Belastungen besser umgehen, weil Sie es gelernt haben, sich die Zeit richtig einzuteilen. Man wird mit zunehmendem Alter stressresistenter.

Gibt es für Sie auch Grenzen in der elterlichen Kinderbetreuung?

Meine Frau hat mit der Geburt unserer Tochter ihr Engagement im Beruf reduziert. Sie arbeitet bis heute halbtags. Allerdings ist sie wie so viele Mütter überfordert, weil im Zeitalter der Flexibilisierung die Teilzeit de facto keine Teilzeit mehr ist. Letztlich nimmt man immer noch Arbeit mit nach Hause. Die Nachmittage gelten bei ihr der Tochter: kochen, gemeinsam essen und dann Hausaufgabenbetreuung. Abends wird dann wieder gearbeitet. Das verlangt das bayrische System auch von ihr: Es wird von den Müttern erwartet, dass sie sich um den Erfolg der Kinder kümmern. Deswegen hängt der schulische Erfolg auch so stark von der sozialen Schicht ab. Wenn die Mutter kein Englisch oder kein Mathe kann und nicht in der Lage ist, die Nachhilfe zu bezahlen, dann hat die Familie ein ernsthaftes Problem.

Ich bin zwischenzeitlich auch zwei Jahre beruflich kürzer getreten, hatte eine Dreiviertelstelle, um mehr Zeit mit meiner Tochter verbringen zu können. Ich bin aber bald wieder zur Vollzeit zurückgegangen, weil ich gemerkt habe, dass der Aufwand nicht geringer wird bei schlechterer Bezahlung. Es gibt da für unseren Bedarf bisher noch zu wenig flexible Angebote, zu wenig tragfähige Modelle, die einem die Möglichkeit bieten, sich sinnvoll ums Kind zu kümmern.

Sie sprachen gerade von fehlenden flexiblen Angeboten, die Ihnen bei der Kinderbetreuung unter die Arme greifen könnten. Welche Dienstleistungen stellen Sie sich dabei so vor?

Meine Vorstellung von professioneller Betreuung geht in Richtung Engagement einer Erzieherin, die eine vollwertige pädagogische Qualifikation mitbringt und das Kind frühzeitig in seiner Entwicklung fördert. Natürlich sind Dienstleistungen auch eine Frage des Geldes. Das, was ich unter professioneller Betreuung verstehe, ist schwer zu finanzieren. Man müsste eigentlich das Geld, das man verdient, voll in die Erziehung seines Kindes stecken – aber dann könnte man sich es gleich sparen, arbeiten zu gehen. Deshalb haben wir schon immer viel selbst organisiert. Wir wohnen auf dem Land, und meine Frau hat dort beispielsweise Kontakt zu einem Mütternetzwerk geknüpft. Das sind ja alles Profi-Mütter. So haben wir jetzt alternative Tauschringe bei der Kinderbetreuung, das hat bisher ganz gut funktioniert. Oder wir haben uns selbst mit einer speziellen Fremdsprachenerziehungsmethode für Babys beschäftigt, mit der wir schon nach wenigen Wochen begonnen haben: Möglichst frühe Förderung, das war mir sehr wichtig und da war ich allen sinnigen und unsinnigen Dingen gegenüber sehr aufgeschlossen.

Was halten Sie von Alternativen zum staatlichen Bildungsangebot im Hinblick auf die Erziehung Ihrer Tochter?

Als unsere Tochter im Kindergartenalter war, haben wir sie auf einen Waldorfkindergarten geschickt – und das, obwohl wir keine Waldorfianer sind. Der Gedanke war, dass sie dort in kleineren Gruppen agiert und sich wenigstens einen halben Tag lang in einem alternativen Raum bewegt – so konnten wir die standardisierte Überfütterung, der man ohnehin nicht entgehen kann, wenigstens für eine Zeit von ihr fernhalten. Außerdem war der Aspekt der Kreativitätsförderung ein ausschlaggebender Grund für den Waldorfkindergarten.

Heute geht sie auf eine staatliche Schule. Der soziale Kontakt ist für sie recht wichtig, und nachdem wir sie auf eine staatliche Grundschule geschickt hatten, wollte sie sich nicht mehr von ihren Freundinnen trennen. Allerdings bleibt mir dort ein bisschen zu wenig Raum für Kreativität. Das versucht man dann eben durch das entsprechende außerunterrichtliche Programm aufzufangen. Sie spielt ein Instrument und besucht Bastelkurse, wo sie zum Beispiel lernt, wie man Schmuck herstellt.

Die Kluft zwischen Anspruch und Wirklichkeit klafft an öffentlichen Schulen auseinander, es wird einfach zu wenig Kreativitätsübung betrieben. Wir empfehlen ihr daher auch, auf eine Privatschule zu gehen. Dahin geht der Trend. In unserem Wohnort haben wir bereits zwei Privatschulen – bei gerade mal 3 000 Einwohnern. Und der Sektor ist schon so weit, dass er beginnt, sich auszudifferenzieren. Es gibt eine billige Privatschule, die mit günstigen Lehrkräften aus Osteuropa das Budget klein hält. Darunter leidet dann eben die Qualität. Und es gibt eine teure, wo man 700 Euro und mehr fürs Schulgeld bezahlt, und die sehr gut angenommen wird. Im Umkreis gibt es inzwischen noch die ganz teure »International School«. Aber da will man sein Kind wiederum nicht hinschicken, weil man vom sozialen Umfeld nichts Gutes hört – der Wohlstand unter den Kids führt zu Partygelagen und Drogenkonsum. Also, der Trend geht ganz klar in Richtung Privatschule, und dabei scheint der Mittelbereich am stärksten akzeptiert zu werden.

Wie wichtig ist es, das Heranwachsen der Kinder zu begleiten und in die richtigen Bahnen zu lenken?

Man muss Kindern unbedingt Werte vermitteln. Man setzt auch Grenzen, allerdings sollte man da flexibel bleiben. Das Kind zur Freiheit zu erziehen, das ist das Ziel und dafür muss man den Spagat vollziehen zwischen Freiraum gewähren und Grenzen ziehen. Gerade im Alter von 15 bis 16 Jahren ist das wichtig fürs Kind. Wenn man da vernünftig rangeht, wird man auch belohnt. Wenn meine Tochter beispielsweise ins Internet geht, dann bewegt sie sich in einem Eigenraum, zu dem wir als Erwachsene keinen Zugang haben. Wenn sie chattet, ist das, wie wenn sie ihr eigenes Tagebuch führt, da habe ich dann auch nichts verloren; in diesen Bereichen muss man eben auf Vertrauen setzen, was ich für einen ganz wichtigen Wert halte. Man sollte das Gespräch mit seinen Kindern suchen. Auch regelmäßige gemeinsame Mahlzeiten sind ganz wichtig. Das ist eine einfache, aber sehr wirksame Form der Sozialkontrolle.

In welchen Bereichen wird beim Kind das meiste Geld investiert?

Kleidung, Urlaub und Bücher. Ich denke, das sind die Hauptbereiche. Kleidung spielt eine große Rolle, weil man bei den Jugendlichen sehr genau darauf achtet, was man trägt. Zwangsläufig unterstützen wir daher, dass unsere Tochter auch Markenklamotten bekommt. Auch der gemeinsame Urlaub ist wichtig. Wir machen gerne Kurzreisen an den See und einmal im Jahr eine Flugreise. Das ist dann ein Erholungsurlaub, der sich sehr unterscheidet von dem, was wir früher gemacht haben. Da habe ich eher Abenteuerurlaube bevorzugt. Bei Büchern dreht es sich um Lehrbücher, die ich ihr mit nach Hause bringe und die Bestandteile der außerunterrichtlichen Unterstützung sind, die ich meiner Tochter gebe. Und im Hinblick auf Lebensmittel haben wir da im Sinne unserer Tochter bestimmte Prioritäten: Da setzen wir ganz stark auf Bio-Produkte. Da geht Gesundheit über den Preis, so wie beim Autokauf die Sicherheit der wichtigste Aspekt ist.

Zum Abschluss noch die Frage: Ihr Beruf und die Fürsorge, die Sie Ihrer Tochter entgegenbringen, nehmen viel Zeit in Anspruch. Gibt es da einen Service, den Sie sich selbst als Unterstützung wünschen würden?

Das mit dem Chaosberater find ich gut. Jemand für zu Hause, der mehr als eine Putzfrau und eher so eine Art Home-Manager ist. Da besteht meines Erachtens schon Nachfrage. Oder dass jemand einem die lästige Büroarbeit abnimmt. Also die kleinen Dinge, die im Gesamtpaket übernommen werden und wo nicht x verschiedene Leute engagiert werden müssen, womit man dann wieder die Organisation am Hals hat.

Im Bereich Bildung halte ich nach wie vor die Fremdsprachenförderung für zentral. Aber da gibt es in der Zwischenzeit hinreichend viele Angebote. Das begann in den 1990er Jahren und war damals noch eine große Marktlücke. Wer sich auf diesem Sektor bewegt, kann bei uns sicher sein, dass er rezipiert wird. Da laufen viele Dinge informell, man tauscht ständig Informationen aus.

Die Wünsche und Bedürfnisse der VIB-Familien

VIBs pflegen einen hohen Lebensstandard: Beide Partner waren vor der Geburt des Kindes berufstätig und werden es auch danach wieder sein. Während der Kleinkindphase kommen viele neue Anschaffungen hinzu, während die Bedürfnisse und Wünsche für die Eltern nicht heruntergeschraubt werden, sondern eher ansteigen und in neue Produktgruppen abwandern (Convenience-Food, Convenience-Kleidung, Auto und so weiter).

VIBs kaufen Service auf vielen Ebenen ein: Da die Elternteile berufsbedingt schon immer wenig Zeit für den Haushalt hatten, besteht bereits ein gut funktionierendes Service-Netzwerk, das nun aufgestockt werden muss, um etwa bei der Kinderbetreuung zu helfen. Die zweisprachige Nanny gehört ebenso dazu wie die tägliche Haushaltshilfe und der Musikpädagoge für die kreative Früherziehung.

Aufgrund ihres elterlichen Ehrgeizes sind die VIB-Familien natürlich äußerst empfänglich für entwicklungsfördernde Dienstleistungen rund ums Kind. Für Kinder zwischen 18 Monaten und drei Jahren bietet die Musische Akademie Braunschweig einen Kurs an, der Kleinkinder in ihrer »auditiven, taktilen und visuellen Wahrnehmung für Musik sensibilisiert und somit auf eine weitere instrumentale und vokale Ausbildung vorbereitet«. Parallel zum Markt der Pädagogen und Coaches entwickelt sich ein boomender Markt für Lernhilfen aller Art.

Premiumshopper – VIB-Familien sind extrem qualitätsorientierte Verbraucher: Wenn sie Qualität angeboten bekommen, zahlen sie gerne auch 20 bis 30 Prozent mehr als sie für das Standardprodukt investieren müssen. Kritisch und wählerisch sind die VIBs in Bezug auf ihre eigenen Bedürfnisse und natürlich die ihrer Kinder. Das fängt an beim Haushaltsreiniger, der auf allergieauslösende Faktoren in der Atemluft geprüft wird, und endet bei der Anschaffung des Familienwagens, der dem Kind größtmöglichen Schutz bieten soll (VW Touareg oder Renault Espace). Der wichtigste Filter, den sie über alle Anschaffungen legen: Beeinträchtigt die Wahl womöglich die Gesundheit oder geistige Entwicklung des Kindes? Dabei wollen VIBs auf Nummer sicher gehen. Im Zweifel wählen sie immer das teurere Produkt, weil es das bessere sein könnte. So erklärt sich auch der große Boom bei gesünderen Lebensmitteln für Kinder in den Supermärkten.

VIBs sind aufgeschlossen für Gesundheits- und Selbstoptimierungsprodukte aller Art: Einer der großen neuen Trends im Food-Bereich ist bekanntlich die Verwendung von Omega 3. Während manche Studien behaupten, dass eine tägliche Gabe dieser in Fischölen enthaltenen Fettsäuren das

Verhalten und die Konzentration von Vorschulkindern verbessert, sagen andere, dass die Tests nicht streng genug sind oder die Ergebnisse in den Medien überbewertet werden. Doch auch hier gilt für die VIBs: Im Zweifel jede Innovation ausprobieren, solange es dem Kind nicht schadet.

Wie sich Trend-Pioniere auf die VIB-Familien einstellen

Arabisch und Englisch ab der ersten Klasse: In den 23 »BIP-Kreativ- und Talentschulen« von Hans-Georg (66) und Gerlinde Mehlhorn (63) wird Arabisch und Englisch ab der ersten Klasse unterrichtet, Französisch ab der dritten, dazu gesellen sich Theaterspielen sowie Schach, Tanz, Kreatives Schreiben und der Umgang mit dem PC. BIP heißt so viel wie Begabung, Intelligenz, Persönlichkeit (www.bip-kreativ.de).

Nahrung fürs Hirn: »Babes 'n' Burgers«, ein Café auf der Londoner Portobello Road, bietet interessante Kindermenüs: Die Hamburger sind aus Bio-Fleisch und die Salate mit sogenannten »lebendigen« Zutaten hergestellt. Es gibt gesunde Cola ohne Koffein, Zucker oder Süßstoff sowie die sehr beliebten Smoothies (www.babesnburgers.com). Ebenfalls in London (und weniger bescheiden bei der Namensgebung) ist das »Brillant Kids Café«, das sich auf jahreszeitenabhängige Bio-Nahrung für Kinder spezialisiert hat. Man hat sich von dem üblichen Kinder-Junk-Food distanziert und bietet Fischpastete, Salate sowie unterschiedliche Arten von Quiche an (7/8 Station Terrace, NW10, London).

»Baby Einstein«: Die Produktpalette von »Baby Einstein« umfasst Lern-CDs und Bücher für Kunst, Poesie, Wissenschaft sowie Musik für Säuglinge und Kleinkinder. Es gibt auch Lern-DVDs wie etwa »Baby Monet Discovering the Seasons«, »Baby Bach Musical Adventure« und »Baby Beethoven Symphony of Fun«. Die DVD »Baby da Vinci From Head to Toe« bietet neben frühen Kenntnissen in klassischer Musik ebenso spanische, englische und französische Sprach-Tracks für mehrsprachiges Lernen mit der Musik von Vivaldi, Bach oder Händel an.

Prognose 2020

Auch im Jahr 2020 wird späte Elternschaft keine Seltenheit sein. Oftmals bleibt es bei einem Kind, wodurch sich das VIB-Kind der Aufmerksamkeit seiner Eltern sicher sein kann: Im Fokus des VIB-Familienlebens steht das Kind als Projekt. Der VIB-Familien-Lebensstil wird bis zum Jahr 2020 von mindestens 2,4 Millionen Eltern praktiziert werden.

Netzwerk-Familien – In der neuen Beziehungswelt des 21. Jahrhunderts ersetzt die Großfamilie 2.0 das alte Familienideal

»Die klassische Familie ist für die Gesellschaft ähnlich wie der Videorekorder für die Unterhaltungsindustrie – ein Auslaufmodell.«
Stefanie Rosenkranz im ›Stern‹

Vernunft und Geborgenheit, Pragmatismus und Liebe – die Familie 2.0 sprengt das eiserne Gerüst der bürgerlichen Normalfamilie auf. Netzwerk-Familien sind Versorgungs- und Beziehungsmodelle, die dokumentieren, dass Familie als Form des Zusammenlebens keinesfalls am Ende ist. Allerdings stehen sie für eine Form des Zusammenlebens, die weit über die heilige Trias von Vater-Mutter-Kind hinausgeht. Netzwerk-Familien liegt ein erweiterter Familienbegriff zu Grunde – etwa in dieser Art: »Familie ist, wo man ohne zu fragen zum Kühlschrank gehen kann, wenn man Durst hat«.[8] Die Netzwerk-Familien sind jedoch nicht ausschließlich homogene Interessengemeinschaften von Blutsverwandten, sondern komplexe Funktionssysteme, die den Beteiligten einen Schutzraum gegenüber der Komplexität des modernen Lebens bieten. Das lockere, aber verbindliche Konstrukt Netzwerk-Familie ist in der Zusammensetzung ihrer Mitglieder grundsätzlich offen und vielgestaltig: Oftmals zählen neben den Großeltern und Ex-Familienmitgliedern und -Partnern auch Nachbarn oder Freunde dazu. »Familie« wird von den Beteiligten selbst situativ verstanden und macht sich weniger an objektiven Faktoren wie »Eltern-Kind-Einfamilienhaus« oder »Familienauto« fest. Netzwerk-Familien ähneln in ihrer Zusammensetzung lockeren Netzwerkverbindungen, die auch aus gescheiterten Patchwork-Familien oder aus Zusammenschlüssen von alleinerziehenden Müttern (oder Vätern) entstehen können. Doch während Patchwork-Familien sich über die Kompensation eines Verlusts definieren (eben der Kernfamilie), entdecken Netzwerk-Familien eine neue Beziehungs- und Lebensqualität in den erweiterten Verbindungen »nach außen«.

Abbildung 23: Netzwerk-Familien 2007

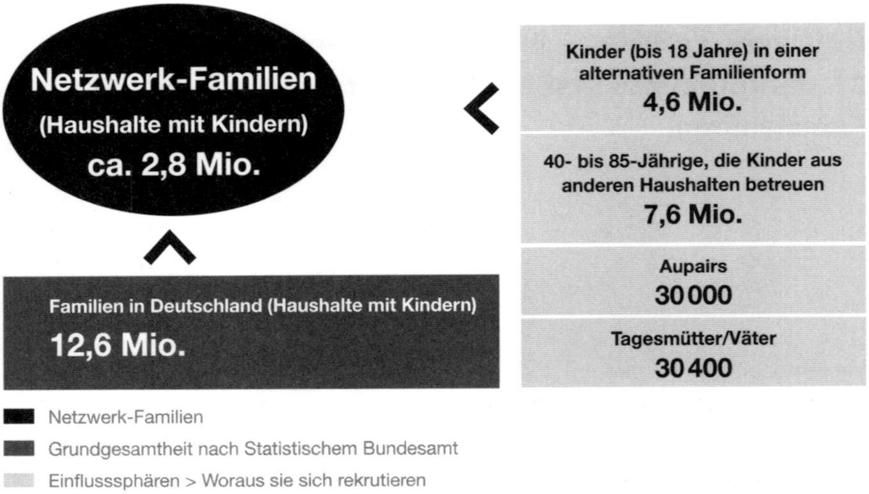

Quelle: Statistisches Bundesamt, Bundesfamilienministerium, Bundesinstitut für Bevölkerungsforschung, Deutsches Zentrum für Altersfragen, Schätzung: Zukunftsinstitut

Was kommt nach Patchwork? Die offene Beziehungswelt der Netzwerk-Familien

In Deutschland gibt es laut Statistischem Bundesamt 12,6 Millionen Familienhaushalte. In 71 Prozent dieser Haushalte (8,9 Millionen) lebt mindestens ein minderjähriges Kind. 2,8 Millionen davon bezeichnen wir als Netzwerk-Familienhaushalte.

Von 2000 bis 2005 wurden insgesamt 1 225 479 Ehen geschieden (davon waren jährlich durchschnittlich etwa 160 000 minderjährige Kinder betroffen). Wie das Bundesfamilienministerium 2003 ermittelte, steht den Scheidungszahlen aber auch die Zahl der wiederverheiratungswilligen Geschiedenen gegenüber: Diese beträgt bei Frauen rund 61 Prozent und bei Männern etwa 55 Prozent. Das Bundesinstitut für Bevölkerungsforschung (BiB) erklärte kürzlich, dass von allen unter 18-jährigen Kindern fast jedes dritte Kind nicht mehr im klassischen Familienmodell lebt: 15 Prozent von ihnen wachsen ohne Vater auf (2 175 000 Millionen), 2 Prozent ohne Mutter (290 000), 6 Prozent (870 000) mit unverheirateten Eltern und 9 Prozent in einem sogenannten Patchwork-Familienmodell (1,3 Millionen). Von den 14,5 Millionen Kindern (bis 18 Jahren) in Deutschland leben also rund 4,6 Millionen in einer alternativen Familienform.

Nicht die Familie ist also vom Aussterben bedroht, sondern nur die traditionell-bürgerliche Vorstellung davon. Der Traum Familie wird auch weiterhin verwirklicht (auch ohne Trauschein), sieht aber anders aus als vor 30 Jahren. Netzwerk-Familien heißen die neuen Formen des familiären Zusammenseins, in dem nicht mehr ein Familienoberhaupt der zentrale Ausgangspunkt ist, sondern das Kollektiv. Bei Netzwerk-Familien ist die Sehnsucht nach familiärer Geborgenheit größer als die Angst vor den Enttäuschungen einer »Zweitehe« oder »Zweitfamilie«. Die Netzwerk-Familien haben sich von dem Idealbild einer heilen Familie gelöst. Ihr Motto heißt: praktische Vernunft im Sinne aller Beteiligten statt alltagsferne Romantik.

Abbildung 24: Familienleben in Deutschland
Unter 18-jährige Kinder nach Elternschaftsverhältnis in %

66,11 %	Vater und Mutter, verheiratet
6,27 %	Vater und Mutter, nicht verheiratet
17,07 %	Mutter oder Vater ohne Partner im Haushalt
8,43 %	Mutter oder Vater, mit neuem Partner im Haushalt, verheiratet
0,73 %	Mutter oder Vater, mit neuem Partner im Haushalt, nicht verheiratet
1,39 %	Adoptiv-, Pflege-, Enkelkind

Quelle: BiB-Mitteilungen 2006

Während Patchwork-Familien noch versuchen, die Nahtstellen ihres »Familien-Flickenteppichs« zu touchieren, um tendenziell dann doch das hehre Familienideal zu erreichen, sind die Netzwerk-Familien längst in der neuen Beziehungsrealität angekommen: Sie haben begriffen, dass es kein »normales« Familienleben gibt, sie hegen keine übersteigert harmonischen Erwartungen an das familiäre Zusammenleben. Eine Alltagsformel lautet deshalb auch: Probleme kommen in jeder Familienform vor und sind dazu da, gelöst zu werden. Eine der Netzwerk-Familien, die wir unter die Lupe genommen haben, grenzt sich bewusst von dem Patchwork-Begriff ab. Familie H.-Z. lebt bewusst die Beziehungsvielfalt einer Netzwerk-Familie. Mit Patchwork assoziiert sie eher Mangel und Provisorium: »Patchwork klingt irgendwie nach Problemen. Als wäre das Ganze eigentlich ungewollt.« Sie können sich andererseits aber auch nicht mit den in der Werbung entwickelten Familienbildern identifizieren. Netzwerk-Familien-Vater Andreas Z. erklärt: »Der Punkt ist, dass Familie für uns etwas ganz anderes ausmacht. Das platte Bild der Wohlstandsfamilie mit den klassischen Wohlstandsattributen, die so selbstverständlich gezeigt werden: schönes neues Haus, neue Möbel, saubere Kleidung, alle sind frisiert, es ist sonnig – man befindet sich auf der Sonnenseite des Lebens. Das ist für uns nicht Familie.«

Netzwerk-Familien: Modell mit Zukunft auch für traditionelle Beziehungen

So wie wir die Netzwerk-Familien hier analysieren, stellen sie einen eigenständigen Lebensstil-Typus und einen in sich stimmigen Lebensentwurf dar. Das Netzwerk-Prinzip, das heißt der Wunsch und die Notwendigkeit, die klassische Trias Vater-Mutter-Kind aufzubrechen, wird in den nächsten Jahren jedoch fast in allen Familien Einzug halten. Die Reformen der Familienministerin Ursula von der Leyen geben die Vernetzung gewissermaßen als wünschenswerte Familienpolitik vor. Und auch die Wirtschaft hat die geldwerten Vorteile der familiären Entlastung der Mütter erkannt. Deswegen gehen wir davon aus, dass das Modell der Netzwerk-Familien schon in den nächsten zehn Jahren für die Mehrheit der deutschen Familien zu einem neuen Standardmodell familiären Zusammenlebens werden wird.

Netzwerk-Familien stehen für eine neue Beziehungsrealität im 21. Jahrhundert

Netzwerk-Familien werden in Zukunft von der sozialen Evolution bevorzugt. Sie entsprechen einem neuen, komplexeren Modell von Partnerschaft, das mit Elternschaft neue »Interferenzen« bildet. Der Trendforscher Gerd

Gerken hat das Prinzip der »evolutionären Liebe« definiert: In der individualisierten Gesellschaft bleiben (Liebes-)Partner nur so lange zusammen, wie sie einen »co-evolutionären Vorteil« davon haben. Dieses neue Liebeskonzept ist ein Wachstumsmodell, das gemeinsam auf die persönliche Entwicklung jedes Partners in einer Beziehung abzielt. Der Hauptfaktor ist die Gestaltung und Ausbildung einer persönlichen Identität. »Solange wir uns verstehen, bleiben wir zusammen«, so lässt sich das Eheversprechen in der Netzwerk-Familie definieren. Und tatsächlich legen unterschiedliche Studien über Ehe- und Familienerwartungen den Schluss nahe, dass das romantische Konzept von Liebe und Ehe langsam zu Gunsten einer neuen »Beziehungsvernunft« verblasst.

Die Netzwerk-Familien sind der Beweis dafür, dass Partnerschaft und Familie auch nach einer Scheidung (wieder) möglich sind. Netzwerk-Familien stehen für eine rationalere Form der Beziehungskultur. Unterstützung bekommt das Familien-Modell inzwischen auch von der Wissenschaft: Der amerikanische Paar-Psychologe Robert Epstein hat in Langzeitstudien bewiesen, dass es entscheidende Unterschiede zwischen traditionell arrangierten indischen und westlichen romantischen Ehen gibt – die man zunächst nicht vermuten würde. Der US-Wissenschaftler fand heraus, dass die arrangierten Ehen zwar weniger glücklich begännen, die Zufriedenheit der »Arrangierten« aber nach fünf Jahren die der »Romantiker« übersteige. Die Autorin Susanne Gaschke plädierte in einem *Zeit*-Artikel aus dem Jahr 2005 gar für mehr Vernunft und weniger alltagsferne Romantik bei der Partnerwahl. Um ein wirklich stabiles und zufriedenes Ehe- und Familienleben führen zu können, empfiehlt sie die Erkenntnisse der österreichischen Soziologinnen Cheryl Benard und Edit Schlaffer. Diese raten nach umfangreichen Paarforschungen dazu, zuallererst ganz rational und ohne rosarote Brille das ernst zu nehmen, was (potenzielle) Lebenspartner zu Beginn einer Beziehung sagen. Was das (vor allem für Frauen) bedeutet, fasst Gaschke so zusammen: »Keinen bekennenden Macho zu heiraten, wenn man die Hausarbeiten teilen möchte; keinen Polygamisten zu nehmen, wenn man zu Eifersucht neigt; keinen Kinderhasser zu wählen, wenn man sich Familie wünscht.«[9]

Netzwerk-Familienvater Andreas Z. hat das bei seinem zweiten Anlauf beherzigt. Er hat aus den Erfahrungen seiner ersten Ehe gelernt und daraus ein komplett neues Verständnis von Ehe und Partnerschaft gewonnen: »Als ich zum ersten Mal geheiratet habe, kam mir nie der Gedanke, dass man sich trennen könnte. Damals war ich noch unerfahren, knapp 26, und dachte, das war es jetzt. So von wegen: Wir lieben uns, bleiben zusammen, das war's ... Heute ist mir klar: Die Liebesheirat ist die schönste Illusion, die wir in den letzten 100 Jahren hatten. Klar, Verliebtheit zum Start ist toll, aber nicht als Grundlage für eine Beziehung.« Netzwerk-Familien führen Partnerschaft und Familie mehr auf Vernunft- beziehungsweise auf pragmatischer als auf rein emotionaler Ebene. Bei ihnen herrschen Pragmatismus und Familiensinn gleichermaßen. Das Familienleben von Netzwerk-Familien ist ein vitales Miteinander, bei dem die Mitglieder autonom und zugleich aufeinander bezogen sind. Das gemeinsame Ziel aller Beteiligten ist ein erfüllendes und glückliches Familienleben.

Netzwerk-Familien: Moderne Großfamilien üben neuen Beziehungspragmatismus

In gewisser Weise sind Netzwerk-Familien eine Neuauflage der Großfamilie, wie wir sie noch aus den ersten Jahrzehnten des 20. Jahrhunderts kennen. Mit dem wichtigen Unterschied, dass die traditionelle Großfamilie einen Zusammenschluss darstellte, der in der Regel ausschließlich der Notwendigkeit gehorchte. Wohingegen die Netzwerk-Familien vor allem die Willens- und Entscheidungsfreiheit der Einzelnen zu berücksichtigen versuchen. Mehr noch: Bevor das Zusammenleben in einer herkömmlichen Familienkonstellation unerträglich wird, suchen immer mehr Erwachsene den Ausweg in verzweigten Zusammenschlüssen. Und diese Netzwerke leisten vor allem eines: Sie schaffen – vor allem für die Kinder – Anschlussbeziehungen und Kommunikationsmöglichkeiten, statt zu isolieren. Und sie erhalten Kontinuitäten, soweit das möglich ist und gewünscht wird.

Abbildung 25: Neuer Generationenvertrag
(Enkel-)Kinderbetreuung, Betreuer: 40 bis 85 Jahre

72,8 %	Enkelkinder
10,0 %	Kinder von Nachbarn
13,6 %	Kinder von Freunden oder Bekannten
6,8 %	Kinder von Geschwistern
6,3 %	Andere

Quelle: Deutsches Zentrum für Altersfragen, Alterssurvey 2002

Netzwerk-Familien sind komplexe Sozialgebilde, in denen nicht nur Kinder aus verschiedenen Ehen zusammenleben, sondern auch Tanten, Onkel, Cousinen, aber auch ehemalige Partner, Freunde und Wahlverwandte ins Spiel kommen. Im Grunde ist es das Comeback einer längst vergessenen Familienkonfiguration: der »Dreigenerationenfamilie«, die als Netzwerk-Familie indes stärker vernetzt ist und bei der neben der klassischen Großelternmithilfe vermehrt auch auf das Netz von Freunden, Bekannten und Interessengemeinschaften zurückgegriffen wird. Im 19. und frühen 20. Jahrhundert war es übrigens weit verbreitet, dass in Familien dauerhaft mitwohnende, nicht verwandte Personen lebten, die im sozialen Sinn durchaus zur Familie gehörten.

Fast ein Fünftel (18 Prozent) der 40- bis 85-Jährigen betreut Kinder, die nicht im eigenen Haushalt leben. In erster Linie sind das die eigenen Enkel (73 Prozent). Vor allem im mittleren Erwachsenenalter werden aber auch Kinder von Freunden und Bekannten beaufsichtigt.

Alterssurvey, Deutsches Zentrum für Altersfragen

Um Kinder zu erziehen, so heißt es in einem afrikanischen Sprichwort, benötigt man ein ganzes Dorf. Netzwerk-Familien sind ein Gegenmittel zum Terror der Intimität, wenn es in Kernfamilien zu eng wird. Netzwerk-Familien öffnen die Familiengrenzen und machen ihre Beziehungen verhandelbar. Ein erweitertes Netzwerkmodell wie es die Netzwerk-Familie pflegt, die wir besucht haben, lässt es beispielsweise auch zu, dass eine Psychotherapeutin zum festen Familieninventar gehört: »Immer, wenn ich sie brauche, rufe ich sie an, spreche ein bis zwei Stunden mit ihr, und ich fühle mich danach wieder besser. Dadurch, dass sie uns beide so gut kennt, kann sie das alles anders einschätzen. Sie ist inzwischen ein wichtiger Bestandteil unseres Familiennetzwerks geworden«, erklärt uns Birgit H. Wie selbstverständlich sind auch die Eltern von ihr in das Netzwerk integriert: »Das ist für mich sehr, sehr wichtig. Ich hab dann immer das gute Gefühl: Die Kinder sind bei der Oma und werden nicht bloß betreut.« Aber auch die Ex-Frau von Alexander Z. gehört dazu. Wie steht Birgit H. zu ihr? »Ich habe auch ein freundschaftliches Verhältnis zu ihr, auch wenn wir uns jetzt nicht täglich zum Kaffee verabreden würden. Sie hat mich beispielsweise kürzlich um PR-Unterstützung gebeten. Da helfe ich dann auch aus.«

Die Netzwerkfamilie wird in Zukunft zur neuen »Normalfamilie«

Bislang war bis in die Wissenschaft die Meinung vorherrschend, dass Eltern, die sich trennen, unverantwortlich handeln, weil sie ihre Kinder somit verstärkt der Gefahr aussetzen, sich zu psychischen Problemfällen zu entwickeln. Jede Familie, die vom gesellschaftlichen Vater-Mutter-Kind-Ideal abweicht, so die gängige Lehrmeinung, versündigte sich an den Kindern und beraubte die Gesellschaft nebenbei zugleich eines ihrer Stützpfeiler. Lange Zeit hieß es, dass Kinder nur von stabilen und kontinuierlichen Beziehungen profitieren könnten. Der Familienforscher Wassilios Fthenakis nimmt an, dass etwa ein Drittel der Scheidungskinder mittel- und langfristig eine Beeinträchtigung ihrer Entwicklung in Kauf nehmen muss (erhöhtes Risiko psychischer Erkrankungen, erhöhtes Selbstmordrisiko, delinquente Verhaltensweisen und spätere Bindungsprobleme). Wie das britische Magazin *New Scientist* im Jahr 2000 berichtete, stellten neuseeländische Forscher der Universität Canterbury in Christchurch bei Langzeitstudien fest, dass die Auflösung traditioneller familiärer Bindungen und die darauf folgenden Ein-Eltern-Beziehungen massive Probleme für die Kinder bringen. Für Mädchen etwa, die nur bei ihren Müttern aufwachsen, sei das Risiko größer, (trotz wirtschaftlicher und sozialer Unterstützung) bereits als Teenager schwanger zu werden und Probleme in der Schule zu bekommen.

Indes scheint auch die Wissenschaft allmählich einen anderen Blick auf das Ende der »Normalfamilien« (und die Konsequenzen für die Kinder) zu bekommen. Professorin Sabine Walper, Psychologin an der Münchner Ludwig-Maximilians-Universität, konnte mit den Ergebnissen ihrer Langzeitstudie, die von 1996 bis 1998 lief und in der 750 Kinder untersucht wurden, zeigen, dass Scheidungskinder weniger gefährdet sind als bislang angenommen: Im Durchschnitt findet jedes Kind etwa zwei Jahre nach der Trennung der Eltern wieder zur »Normalität« zurück. Dagegen leiden Kinder in Familien, in denen die eigentlich überfällige Trennung nicht vollzogen wurde, in den meisten Fällen heftiger und länger. Wie Walper erklärt, decken sich ihre Ergebnisse auch mit den Ergebnissen aus mehreren US-Langzeitstudien.

Fernab von diesen Ängsten und tradierten Rollenvorstellungen haben die Netzwerk-Familien ihre eigene, ganz individuelle Lösung für die Betreuungs- und Erziehungsfrage der Kinder gefunden. Netzwerk-Familien entsprechen damit eher einer modernen Großfamilie, in der die Kinder von den zusätzlichen Sozialbeziehungen bewusst profitieren sollen. Die vorangegangenen

Trennungen und neuen Partnerschaften der Netzwerk-Familien-Eltern haben nicht dazu geführt, dass alte Kontakte zwangsläufig abbrechen mussten. Was wir als Netzwerk-Familie bezeichnen, wird in der Forschung unter dem akademischen Wortungetüm »multilokale Mehrgenerationenfamilie«[10] geführt. Für die Forscher das Besondere an diesen Netzwerk-Familien: Die Solidarität der Familienmitglieder/Generationen endet nicht gleichzeitig mit der räumlichen Trennung.

Die Netzwerk-Familie H.-Z. rückt demnächst mit Teilen ihres Netzwerks sogar enger zusammen. Sie ziehen nämlich in eine Mühle, wo bereits mehrere ihrer Freunde und Bekannte leben: »Die Altersspanne geht von null bis 70 Jahre. Das ist eine ganz besondere Gemeinschaft. Das Netz wird dort noch enger geknüpft sein. Es werden neue Bekanntschaften dazukommen. Was mich so reizt, ist, dass man den Austausch so nahe hat – wenn man will. Wenn wir Lust haben, in die Community einzutauchen, dann kann man sich abends ein Bier schnappen und sich dazusetzen. Man kann aber auch für sich sein, wenn man will. Und die Kinder bewegen sich wie auf Bullerbü aufm Hof oder aufm Feld. Das find' ich spannend, dass man gemeinsame Aktivitäten macht und sich gegenseitig unterstützt.«

Abbildung 26: Das Organigramm einer Netzwerk-Familie

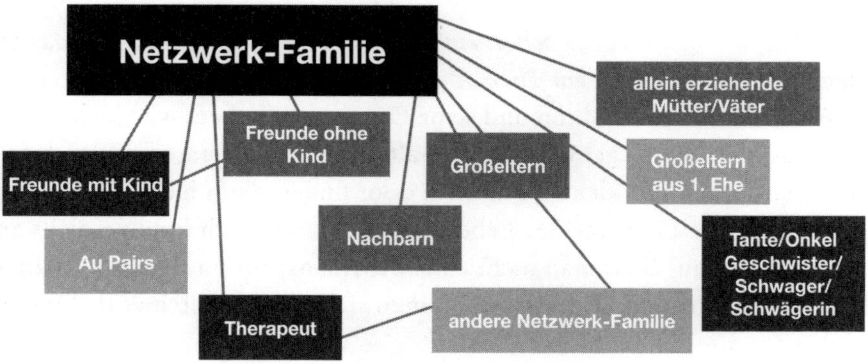

Quelle: Zukunftsinstitut 2007

Interview mit Birgit H. und Andreas Z., Eltern in einer Netzwerkfamilie

Birgit H. (38) und Andreas Z. (42) leben in einer Patchwork-Familie – das sagen sie zumindest von sich selbst. Obwohl sie mit dem Begriff nicht so ganz glücklich sind: »Patchwork klingt irgendwie nach Problemen. Als wäre das Ganze eigentlich ungewollt.« Die beiden leben in einem Haushalt mit vier Söhnen. Die drei jüngsten haben sie gemeinsam bekommen, der älteste stammt aus der ersten Ehe von Andreas Z. Birgit H. ist eine Projektmanagerin in allen Lebenslagen: Wenn sie gerade nicht im Haushalt gefordert ist, arbeitet sie in einer PR-Agentur oder schreibt und publiziert ihre eigenen Bücher. Seit kurzem arbeitet Birgit H. an einem Kochbuch für »moderne Familien«. Andreas Z. ist selbstständiger Unternehmer. Er arbeitet als mobiler Friseur für zahlreiche Kunden im Rhein-Main-Gebiet. Doch das ist noch nicht alles, wie seine Frau betont: Nebenbei schreibt der Diplom-Pädagoge an seiner Doktorarbeit.

Zum Interview treffen wir uns mit den beiden in ihrer gemeinsamen Wohnung in Oberursel bei Frankfurt. Es ist 20 Uhr, als das Gespräch zunächst nur mit Birgit H. beginnt – ihr Mann ist gerade auf dem Heimweg von einem Termin bei Kunden. Wir sitzen in der Küche, die Kinder sind gerade ins Bett gegangen, und Birgit H. schiebt noch schnell einen Brotteig in den Ofen.

Frau H., Ihr Mann war ja schon einmal verheiratet – inwiefern war das zu Beginn Ihrer Beziehung ein Thema?

Also, als sich mein Mann und seine Ex getrennt haben, war Joshua, ihr gemeinsamer Sohn, gerade ein Jahr alt. Am Anfang unserer Beziehung war klar: Wenn der kleine Josh mich doof findet, dann habe ich mit Andreas zwar die Liebe meines Lebens gefunden, aber ich komme nicht an seinen Sohn ran. Dass man nicht einen Alleinanspruch auf seinen Partner hat, das muss einem klar sein, wenn man sich auf das Patchwork-Modell einlässt.

(Jetzt kommt auch Andreas Z. nach Hause. Nach der Begrüßung geht er erst einmal zum Kühlschrank und macht sich ein Bier auf. Als er sich gerade setzt, beginnen die Kinder zu schreien. Frau H. verlässt die Küche, um nach ihnen zu schauen. »Das trifft sich ja gut, machen wir gleich einen nahtlosen Übergang«, schmunzelt Andreas Z.)

Herr Z., wir waren gerade bei Ihrer ersten Ehe. Vielleicht können Sie mir erklären, was sich an Ihrem Eheverständnis seither geändert hat?

Als ich zum ersten Mal geheiratet habe, kam mir nie der Gedanke, dass man sich trennen könnte. Damals war ich noch unerfahren, knapp 26, und dachte, das war es jetzt. So von wegen: Wir lieben uns, bleiben zusammen, das war's ... Heute ist mir klar: Die Liebesheirat ist die schönste Illusion, die wir in den letzten 100 Jahren hatten. Klar, Verliebtheit zum Start ist toll, aber nicht als Grundlage für eine Beziehung.

(Birgit H. kommt zurück. Sie öffnet das Fenster und holt den zweiten Brotteig rein. Sie entschuldigt sich mit den Worten: »So ist man hier ständig in Action«, und setzt sich wieder an den Tisch.)

Wie ist das eigentlich mit der Verpflegung einer sechsköpfigen Familie?

Birgit H.: Wir kaufen immer üppig ein. Na ja, und dann ist der Kühlschrank bei uns offen für alle. Die Kinder gehen bei uns da ran, wenn sie Hunger haben. Bis auf den Josh, der fragt jetzt manchmal ganz vorsichtig – seit ich im Sommer viel für mein Kochbuch ausprobiert habe, was man nicht einfach so wegessen durfte. Natürlich kochen und essen wir oft gemeinsam, aber nicht in dem Stil, dass es aufgeladen ist. Ich nenne das Prinzip immer die »Familienkantine«: Es ist immer was da, vielleicht auch was vom Vortag, was man sich warm machen kann. Oft sag ich aber auch, heut möchte ich nicht kochen. Dann übernimmt das vielleicht mal der Josh, oder es gibt eben nur Butterstullen.

Halten Ihre Finanzen den großköpfigen Lebensstil aus?

Birgit H.: Man hat ziemlich hohe Fixkosten, allein durch die ganzen Versicherungen. Und dann bin ich der eBay-Junkie in unserer Familie. Einkauf, Verkauf, da läuft viel übers Internet. Bei Klamotten kaufe ich zum Beispiel oft Markensachen, weil die Qualität besser ist und ich damit weiß, dass die Sachen von allen drei Kindern getragen werden können oder ich sie wieder über eBay, fast zum gleichen Preis, losbekomme. Wobei, wenn es ein gutes Angebot gibt, kaufe ich auch mal die Jeans bei Aldi.

Bei Lebensmitteln würde ich sagen, das ist so eine Mischkalkulation: Wir kaufen viel bei Aldi, gehen dann aber auch zur Käsetheke, einmal die Woche auf den Markt und kaufen Bio-Sachen. Alles bei Real zu holen, das würde mich tödlich langweilen. Und gesundes Essen ist uns wichtig, daher kaufen wir in der Regel auch keine Fertigprodukte.

Andreas Z.: Ich glaube, unser Geld fließt hauptsächlich in Verbrauchsgüter. Wenn man bedenkt, was wir immer an Lebensmitteln kaufen ... (rollt die Augen und lacht). Da ist meine Frau einfach klasse. Sie organisiert und managt, da hat sie unglaubliches Talent. Sie kauft auch die Autos, weil ich mich tödlich über PS- und Verbrauchszahlen langweile.

(Birgit H. steht auf, holt das fertige Brot aus dem Ofen und schiebt den zweiten Laib hinein.)

Was halten Sie eigentlich von den Familienbildern, die von der Werbung heutzutage entworfen werden?

Birgit H (steht noch am Ofen und dreht sich um): Die Rama-Familie! Das ist das Bild in der Werbung, viel zu glatt, Patchwork kommt nicht vor. Oder das Bild wird idealisiert: Mama sitzt mit schaukelndem Baby am Laptop. Wenn die Frau in der Werbung arbeitet, dann wird es gleich wieder verniedlicht.

Andreas Z.: Der Klassiker ist doch: Mama ist guter Laune im Haus, Papa ist draußen beim großen Auto, und dann ruft sie am besten noch »Miracoli ist fertig!« Und sonntags ist alles wunderbar – im Eigenheim (lacht). Die Familien in der Werbung sind viel zu ausgeruht. Das ist nicht so. Das tägliche operative Geschäft: Das ist nicht witzig, und das ist auch nicht belebend oder inspirierend – wenn du etwa zum tausendsten Mal mit deinen Kindern ums Schuheanziehen kämpfst, das langweilt und ist mühsam. Was die Werbung zeigt, das kann man vielleicht noch den Erstgebährenden erzählen (lacht). Der Punkt ist, dass Familie für uns etwas ganz anderes ausmacht. Das platte Bild der Wohlstandsfamilie mit den klassischen Wohlstandsattributen, die so selbstverständlich gezeigt werden: schönes neues Haus, neue Möbel, saubere Kleidung, alle sind frisiert, es ist sonnig – man befindet sich auf der Sonnenseite des Lebens. Das ist für uns nicht Familie.

Was unterscheidet Sie denn von den Familien in der Werbung?

Andreas Z.: Das mit der Wohlstandsfamilie ist schön und gut. Aber wehe, wenn es zwischen den Partnern nicht stimmt. Man kann diesem Konflikt dann nicht mehr aus dem Weg gehen. Das haben wir zur Genüge in unserem Bekanntenkreis beobachten können. Wir mussten uns von Anfang an mit essenziellen Dingen auseinandersetzen. Als ich mich anfangs mit Birgit getroffen habe, meinte mein Sohn so misstrauisch: »Muss die Biggi jetzt immer kommen?« Er hat diese neue Beziehung am Anfang nicht akzeptiert. Und gleichzeitig will deine Partnerin natürlich auch, dass du dich zu ihr bekennst. In dieser Phase ist mir dann so dezidiert klar geworden, dass, egal was passiert, ich den Josh nie aufgeben werde. Das ist, glaube ich, ein Konflikt, der in so Netzwerk-Familien immer existiert: Du wirst in die Situation gebracht, dass du mit jemandem zusammenlebst, den du sonst nie kennen gelernt hättest.

Birgit H: Es gab auch mal die Diskussion, bei der ich das Bedürfnis geäußert habe, dass ich mehr Zeit ohne Josh brauche. Da wusste ich gleich, dass ich mich mit diesem Wunsch in einen Fettnapf setzen werde. Aber auf der anderen Seite wird mein Bedürfnis auch akzeptiert, auch wenn es den anderen manchmal nicht schmeckt. Das haben wir auch erst gelernt. Früher hätten wir das nicht so einfach machen können, aber heute setzen wir uns einfach zu dritt hin und diskutieren das aus.

Haben Sie öfter solche Probleme? Wie gehen Sie damit sonst um?

Birgit H: Man darf seinen Partner nicht für sich alleine beanspruchen. Ich denke, diese Einstellung ist für jede Familie sinnvoll. Bei uns kommt hinzu, dass man durch die vielen verschiedenen Mitglieder unseres Familiennetzwerkes eben immer im Dreieck denken muss. Man muss bereit sein, Zugeständnisse zu machen, flexibel sein und eine Menge Feingefühl mitbringen.

Andreas Z: Wir haben so eine erarbeitete Gewissheit und Kompetenzen und Methoden, die uns helfen, die Familie zusammenzuhalten. Wir haben eine kommunikative, eine empathische Grundlage, die es uns erlaubt, mit Konflikten umzugehen. Wir leben auf der einen Seite in einem befreiten Zeitalter. Das bedeutet aber auch, dass erhöhter Bedarf an Vertrauen und Verantwortung entsteht. Klar, jeder kann jeden Tag tolle neue Leute kennen lernen: Aber muss ich dafür gleich die Beziehung aufs Spiel setzen? Männer konnten vor 50 Jahren machen, was sie wollten. Und die Frau musste das erdulden. Heute geht es nicht mehr so sehr um den bloßen Ehebund, sondern um die ständige emotionale Auseinandersetzung mit der Beziehung. Und das ist auch gut so, gerade für uns Männer, wir müssen noch viel stärker psychologisch an uns arbeiten. Ich bin diesbezüglich Kulturoptimist und würde sagen, dass alles immer besser wird. Natürlich gibt es Probleme für Familien. Aber die Psychoanalyse ist jetzt 100 Jahre alt – dadurch hat man Zugänge, die die Dinge einfacher machen.

Sie haben Psychoanalyse angesprochen. Spielt die auch in Ihrem eigenen Leben eine Rolle?

Andreas Z: Ja, wir stehen beide im Austausch mit einer Therapeutin. Wir sind unabhängig voneinander dazu gekommen. Mich hatte meine erste Frau schon vor der Heirat darauf gebracht, und nach der Trennung war das wunderbar: Da konnte ich alles gleich aufarbeiten. Ich war zuerst acht Jahre in Kontakt mit einer Therapeutin und bin jetzt bei einer analytischen Psychologin. Dort treffe ich mich ungefähr alle zwei Monate mit einer Männergruppe, so werden auch die klassischen Männerthemen behandelt.

Birgit H: Bei mir ging das los, nachdem meine Mutter gestorben war. Ich hatte mir Hilfe bei einem Mediziner mit psychotherapeutischer Ausbildung geholt. Da war ich etwa 25 Jahre. Erst durch Andreas kam ich wieder auf das Thema Therapie, und mittlerweile habe ich immer einen heißen Draht zu unserer Therapeutin: Immer wenn ich sie brauche, rufe ich sie an, spreche ein bis zwei Stunden mit ihr, und ich fühle mich danach wieder besser. Dadurch, dass sie uns beide so gut kennt, kann sie das alles anders einschätzen. Sie ist inzwischen ein wichtiger Bestandteil unseres Familiennetzwerks geworden.

Das ist wirklich eine interessante Familienkonstellation. Wen zählen Sie denn noch alles zu Ihrem Familiennetzwerk?

Andreas Z: Das Netzwerk beginnt bei der Mutter von Josh, er ist ja auch häufig bei ihr. Er hat sogar mal drei Jahre bei ihr gewohnt. Bis er wieder zu uns gezogen ist, weil er das Gefühl hatte, dass bei uns gerade mehr los ist. Josh hatte sein Zimmer bei uns ja behalten, insofern war das kein Problem.

Wie ist das Verhältnis zu Joshs Mutter und zu anderen Netzwerkmitgliedern?

Birgit H.: Sehr freundschaftlich. Man muss ja viel abstimmen. Oft treffen sich mein Mann, sie und Josh auch zu dritt. Ich habe auch ein freundschaftliches Verhältnis zu ihr, auch wenn wir uns jetzt nicht täglich zum Kaffee verabreden würden. Sie hat mich beispielsweise kürzlich um PR-Unterstützung gebeten. Da helfe ich dann auch aus.

Es gibt aber auch noch andere Kontakte: Wir haben da einen sehr wertvollen Freundeskreis. Das beginnt bei meinen Studienfreundinnen, mit denen ich im Kontakt bin und mich einmal im Jahr treffe. Die stellen so das entfernte Netzwerk dar. Dann gibt es aber auch Menschen, die ich über den

Beruf als Kunden kennen gelernt habe. Die sind jetzt teilweise Freunde von mir. Oder Leute, die wir erst über die Kinder getroffen haben. Mit denen fahren wir in den Urlaub, da sind dann auch viele Kinder mit dabei, und man hilft sich gegenseitig bei der Betreuung.

Andreas Z.: Ja, es gibt eine ganze Reihe von Freunden, die ständig da sind und auch Kinder haben und mit denen man sich über Probleme austauscht. Meine Frau hält dieses Netzwerk so am Laufen. Sie ist da unglaublich. Ich glaube, das ist oft so bei Beziehungen, dass die Frauen das managen.

Wir fahren auch gerne mal übers Wochenende zu Freunden. Oft mit Kindern, manchmal aber auch ohne. In den Fällen passt dann die Tagesmutter auf die Kleinen auf. Wir haben auch schon mal überlegt, uns das zu leisten, sie mit in den Urlaub zu nehmen. Das wäre natürlich klasse. Sie ist ohnehin schon wie ein Mitglied der Familie.

Welche Rolle spielen Großeltern? Sind die auch Teil des Networkings?

Andreas Z: Meine Eltern wohnen in Bad Homburg. Die gehören ganz klar mit zur Familie – zum Netzwerk, wenn Sie so wollen. Meine Mutter ist regelmäßig hier und betreut dann auch die Kinder. Dadurch haben wir auch mal die Möglichkeit auszugehen. Das ist für mich sehr, sehr wichtig. So habe ich immer das gute Gefühl: Die Kinder sind bei der Oma und werden nicht bloß betreut.

Stoßen Sie mit Ihrer Wohnung nicht langsam an räumliche Grenzen? Wie haben Sie sich da arrangiert?

Birgit H: Wir sind hier anfangs mit einem Kind eingezogen. Inzwischen sind es vier. Klar stoßen wir langsam an Grenzen. Wir haben immer viel getauscht. Anfangs war unser Schlafzimmer mal im größten Zimmer, weil da noch ein Kind bei uns mit drin war.

Andreas Z: Wir waren auch nie so die Einbauschranktypen – mit Eichenmöbeln im Wohnzimmer und die bleiben dann 20 Jahre. Wir haben eher so kleine Sachen, mit denen man viel selbst gestalten kann und die man verschieben kann. Wir können es nicht haben, wenn etwas zu statisch ist. Lediglich in der Küche bleiben die Dinge länger an ihrem Ort. Aber auch da haben wir viel gerückt und umgestellt. Wir langweilen uns eben schnell, wenn es immer gleich aussieht.

Birgit H: Also, wir haben schon sehr, sehr flexibel wohnen können. Jetzt haben die drei Kleinen das größte Zimmer zu dritt. Aber die Kinder werden immer größer, und das geht jetzt nicht mehr. Deshalb ziehen wir bald nach Friedberg auf eine Mühle. Unsere Freunde sind schon dort. Jetzt wurde noch eine alte Scheune ausgebaut, da bekommen wir eine eigene Wohnung, die eigentlich eher wie ein Haus im Haus ist – mit 220 qm. Wir kennen fast alle Leute auf der Mühle, das sind ungefähr 50 Personen. Alles ist ein wenig wie in einer Kommune aufgezogen: Da wohnen Alt-68er, Künstler, Antikhändler und ganz normale Banker. Die Altersspanne geht von null bis 70 Jahre. Das ist eine ganz besondere Gemeinschaft. Das Netz wird dort noch enger geknüpft sein. Es werden neue Bekanntschaften dazukommen.

Was mich so reizt, ist, dass man den Austausch so nahe hat – wenn man will. Wenn wir Lust haben, in die Community einzutauchen, dann kann man sich abends ein Bier schnappen und sich dazu setzen. Man kann aber auch für sich sein, wenn man will. Und die Kinder bewegen sich wie auf Bullerbü aufm Hof oder aufm Feld. Das find ich spannend, dass man gemeinsame Aktivitäten macht und sich gegenseitig unterstützt.

(Nun ist auch das zweite Brot fertig und Frau H. holt es aus dem Ofen.)

Die Wünsche und Bedürfnisse der Netzwerk-Familien

Multi-Channeling, 24 Stunden pro Tag: Netzwerk-Familien nutzen grundsätzlich alle Vertriebskanäle, die ihnen zur Verfügung gestellt werden. Ständig muss organisiert werden, Zeit ist eine edle Ressource, die im Netzwerk in der Regel extrem verplant ist. Da sind Käufe im Internet ein ideales Instrument, um zeitsparend bestimmte Dinge anzuschaffen. Netzwerk-Familien sind klassische Smart-Shopper: Der Preis ist genauso wichtig wie die hohe Qualität bei bestimmten Produkten. Ein Trend wie Smart Basic (preisgünstig und Premiumqualität) ist für Netzwerk-Familien natürlich eine neue und verlockende Option.

Produkte sind gut, wenn sie Infrastrukturen optimieren helfen: Netzwerk-Familien investieren darüber hinaus gerne in die Optimierung von Infrastrukturen. Alles, was praktisch ist und reibungslos funktioniert, steht deshalb hoch im Kurs. Das reicht grundsätzlich vom Dosenöffner bis zum Familienwagen. Konsumenten aus Netzwerk-Familien wählen deshalb die Produkte bevorzugt danach aus, wie sie das Alltagsleben vereinfachen. Gerade im Wohnbereich ist das wichtig: Häuser müssen die Möglichkeit bieten, je nach aktueller Familiensituation modular vergrößert oder verkleinert zu werden beziehungsweise sie in abtrennbare Wohneinheiten aufzuteilen. Möbel und Interieur müssen sich der Lebenssituation anpassen können, leicht verschiebbar sein, auf Rollen gelagert oder einfach wegzupacken sein.

Produkte müssen robust und belastbar sein wie das eigene Nervenkostüm: In Netzwerk-Familien herrscht gesunder Pragmatismus – das bezieht sich sowohl auf die Haltung gegenüber ungewöhnlichen, aber funktionalen Beziehungskonstellationen wie auf die Einstellung zu Konsumangeboten. Gut ist, was gut funktioniert. Es geht um alltagstaugliche Lösungen, die am besten eine große Multifunktionalität und Robustheit aufweisen. Kleider und Spielsachen, die sich zwischen den Kindern »vererben« lassen, genießen in den Netzwerk-Familien Kultstatus und bleiben bei allen Familienmitgliedern lange in guter Erinnerung.

Wie sich Trend-Pioniere auf die Netzwerk-Familien einstellen

Kinder allein on Tour: Der Nachwuchs möchte gerne die Oma in Köln besuchen, doch die lange Strecke mit dem Auto zu fahren, um ihn dort abzusetzen, lohnt nicht. Auch hat keiner Zeit, den Sprössling zu begleiten – und ganz allein mit dem Zug, dafür ist das Kind einfach noch zu klein. Für solche Situationen hat die Deutsche Bahn sich einen ganz besonderen Service einfallen lassen: Kids on Tour heißt die Dienstleistung, die allein reisende Kinder sicher ans Ziel bringt. Für eine Pauschale zwischen 25 und 35 Euro, je nachdem, ob die Umsteigemöglichkeit genutzt wird, können Eltern ihren Nachwuchs im Alter von sechs bis 15 Jahren beruhigt allein reisen lassen. Die Kids werden nicht nur die gesamte Zeit in einem separaten Abteil betreut, sondern haben hier auch die Möglichkeit zu spielen. Da dieser Service gerade auch für getrennt lebende Eltern ideal ist, werden die »Kids on Tour«-Verbindungen am Nachmittag nach der Schule angeboten (www.bahn.de).

Caring Companies: Angefangen hat es 1991, als Gisela Erler von BMW beauftragt wurde, ein auf die Bedürfnisse des Personals abgestelltes Programm zur Kinderbetreuung zu erstellen. Heute hat der Familienservice 120 Mitarbeiter und betreut 10000 Kunden pro Jahr. Der Familienservice vermittelt nicht nur Kinderbetreuung, sondern berät zum Beispiel auch im Privat- und Berufsleben, erstellt Studien und hilft bei der Altersbetreuung (www.familienservice.de).

Häuser, die mitwachsen: Der »Perrinepod« ist ein mobiler Wohnraum, den das australische Architektenbüro Perrine entworfen hat. Der futuristisch anmutende Wohn-Pod bildet eine eigenständige und unabhängige Wohneinheit inklusive Küche und Bad. In kleinster Ausführung (48 Quadratmeter, 8 mal 6 Meter) kostet die exklusive Behausung 99 000 US-Dollar, für drei Schlafräume und 96 Quadratmeter (8 mal 12 Meter) muss mehr als das Doppelte hingelegt werden. Das Besondere an Perrinepod ist das Plug-and-play-Prinzip (wie beim iPod): Steht Nachwuchs an? Soll die Schwiegermutter mit einziehen? Oder ein Home-Office-Platz eingerichtet werden? Kein Problem für Perrinepod-Bewohner. Der Pod kann einfach erweitert werden und ist sogar bis zu 30 Etagen stapelbar (http://pod.perrine.com.au).

Prognose 2020

Schon jetzt verabschieden sich viele Familien vom traditionellen Familienmodell. Auch nimmt die Zahl der sogenannten alternativen Familienmodelle stetig zu. Das Prinzip der Netzwerk-Familien wird in Zukunft mehr und mehr die klassische Vater-Mutter-Kind-Trias ablösen und zu einem Standardmodell familiären Zusammenlebens werden. Der Lebensstil der Netzwerk-Familie wird im Jahr 2020 in 4,2 Millionen Haushalten gelebt werden.

Tiger-Ladys – Selbstbewusste Frauen um die 40 erobern die öffentlichen Räume in Politik, Wirtschaft und Kultur

»Glück ist für mich die harmonische Einheit im Viereck Kind-Liebe-Arbeit-mein Selbst. In diesem Viereck muss Bewegung und Fluss herrschen.«
Lucia B., Tiger-Lady

Tiger-Ladys reagieren direkt auf die Fallstricke, über die ihre Mütter gestolpert sind: Sie bleiben reaktionsschnell und angriffslustig, auch wenn eine

Beziehung in die Brüche geht oder die Karriere abstürzt. Tiger-Ladys haben ein großes Ziel vor Augen: Selbstständigkeit und Selbstverwirklichung. Sie dringen in männliche Reservate vor: in den Medien, an den Universitäten, in der Politik und in den Führungsetagen der Unternehmen. Dabei geht es ihnen nicht um die Durchsetzung egoistischer Interessen, sie sind keine Egozentrikerinnen und möchten auch nicht die feminine Ausgabe eines männlichen Turbokarrieristen sein. Familie, Kinder und ein erfüllendes Beziehungsleben sind ihnen mindestens genauso wichtig. Tiger-Ladys, das sind die Frauen von morgen, die über die Bewerbungsrhetorik à la »Frauen und Behinderte werden bevorzugt eingestellt« nur noch lachen können. Sie stellen selbst ein. Unternehmerinnen in eigener Sache, erfahrene Genusskonsumentinnen, ein anspruchsvoller Lebensstil mit Zukunftspotenzial.

Abbildung 27: Tiger-Ladys 2007

Quelle: Statistisches Bundesamt, Focus MediaLine CN 12.0, Schätzung: Zukunftsinstitut

Tiger-Ladys brauchen keinen Gleichstellungsbeauftragten

In Deutschland nimmt die Anzahl der Frauen über 40 stetig zu. Laut Statistischem Bundesamt gab es Ende 2005 insgesamt 23 561 432 Millionen Frauen in Deutschland, die ihren 40. Geburtstag bereits gefeiert haben. Damit sind sie den 40plus-Männern zahlenmäßig um 2570733 Millionen überlegen. In der Gruppe der 40- bis 55-Jährigen überwiegt zwar noch leicht der Anteil der Männer (plus 285530), doch die 9,4 Millionen Frauen, die ihnen gegenüberstehen, sind eine wachsende und interessante Zielgruppe mit vielseitigen Bedürfnissen, der in Zukunft mehr Beachtung geschenkt werden muss. Rund 2,8 Millionen von ihnen bezeichnen wir als Tiger-Ladys.

Eine Frau über 35 läuft eher Gefahr, von einem Tiger gefressen zu werden, als einen Mann zu finden, so lautete 1989 der Titel des Romans von Serena Gray. Zu dieser Zeit fügten sich Frauen zwischen 40 und 50 eher in ihr Schicksal, wenn sie nach einer meist anstrengenden und aufreibenden Familienphase plötzlich verlassen wurden, weil ihre Männer eine neue (jüngere) Frau fanden, wenn sie auf einmal ihrer familiären Funktionen entledigt wurden oder sie trotz allen Bemühens keinen Einstieg mehr in den Beruf fanden. Wer dann Glück hatte, hatte wenigstens noch einen Partner zu versorgen, der die plötzlich übertriebene Fürsorge der Frau jedoch nicht unbedingt zu schätzen wusste. Frauen rund um die Menopause stürmten die Volkshochschulen und klöppelten endlos für wohltätige Basare aller Art. Für besonders engagierte Frauen begann die »Zweite Sozialphase« – sie brachten sich in unbezahlte soziale Jobs ein, vom Kuchenbacken für Sportfeste bis zum Vorsingen im Altenpflegeheim. Loriot zeichnete dazu das wunderbare Bild der Jodeldiplomandin (»Da hat man was in der Hand, wenn die Kinder aus dem Haus sind«).

Doch längst ist »über 40« kein Manko mehr, das Frauen als Auslaufmodell mit regelmäßigem Mammografie-Screening stigmatisiert: Die Tiger-Ladys haben sich von ihrem Alter emanzipiert und ein bis dato unbekanntes neues Selbstbewusstsein entwickelt. Der Unterschied zwischen Tiger-Ladys und den 50-jährigen Frauen der alten Generation: Tiger-Ladys haben gelernt, laut und deutlich nein zu sagen! Aber auch ja!

Neue Rollenmuster und Partnerschaftsformen: Für Tiger-Ladys geht das Leben mit 40 erst richtig los

Heute wird dieser Lebensabschnitt plötzlich zu einem Fenster mit neuen Aussichten. Frauen nach 40 sind ungleich gebildeter, finanziell unabhängiger, erotisch erfahrener. Sie sind die »erste Generation von freien Frauen« (Polizeikommissarin Moreno in den Kriminalromanen von Hakan Nesser).

Wenn der Ehemann nicht mehr von selbst mit einer jüngeren Frau durchbrennt, helfen Frauen in diesem Alter immer häufiger mit einer Scheidung nach, um ihre Unabhängigkeit zu erreichen. Und das tun sie leichten Herzens, da sie sich längst ein eigenes Konto angeschafft haben und deshalb auch finanziell unabhängig sind. Die Zahl der Ehescheidungen von Frauen über 40 hat sich allein in den letzten zehn Jahren verdoppelt. Verabschiedeten sich im Jahr 1994 noch 50 000 Frauen von ihren Männern, so waren es im Jahr 2004 bereits 100 000.

Die couragierten Frauen haben in Deutschland ganz offensichtlich Tradition. Im Leben der Tiger-Lady Lucia B. führt eine gerade Linie von ihrer eigenen Mutter in der Nachkriegszeit zu ihren Töchtern in der Zukunft des 21. Jahrhunderts: »Meine Mutter hat uns zur Selbstständigkeit erzogen, und so leite ich auch meine Kinder dazu an, eigenständig zu handeln. Es gibt da ein Bild, das ich nie vergessen werde: Meine Tochter mit drei Jahren beim »Mama-Spielen«. In der rechten Hand trug sie eine Puppentragetasche und in der linken meine Aktentasche. Das fand ich einfach genial, das hat meine Doppelrolle versinnbildlicht.«

Aber was folgt nach der Scheidung oder Trennung vom bedürftigen Altmann? Allzu rosig sind die Aussichten für eine neue Partnerschaft nicht. Die Partnervermittlungsagenturen vermelden in diesem Alter eher eine »Vermittlungslücke«: Männer zwischen 50 und 70 können, wenn sie nur halbwegs ansehnlich, gesund und wohlhabend sind, unter Tausenden von Partnerinnenangeboten auswählen. Den Tiger-Ladys bleiben hingegen kaum Alternativen, jedenfalls nicht, wenn sie nicht in die »Versorgungsfalle« geraten wollen, in die ältere Männer sie gerne hineinziehen wollen. Auch das Modell »jugendlicher Liebhaber« eignet sich nicht für alle Lebenslagen. Obwohl der *Stern* feststellte: Drei Partnerschaftsmodelle für die Frau nach 40 werden heute in zahlreichen Fernsehserien, Spielfilmen und Romanen immer wieder verbreitet (TV-Kommissarinnen aller Art, von Lena Odenthal bis Rosa Roth, waren die Avantgarde). Alle sind Varianten der Distanzbeziehung:

Double-Singles. Man kennt sich, liebt sich, ist sich fast immer treu, lebt aber nicht zusammen. Mit dem Mann, fast immer ein Intellektueller, verbindet die Frau auch eine tiefe Geistesverwandtschaft (eine Freundschaft wie sie mit der besten Freundin). Wichtig sind Genusskultur, kulinarischer Sex und Gespräche. Nicht wichtig beziehungsweise streng zu vermeiden ist: den gemeinsamen Haushalt führen. In dieser Beziehung können auch Kinder vorangegangener Partnerschaften vorkommen und integriert werden.

Co-Living. Man lebt zusammen, ist aber extrem viel unterwegs, in anderen Ländern, Wohnungen und Universen. Der Haushalt wird durch fleißige Geister erledigt oder auf ein absolutes Minimum reduziert.

Polygamous-Units. Sie lebt mit ihrem besten, platonischen Freund in einer WG-ähnlichen Situation, mit ihm teilt sie alles – außer dem Bett. Für erotische Abenteuer gibt es einen externen Lover (oder auch verschiedene), der einzig und allein für das Liebesleben da ist. »Frauen in den 40ern stellen immer häufiger fest, dass jüngere Männer viel besser zu ihnen passen als ältere oder gleichaltrige. Jede zweite Frau in Deutschland um die 40 geht mit einem jüngeren Mann zum Standesamt«.[11]

Tiger-Ladys wollen Mutter sein und maximale Freiheit genießen

Eine weitere Möglichkeit gibt es auch noch: späte Mutterschaft. Schwangerschaften jenseits der 35 steigen stark an, wobei immer mehr Mütter jenseits der 40 ihr erstes Kind bekommen (der europäische Rekord liegt derzeit bei 66 Jahren). Dies ist oft eine Herausforderung zu Super-Ladytum: beruflich voll »weiterbrennen« und trotzdem Mutter sein. Männer neuen Typs übernehmen hier oft die Hausmann- und Babysitter-Funktion, wenn die Frauen, wie etwa in kreativen Berufen, besser verdienen als sie selbst.

Die Tiger-Ladys pflegen eine Kultur des aufgeklärten Materialismus. Status ist weniger wichtig, aber materielle Sicherheit und Autonomie machen das Leben einer Tiger-Lady eigentlich erst möglich. Damit bewegen sich die Tiger-Ladys weit weg von den Rollenvorgaben der bürgerlichen Normalfamilie (weiblich, abhängig, häuslich, versorgt). Anti-Bürgerlichkeit wird von den Tiger-Ladys neu interpretiert. Nicht als Ablehnung anderer Lebensformen, sondern als Streben nach maximaler Freiheit und Selbstentfaltung, ohne dabei egoistisch und verantwortungslos zu handeln. Lucia B., 41 Jahre, ist eine solche Tiger-Lady. Sie sagt: »Unabhängigkeit ist für mein Leben von zentraler Bedeutung. Unabhängigkeit heißt für mich, frei entscheiden zu können. Der Moment, in dem ich mir frei aussuche, was ich tun will, das ist für mich Freiheit. Die Voraussetzung für diese Entscheidungsfreiheit ist die materielle Unabhängigkeit – das ist klar! Ohne materielle Unabhängigkeit geht gar nichts, das muss man sich bewusst machen.«

Knapp 6,6 Millionen Frauen im Alter zwischen 40 und 49 Jahren gibt es derzeit in Deutschland, und die meisten von ihnen haben ein bewegtes Leben hinter sich. Sie haben den Siegeszug der Computertechnologie erlebt, sie haben politische Krisen erlebt, sie sind auf die Straße gegangen, haben Kinder bekommen, aber auch viele Kinder nicht bekommen. Sie haben weniger geheiratet als ihre Mütter, sie leben mit ihren Freundinnen zusammen, sie haben Spaß beim Sex – und mehr und mehr sprechen sie auch darüber. Sie haben in der Kneipe gejobbt und gleichzeitig Karriere gemacht. Sie spüren, dass sie an einem Wendepunkt sind. Und es an der Zeit ist, den zweiten Akt des Lebens kreativ zu gestalten.

Die Tiger-Ladys sind einfach zu autonom, um sich an Konventionen festzuhalten. Die bürgerliche Ehe ist eine Beziehungsform auf Zeit. Wenn die Beziehung nicht mehr funktioniert, muss die gesamte Situation überdacht werden. Allerdings zum (relativen) Wohl der Kinder. Ehe wird für viele immer mehr zur Durchgangsstation. Jedoch ist die Verantwortung gegenüber den Kindern ein zentraler Punkt. Lucia B. beispielsweise hat versucht, das Ende der ehelichen Beziehung und die Zukunft der Kinder getrennt zu managen: »Ich hatte nie eine konservativ-bürgerliche Vorstellung von Familie. Als es dann zwischen mir und meinem Mann nicht mehr so gut lief, haben wir zum Wohle der Kinder noch eine Weile zusammengelebt und dann ganz pragmatisch den Zeitpunkt abgepasst, zu dem wir uns in beiderseitigem Einvernehmen trennen konnten – ohne das nachhaltig auf Kosten der Kinder tun zu müssen. Und auch jetzt kommen wir noch sehr gut miteinander aus.«

Job und Karriere: Tiger-Ladys sind schon längst die besseren und erfolgreicheren Unternehmensgründer

Trotz aller Schwierigkeiten gilt für Frauen: Wenn sie sich selbstständig machen, sind sie im Schnitt dabei erfolgreicher als Männer. Der Anteil der Frauen, die mit ihren Unternehmungen scheitern und deshalb die öffentlichen Fördergelder dann nicht mehr zurückzahlen können, ist deutlich kleiner als der entsprechende Anteil bei den Männern. Nach Einschätzung der Deutschen Ausgleichsbank gehen Gründerinnen ihr Gründungsvorhaben sehr viel realistischer an – und vermeiden zu große Risiken. Laut einer Untersuchung des dänischen Sønderjyllands Erhvervscenter machen sich nicht nur mehr Frauen als Männer über 40 Jahren selbstständig, sondern auch mit anderen Motiven. Während dem vermeintlich starken Geschlecht gute Bilanzen und viele Mitarbeiter wichtig sind, fühlen sich die neuen Business-Frauen dann erfolgreich, wenn sie sich in ihrem Geschäftsfeld wohl fühlen, etwas dazulernen und neue Menschen kennen lernen.

> »Die Frauen haben sich entwickelt in den letzten Jahren. Sie stehen nicht mehr zufrieden am Herd, waschen Wäsche und passen aufs Kind auf. Männer müssen das akzeptieren.«
>
> *Lothar Matthäus, ehemaliger Fußballstar*

Die Anzahl der Frauen, die sich selbstständig machen, steigt ständig. Zwar sind absolut betrachtet immer noch viel mehr Männer unternehmerisch aktiv, aber der Anteil an Gründerinnen nimmt deutlich zu. Seit 1991 ist die Zahl selbstständiger Frauen um 286 000 auf über 1 Million gestiegen. Und innerhalb nur eines Jahres zwischen 2002 und 2003 erhöhte sich der Bestand an Frauenunternehmen nochmals sprunghaft um 40 000. So konnte die Anzahl an selbstständigen Frauen seit 1991 um 37 Prozent steigen, die der Männer dagegen nur um 19 Prozent.

Abbildung 28: Tiger-Ladys: Oft unternehmerische Quereinsteiger
Nebenerwerbsgründungen in Prozent aller Gründer bzw. Gründerinnen

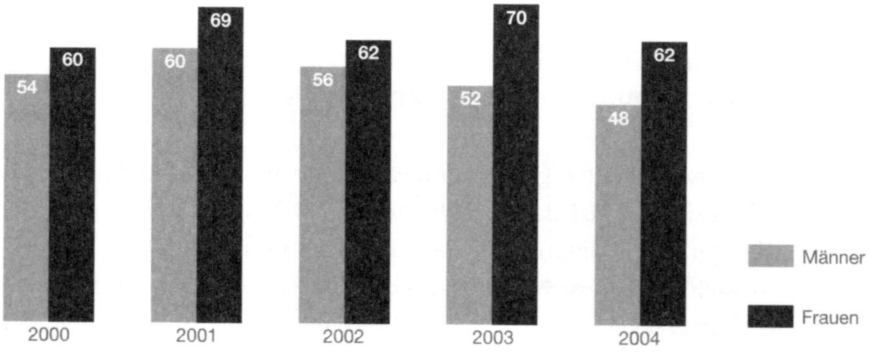

Quelle: KfW-Gründungsmonior, 2005

Auch für unsere Gesprächspartnerin Lucia B. ist die unternehmerische Selbstständigkeit ein zentrales Moment für die eigene Identität. Arbeit und Leben rücken bei den Tiger-Ladys (zwangsläufig) enger zusammen: »Für mich gibt es eigentlich keine Trennung zwischen Job und Familie. Diese Einstellung verdanke ich auch den Aufgaben, die ich im Beruf so zu erledigen habe. Die sind allesamt sehr spannend, mit viel Denkarbeit verbunden – ich mache Konzepte, schreibe Texte, und das sind wiederum Dinge, die ich im Kopf mit nach Hause nehmen kann.«

Kreative Arbeit muss häufig mit Erziehung in Einklang gebracht werden. Aus Arbeitsplatz und Privatleben entsteht eine Lebensform des Sowohl-als-auch: Home Office, das Zuhause als ein hybrider Kristallisationspunkt zwischen Kind und Karriere, Arbeit und Cocooning. Lucia B. erklärt: »Ich habe da auch schon eine Vision, deren Verwirklichung für die nächsten zwei Jahre fest eingeplant ist: wohnen und arbeiten unter einem Dach. Das ist ein Modell, das ich schon lange mit mir herumtrage und das sich mein neuer Lebenspartner zum Glück auch vorstellen kann. Ich möchte einfach näher bei den Kindern sein, wenn sie in das Heranwachsendenalter kommen, das heißt, ich möchte dann die Agentur im selben Haus haben, in dem ich auch lebe.«

50 Prozent der Existenzgründungen im Sektor Kreativwirtschaft sind weiblich.

Bundeswirtschaftsministerium, 26.01.2007

Einige erfolgreiche weibliche Geschäftsideen seien hier erwähnt:

Christiane Otto hat am wachsenden Unterstützungs- und Hilfebedarf der eigenen Eltern erlebt, wie schwierig es ist, als fürsorgende Angehörige den parallelen Anforderungen von Familie und Beruf gerecht zu werden. Auf Basis dieser eigenen Erfahrungen entstand ein Dienstleistungsunternehmen, das fehlende familiäre Netze und Versorgungstraditionen ersetzen kann. Mit ihrer Impuls-Werkstatt Privatberatung bietet sie seit Frühjahr 2004 »Care Coaching« für Einzelpersonen, Angehörige und Familien.

Die Idee, einen Fahrtendienst speziell von Frauen für Frauen anzubieten, kam Anne Weiß, als sie von Frauen immer wieder darauf angesprochen wurde, wie angenehm es für sie sei, ebenfalls von einer Frau gefahren zu werden, da sie sich viel sicherer fühlten. Neben ihrer hauptberuflichen Tätigkeit als Großhandelskauffrau in den unterschiedlichsten Positionen und Aufgabengebieten konnte sie auf eine langjährige Erfahrung in der Personenbeförderung zurückgreifen. Durch viele Fortbildungen und eine umfangreiche Analyse der Kundenwünsche konnte Anne Weiß das Geschäftsmodell mittlerweile zu einem vielseitigen Leistungsportfolio ausbauen (www.frauen-fahren-frauen.de).

Anne Koark gründete 1999 »Trust in Business« und baute seither gemeinsam mit einer Geschäftspartnerin in Deutschland ausländische Firmen auf. Nationale und internationale Medien berichteten über Anne Koark und ihr Unternehmen, das 2001 vom Online-Magazin *Breakeven.de* mit dem »Award für Existenzgründer« ausgezeichnet wurde. Trotz des Erfolgs musste die Unternehmerin im Frühjahr 2003 für ihre Einzelfirma Insolvenz anmelden, was für die Mutter zweier Kinder zugleich auch die private Insolvenz bedeutete. Anne Koark geht mit dieser Situation jedoch ganz offen und selbstbewusst um und ist der Überzeugung, dass die Insolvenz nicht das Ende, sondern der Anfang ist. In Beiträgen in Magazinen wie *Wallstreet-Online* oder *ChangeX* setzt sie sich dafür ein, Insolvenzen als Teil des Business zu begreifen, die mitunter nicht zu vermeiden sind, wofür man sich daher keineswegs schämen muss. Im Gegenteil: Anne Koark kämpft für die Entstigmatisierung des Scheiterns, denn sie sagt, dass es immer weitergeht. Die inzwischen gefragte Referentin zu den Themen Insolvenz, Wirtschaft und Ethik hat auch ein entsprechendes Buch veröffentlicht: *Insolvent und trotzdem erfolgreich* wurde monatelang auf der Wirtschaftsbestsellerliste des *manager magazins* geführt.

Antje Stickel, die ehemalige Geschäftsführerin des Deutschen Fachverlags, setzt auf Bewährtes: Rechtzeitig genug hat sie die Markenrechte an der orangefarben verpackten »Creme 21« gekauft, weil sie überzeugt war, dass die vor rund 20 Jahren in Deutschland eingestellte Marke einen sehr hohen Sympathiewert besitzt und auf eine ganz eigene Art das Lebensgefühl der 70er Jahre widerspiegelt. Und der Erfolg gibt ihr Recht.

Interview mit Tiger-Lady Lucia B.

Lucia B. (41) ist Unternehmerin. Sie leitet eine Agentur für Presse-, Öffentlichkeits- und PR-Arbeit in Mainz. Sie hat eine Tochter (10) und einen Sohn (8).

Zum Werdegang: Studium der Fächer Geschichte, Germanistik und Kunstgeschichte – mit Auslandsaufenthalten in Rom und New York. Mit Mitte 20 Redakteurin bei einem Fernsehsender, bei dem sie dann später als sendeverantwortliche Redakteurin im Bereich Kinder, Jugend und Familie, Innenpolitik und Gesundheit tätig war. Nach der Geburt ihres ersten Kindes war Lucia B. zunächst als freie Journalistin und Buchautorin tätig. Nach der Geburt ihres zweiten Kindes – vor nunmehr sieben Jahren – hat sie dann ihre eigene Firma gegründet.

Zum Gespräch setzen wir uns in ein Café im Mainzer Hauptbahnhof. Sie kommt gerade aus ihrer Agentur und bestellt sich erst einmal einen Latte Macchiato. Da klingelt ihr Handy. Es ist die Sekretärin der Schule ihres Sohnes. Der Kleine ist gestürzt. Nichts Schlimmes, aber er möchte gerne nach Hause. Sie entschuldigt sich bei mir für die Unterbrechung und ruft schnell die Kinderfrau an, die den Sohn schon mal abholen soll. Nach Beendigung des Interviews wird sie nach Hause fahren, um nach ihrem Filius zu sehen.

Frau B., life changes at 40? Können Sie dem zustimmen?

Das Leben ist besser denn je. Ich genieße es, nicht mehr ganz so grün hinter den Ohren zu sein, wie man so schön sagt. Mein 41. Lebensjahr war eines der wichtigsten in meinem Leben, denn mit 40 ist mir vieles klar geworden – so nach dem Motto: Wenn du bestimmte Dinge in deinem Leben noch anpacken willst, dann musst du sie jetzt anpacken! Man kann nicht mehr so verspielt herumexperimentieren, wie das noch mit 30 ging. Mit 40 erlebt man schon eine Zäsur. Man denkt nach: Was soll noch kommen? Was soll anders sein? Dann heißt es wieder: Ärmel hochkrempeln, entscheiden, machen! Bei mir hieß das konkret: Ich habe meine Firma umstrukturiert und durch die Trennung von meinem Mann auch privat einen neuen Fokus gesetzt. Das war sehr wichtig.

Welchen Stellenwert haben Unabhängigkeit und Verantwortung in Ihrem Leben?

Unabhängigkeit ist für mein Leben von zentraler Bedeutung. Unabhängigkeit heißt für mich, frei entscheiden zu können. Der Moment, in dem ich mir frei aussuche, was ich tun will, das ist für mich Freiheit. Die Voraussetzung für diese Entscheidungsfreiheit ist die materielle Unabhängigkeit – das ist klar! Ohne materielle Unabhängigkeit geht gar nichts, das muss man sich bewusst machen. Gleichzeitig definiere ich Freiheit aber auch so, dass sie nicht auf Kosten anderer gehen darf. Für mein Leben bedeutet das konkret: Wenn ich von meinem Mann getrennt lebe, dann nehme ich keinen Pfennig Unterstützung von ihm an. Das ist für mich selbstverständlich. Freiheit ist also auch verknüpft mit der Verantwortlichkeit für die eigene Person.

Was bedeutet Ihnen Ihre Karriere?

An einer Karriere als Selbstzweck liegt mir gar nichts. Ich bin nicht drauf aus, irgendeine imaginäre Hierarchieleiter hochzuklettern. Ich würde mich sogar als komplett »hierarchieungeeignet« bezeichnen. Auch in meinem Unternehmen kommt es mir nicht darauf an, den großen Reibach zu machen oder Unternehmerin des Jahres zu werden. Nein, das Essenzielle ist die finanzielle Unabhängigkeit, die ich mir dort erarbeite, und da denke ich dann ganz pragmatisch: Ich weiß genau, was ich im Monat brauche. Das muss ich erwirtschaften, und im Idealfall kann ich sogar noch was zur Seite legen.

Welche Vorstellung haben Sie von Familie?

Ich wollte schon immer eine Familie und habe mir immer gewünscht, als erstes eine Tochter zu kriegen, was dann ja auch geklappt hat. Und ich wollte zwei Kinder. Insofern lief alles wie »geplant«. Allerdings hatte ich mit Mitte 20 noch keine Vorstellung davon, was auf mich zukommt. Ich hatte nie eine konservativ-bürgerliche Vorstellung von Familie. Als es dann zwischen mir und meinem Mann nicht mehr so gut lief, haben wir zum Wohle der Kinder noch eine Weile zusammengelebt und dann ganz pragmatisch den Zeitpunkt abgepasst, zu dem wir uns in beiderseitigem Einvernehmen trennen konnten – ohne das (…) auf Kosten der Kinder tun zu müssen. Und auch jetzt kommen wir noch sehr gut miteinander aus.

Wie vereinbaren Sie Familie und Beruf?

Es ist klar, dass ich nicht wie andere Unternehmer 18 Stunden am Tag arbeiten kann. Ich bin um acht Uhr morgens in der Agentur. Wenn alles gut läuft, bin ich um 17 Uhr zu Hause. Gut, manchmal wird nachts noch gearbeitet. Aber eigentlich will ich täglich ab fünf die Zeit mit meinen Kindern verbringen. Das ist mir sehr wichtig, und ich muss deswegen bestimmte Dinge anders machen als andere Unternehmer. In meiner Agentur organisieren wir uns so: Wir sind alle Frauen, viele auch Mütter. Fast alle arbeiten Teilzeit, und so ist die Kinderbetreuung fest in unsere Arbeitsabläufe integriert. Und wenn ich um 17 Uhr meinen Arbeitsplatz verlasse, dann wissen meine Kunden, dass sie mich auf dem Handy erreichen können. Die kennen mich und meine Situation teilweise schon seit Jahren und unterstützen auch meine Art und Weise, Familie und Beruf unter einen Hut zu bekommen. Die Kunden kommen damit klar: Entweder haben sie selber Kinder, oder sie sind so alt, dass ihre Töchter in meinem Alter sind und es bei denen ja auch unterstützen. Oft werde ich gefragt, wie ich das alles hinkriege, und ich antworte dann: »Es funktioniert einfach, weil ich es mir so organisiere!«

Für mich gibt es eigentlich keine Trennung zwischen Job und Familie. Diese Einstellung verdanke ich auch den Aufgaben, die ich im Beruf so zu erledigen habe. Die sind allesamt sehr spannend, mit viel Denkarbeit verbunden – ich mache Konzepte, schreibe Texte, und das sind dann wiederum Dinge, die ich im Kopf mit nach Hause nehmen kann. Ich habe da auch schon eine Vision, deren Verwirklichung für die nächsten zwei Jahre fest eingeplant ist: wohnen und arbeiten unter einem Dach. Das ist ein Modell, das ich schon lange mit mir herumtrage und das sich mein neuer Lebenspartner zum Glück auch vorstellen kann. Ich möchte einfach näher bei den Kindern sein, wenn sie in das Heranwachsendenalter kommen, das heißt, ich möchte dann die Agentur im selben Haus haben, in dem ich auch lebe.

Wie organisieren Sie Ihren Haushalt?

Den Haushalt organisiere ich im Grunde wie ein kleines Unternehmen. Ich beschäftige zum einen eine Kinderfrau – eine richtige Perle, wie aus einem amerikanischen Spielfilm. Ich habe einen Bügelservice, ab und zu jemanden für den Garten, eine Putzfrau und für den absoluten Notfall zusätzliche Babysitter als Springer. Sie sehen, ich delegiere viel. Ich muss zugeben (lacht), ich habe in meinem neuen Haus noch nicht einmal selber geputzt. Die Zeit verbringe ich lieber mit meinen Kindern! All diese Dienstleistungen haben für mich ja den Vorteil, dass ich mich im Haushalt nicht mehr um viel kümmern muss, wenn ich von der Arbeit komme, und somit die Zeit wirklich für meine Kinder habe.

Mein Mann, von dem ich inzwischen getrennt lebe, spielt ebenfalls eine wichtige Rolle: Er springt immer ein, wenn ich auf Dienstreise bin. Außerdem sind die Kinder sowieso regelmäßig bei ihm. In dieser Zeit arbeite ich »doppelt« und bin dann an den anderen Tagen flexibler. Wir sind da sehr kooperativ und werfen uns die Bälle zu. Ich bin ihm dafür sehr dankbar.

Ich will Ihnen noch was erzählen, was ganz wichtig ist: Meine Mutter hatte fünf Kinder und war trotzdem immer berufstätig. Sie hat das alles gemeistert, Familie und Beruf, und wenn man mit einem solchen Modell aufwächst, da bekommen Sie das sozusagen schon mit der Muttermilch übertragen. Meine Mutter hat uns zur Selbstständigkeit erzogen, und so leite ich meine Kinder dazu an, eigenständig zu handeln. Es gibt da ein Bild, das ich nie vergessen werde: Meine Tochter mit drei Jahren beim »Mama-Spielen«. In der rechten Hand trug sie eine Puppentragetasche und in der linken meine Aktentasche. Das fand ich einfach genial, das hat meine Doppelrolle versinnbildlicht.

Für was geben Sie gerne Geld aus?

Wohnungsinventar, Reisen, Kunst – in Form von Gemälden und Skulpturen – und Kleidung natürlich. Bei Möbeln suche ich nach zeitlosem Design und mache damit ganz schön Eindruck. Da kommen dann Leute in mein Wohnzimmer und sagen »Wow! Das sieht toll aus!« Das macht mich dann schon stolz. Dabei bin ich eine absolute Schnäppchenjägerin. So was lernt man, wenn man in einer siebenköpfigen Familie aufwächst. Ich habe auch keine Scheu davor, No-Name-Produkte zu kaufen. Reine Markenprodukte, Statusobjekte, liegen mir nicht so sehr. Das ist zu weit weg von mir. Vielleicht verliebe ich mich mal in ein Einzelstück, aber sonst mache ich eher vom Basic-Angebot Gebrauch. Auch bei Kleidern suche ich mir oft was im Katalog heraus oder mache mich im Sommerschlussverkauf auf die Jagd. Was Besonderes gönne ich mir vielleicht mal in Berlin, in den kleinen Schneiderläden, die mir sehr gefallen. Das macht mir Spaß (...) da schneidern die was für mich zu.

Um es zusammenzufassen: Ich hasse »Gedöns«. Also nicht das Wort, das mag ich sehr. Ich meine Marken-Gedöns, das ist mir total fremd. Ich würde mich als Anti-Gedöns-Typ beschreiben, als Nonkonformistin. Dazu stehe ich, auch gegenüber meinen Kunden: Ich setze auf Natürlichkeit und Authentizität. Das kommt auch besser an, als wenn ich dort mit Markentäschchen herumstolziere. Verstehen Sie mich nicht falsch: Ich lege viel Wert auf mein Äußeres und dafür tue ich sehr viel, und zwar von Außen und von innen! Ich bin schon stolz, dass ich noch in die Hosen von vor 15 Jahren passe. Ich hab auch sehr konkrete Vorstellungen, wie ich in zehn Jahren aussehen möchte – ohne Liften.

Die Wünsche und Bedürfnisse der Tiger-Ladys

Souveräne Konsumentinnen – Generation »Anti-Gedöns«: Der Geschmack der Tiger-Ladys entwickelt sich souverän und unabhängig von persuasivem Marketing. Nichts ist schlimmer als Markenfetischismus, das anachronistische Diktat der Markenartikler, für unsere Gesprächspartnerin Lucia B. ist das »Gedöns«. Stattdessen ist Neuer Luxus angesagt, also weniger Status- und Prestige-Objekte – dafür stehen Wohlfühlen und Convenience ganz oben auf der Geschmacksagenda. Natürlich schließt das das geniale Einzelstück (bei Mode wie bei Homestyle) nicht aus.

40plus-Frauen im D.I.S.C.O.-Fieber: Ein Beispiel für das Konsumverhalten der anspruchsvollen Tiger-Ladys ist das sogenannte D.I.S.C.O.-Fieber, mit dem sie in London den Einzelhandel herausfordern. *D.I.S.C.O.* steht für *Discerning, Increasing years, Stylish* und *Comfortably Off* (zu Deutsch: kritisch, etwas älter, stilorientiert und wohlhabend). In Großbritannien wird demnächst die Mehrheit der Frauen älter als 40 Jahre sein – und es ist eine Generation der tausend Wünsche, die sie als Einzelhändler mit Angeboten von der Stange nicht mehr locken können. Die Tiger-Ladys fordern auch hier die modische Quadratur des Kreises: schick, Anti-Aging, bequem, familiengerecht, funktional. Der Hauptunterschied im Konsumverhalten der Tiger-Ladys zu ihren Altersgenossinnen vor zehn oder 20 Jahren ist, dass sie heute wesentlich mehr Wert auf ihr Äußeres legen und zudem modebewusster sind. Diese Frauen sind während der Einzelhandelsrevolution der frühen 80er Jahre aufgewachsen und gewohnt, modisch-aktuelle Kleidung zu angemessenen Preisen zu bekommen. Ein Verkäufer bringt es auf den Punkt: »Die Frauen hatten, als sie 20 Jahre alt waren, alle Modeoptionen und möchten das mit 30 oder 40 Jahren nicht aufgeben.«

Maßanfertigung für Tiger-Ladys: Die Geschäftsführerin von East, Yasmin Yusuf, versucht die Marktlücke zwischen Young Fashion und traditioneller Mode zu schließen. Die 45-Jährige – selbst eine vorbildliche D.I.S.C.O.-Frau – ist nicht nur alleinerziehende Mutter, sondern sie erzielt auch mit East, einer kleinen Kette für modebewusste Frauen, die wie sie selbst nichts verstecken wollen, ordentliche Umsätze. »Unsere Kundinnen sind mit sich selbst im Reinen. Es geht nicht mehr ums Alter, sondern um die individuelle Lebenseinstellung.«

Ende der Suggestivwerbung: Unsere Gesprächspartnerin Lucia B. arbeitet in einer werbenahen Branche, bezeichnet sich aber als »total werberesistent«. Tiger-Ladys sind erfahrene Konsumentinnen und durchschauen simple Werbestrategien. Was sie jedoch noch viel mehr stört, das sind die Stereotypen der Werbung: hier der männliche Karriere-Yuppie, dort das treu sorgende Heimchen. Marketing, das die neuen Frauen jenseits der 40 Jahre erreichen möchte, muss sich von diesen Klischees – oder von den Tiger-Ladys – verabschieden.

Wie sich Trend-Pioniere auf die Tiger-Ladys einstellen

»Servicepaket 40plus«: So heißt eine spezielle Marketingstrategie des Darmstädter Haarpflegeunternehmens Wella. Mit Trainings- und Werbemitteln sollen Friseure die Bedürfnisse und Ansprüche der über 40-Jährigen Kundinnen kennen lernen. »Waschen und legen« war gestern – die selbstbewussten, anspruchsvollen und erfolgreichen Tiger-Ladys geben gerne Geld für gutes Aussehen und Wohlbefinden aus (www.friseurportal.de).

Frauenmagazin mal anders: Im Fokus der authentischen Berichterstattung von *existenzielle*, dem bundesweit bislang einzigen Wirtschaftsmagazin für Frauen, stehen nicht die glänzenden Erfolgsstorys, sondern der Alltag, die Erfahrungen und Strategien von Inhaberinnen und Gründerinnen kleinerer Unternehmen. Das Magazin vermeidet bewusst Checklisten und 10-Punkte-Programme und möchte seinen Leserinnen nicht nur lesenswerter, sondern auch inspirierender Lesestoff sein. »Ohne Hochglanzfolie«, nennt die Gründerin und Chefredakteurin Andrea Blome (selbst freiberuflich und Mutter zweier Kinder) dieses Prinzip. Gegründet wurde es als Gratisblättchen mit regionaler Verbreitung und erreicht als vierteljährliches Kaufmagazin mittlerweile eine Auflage von 30 000 Exemplaren (www.existenzielle.de).

Mode für fortysomethings: Ähnlich wie in Großbritannien stellen sich auch hierzulande die Modemärkte immer mehr auf die neuen fortysomethings ein: Frühere Youngster-Läden wie Esprit trennen ihre Kollektion bewusst in Young Fashion und Woman. Die Collection-Linie spricht explizit die Wünsche moderner Business-Frauen – auch reiferen Alters – an. Auch Modelabels wie Mexx oder Zero setzen auf eine alterslose Zielgruppe jenseits der 20.

Prognose 2020

Längst spüren wir die Medienmacht und den Einfluss der Tiger-Ladys im öffentlichen Leben. Begünstigt durch die Megatrends Neue Frauen, New Work und Bildung, ist auch zukünftig von einem starken Wachstum des Tiger-Lady-Lebensstils auszugehen. Wir schätzen die Zahl der Tiger-Ladys im Jahr 2020 auf 4,3 Millionen.

Die neue Alten-Generation: Das Ende rückt in weite Ferne

Bis zum Jahr 2030 wird jeder dritte Bundesbürger älter als 60 Jahre sein. Die »Älteren« bilden in Zukunft das Gros der Gesellschaft. Ein Faktum, das hierzulande bisher große Besorgnis ausgelöst und die Apokalyptiker auf den Plan gerufen hat. Die Annahmen, die zu den Untergangsszenarien führen, basieren jedoch auf Altersmythen, die mit tradierten Sichtweisen zusammenhängen: Berufliche Passivität, Siechtum und Altersarmut waren gestern. Eine wachsende Zahl von Silverpreneuren, Greyhoppern und Super-Grannys ist lebenslustig, aktiv und reist um die Welt oder macht sich im Un-Ruhestand unternehmerisch selbstständig. Altern wird zum zweiten Aufbruch, die Rente zur Durchgangsstation für die Eroberung neuer Horizonte.

Abbildung 29: Evolution der Alten – zweiter Aufbruch statt Ruhestand

Quelle: Zukunftsinstitut 2007

Silverpreneure – Lebenslanges Lernen und berufliche Aktivität werden im dritten Lebensabschnitt immer selbstverständlicher

»Für mich geht wieder ein Jahr zu Ende,
in dem ich mich nicht zur Ruhe gesetzt habe.
Vorsätze fürs neue Jahr habe ich keine, außer dem
einen: weiterarbeiten. Denn nichts lässt einen so
schnell altern wie das Nichtstun.«
Johannes Heesters, 105 Jahre

Silverpreneure blicken auf ein langes und erfolgreiches Berufsleben zurück. Ihre schon seit langem gelebte Devise »Lebenslanges Lernen fürs lange Leben« wird durch den Eintritt ins Rentenalter nicht aufs Abstellgleis geschoben. Ganz im Gegenteil. Für die Silverpreneure gibt es keine Diskussion um die Rente mit 67: Sie machen sowieso weiter wie bisher. Für Silverpreneure ist ein Ende von Erwerbsarbeit und Arbeitsleben nicht absehbar, weil sie Arbeiten nicht als täglichen Frondienst erleben. Ihnen ist wichtig, dass sie etwas Substanzielles tun – und dafür tun sie alles. Durch ihren relativ hohen Aktivitätsgrad unterscheiden sich die Silverpreneure kaum von den »normalen« Erwerbstätigen im Erwerbsalter – mit dem kleinen Unterschied, dass sie ihre Arbeit mit Erfahrung und Gelassenheit machen. Ihre gestiegene Zeitsouveränität ermöglicht den Silverpreneuren darüber hinaus einen umfassenderen Blick auf die Welt und Themen rund um Gesellschaft, Politik und Technik. Die Silverpreneure übernehmen darin jedoch keinesfalls die Einstellungen und Ansichten ihrer Eltern oder Großeltern. Silverpreneure sind nicht wandelresistent. Arbeiten bedeutet für sie vor allem: Teilhabe an der Welt und an sozialen Zusammenhängen. Sie definieren sich jedoch nicht nur durch ihre ungebrochene Teilnahme am Arbeitsleben (auch ehrenamtliche Tätigkeit gehören dazu). Zu den entscheidenden Merkmalen eines Silverpreneurs zählen wir auch die sogenannten »Senior-Studenten«, also Menschen, die ein verstärktes Interesse an Bildung im Alter haben. Oder auch die technikbegeisterten älteren Internet-User, die nicht davor zurückschrecken, auf eBay Schnäppchen zu jagen – oder eine Händlerkarriere zu starten.

Abbildung 30: Silverpreneure 2007

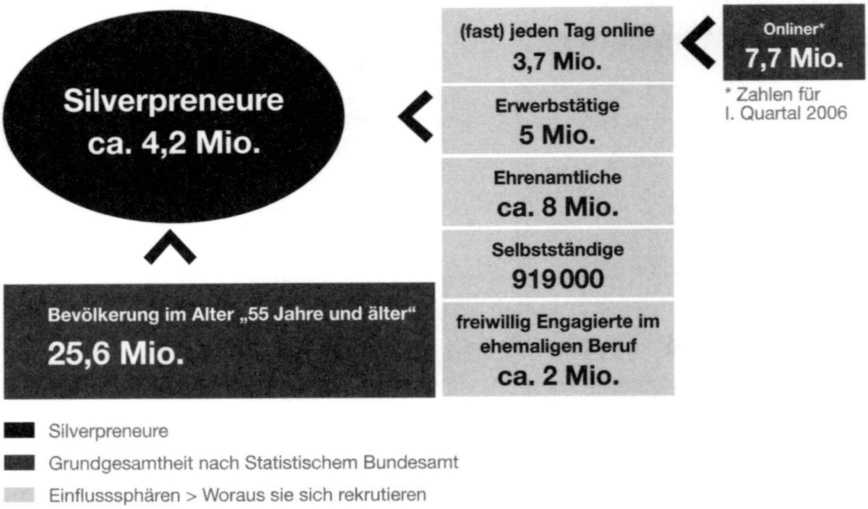

Quelle: Statistisches Bundesamt, Freiwilligensurvey 2004, Schätzung: Zukunftsinstitut

Business as usual: Silverpreneure machen einfach weiter wie bisher

In Deutschland leben 25,6 Millionen Menschen, die das 55. Lebensjahr überschritten haben. Sie wurden in den Jahren vor 1953 geboren. 4,2 Millionen von ihnen leben den Lifestyle eines Silverpreneurs.

Wie das Statistische Bundesamt mitteilt, waren im Jahr 2005 durchschnittlich 13,5 Prozent der 65- bis 74-Jährigen auf dem Arbeitsmarkt aktiv (sie übten entweder eine Erwerbstätigkeit aus oder waren auf der Suche nach einer solchen). Weiter haben die Statistiker errechnet, dass im Jahr 1993 noch 310 000 der über 65-Jährigen erwerbstätig waren, im Jahr 2005 aber bereits 520 000. Silverpreneure lieben ihre Arbeit, es sind (trotz der Diskussionen um Mittelständler, die »nicht loslassen können«) aktive Menschen, die an sich bemerken, dass sie biologisch altern, dabei aber nicht dümmer werden oder weniger kreativ sind. Am häufigsten sind es tatsächlich Selbstständige, die das Rentenalter von 65 Jahren für sich nicht gelten lassen. Nicht nur die Aufbesserung der Rente, sondern auch neue Projekte (oder eben die alte Firma) sind ihr Fluidum, in das sie eintauchen, das sie herausfordert und das zum Leben im reiferen Alter einfach dazugehört. Und von den Altersaktivisten werden wir in Zukunft immer mehr zu sehen bekommen. TNS Emnid hat im vergangenen Jahr im Auftrag der Bertelmann-Stiftung in einer repräsentativen Umfrage unter 35- bis 55-jährigen Arbeitnehmern herausgefunden, dass auch die nachrückende Generation der Beschäftigten im fortgeschrittenen Alter beruflich aktiv bleiben möchte. Nur 11 Prozent von ihnen wollen gar nicht mehr arbeiten, wenn sie das Rentenalter erreicht haben.

Abbildung 31: Silverpreneure – wie sie morgen leben

Welchen der nachfolgenden Tätigkeiten würden Sie im Rentenalter gerne nachgehen? Angaben in Prozent

(Mehrfachnennungen möglich, Befragte: 35- bis 55-jährige Erwerbstätige)

Quelle: Bertelsmann Stiftung 2006

Einen der wichtigsten Antriebe für die Silverpreneure hat die französisch-amerikanische Bildhauerin Lousie Bourgeois vor zehn Jahren auf den Punkt gebracht: »Heute bin ich besser als gestern.« Damals war sie 85 Jahre alt. Heute ist der Superstar der internationalen Kunstszene 95 – und arbeitet immer noch. Für die Silverpreneure sind biologisches Alter und was man in unserer Gesellschaft bislang damit verbunden hat sowie die Diskussion um die Rente mit 67 nicht wirklich wichtig. Silverpreneure möchten selbst entscheiden, wann Schluss ist – und auch ob überhaupt Schluss ist. Das Ende der offiziellen Erwerbstätigenzeit ist für sie also nicht der Anfang vom Ende und schon gar nicht Anlass zur Altersresignation. So auch für den Silverpreneur Klaus F., der sich nicht vom gesetzlich festgelegten Rentenbeginn aufhalten ließ. Und sein Arbeitgeber weiß offenbar, was er an ihm hat: »Bereits vor meiner Pensionierung wurde ich gefragt, ob ich nicht weiterhin beratend für mein Unternehmen tätig sein will. Wenn man sich so lange und intensiv in seinem Beruf engagiert hat wie ich, dann ist es wahrscheinlich schwer aufzuhören.«

> Schon heute sind unter den 55- bis 59-Jährigen 16 Prozent mehr berufstätig als noch vor zehn Jahren.
>
> *TextilWirtschaft, 29.03.2007*

Der Eintritt in das Rentenalter bedeutet für die Silverpreneure also keinen Bruch mit ihren bisherigen Lebensgewohnheiten. Oftmals engagieren sich Silverpreneure in reduziertem Maße (weniger Verantwortung, mehr Zeitsouveränität) in den gleichen Arbeitszusammenhängen wie früher – mit dem Unterschied, dass ihr Engagement jetzt freiwilliger Natur ist und dadurch für sie sogar an zusätzlicher Attraktivität gewinnt. Silverpreneure sind souverän, kompetent, umsichtig und gelassen.

> Der Alterssurvey des DZA fand heraus, dass die 60- bis 85-jährigen Deutschen in den Bereichen Ehrenamt, Pflege und Kinderbetreuung alles andere als untätig sind. Sie leisten im Jahr etwa 3,5 Milliarden Stunden unentgeltliche Arbeit. Bei einem durchschnittlichen Stundenlohn von 11,80 Euro in diesen Bereichen kommt man auf einen Wert von 41,4 Milliarden Euro.

Silverpreneure: Alles bleibt wie gehabt – und auf zu neuen Ufern

Auch wenn der Fokus der Silverpreneure ganz stark auf der weiteren Ausübung ihrer bisherigen beruflichen Tätigkeiten liegt (damit haben sie sich in den vergangenen Jahren schließlich erfolgreich bewährt und unabkömmlich gemacht), suchen sich viele von ihnen auch (oder zusätzlich) ganz neue Beschäftigungsfelder. Genauso wenig wie Silverpreneure jedoch aus der ökonomischen Notwendigkeit heraus weiter arbeiten, zieht es sie aus einem rein bildungsdefizitären Antrieb heraus auf das Feld Hochschule. Silverpreneure nutzen die Universitäten vielmehr als Begegnungsstätte des dritten Lebensabschnitts, wollen dort neue Horizonte erschließen, das endlich begreifen, was sie immer schon einmal begreifen wollten (aber bislang nicht die Zeit dazu fanden). Jüngst hat beispielsweise der Australier Allen Stewart die akademische Welt in höchstes Erstaunen versetzt: Um sein Jurastudium, das hauptsächlich via Internet stattfand, abzuschließen, hatte er sich überhaupt erst Computerkenntnisse angeeignet. Und dann hat der ehrgeizige Australier Jura an der Uni von New England auch noch in vier statt – wie die Regel – in sechs Jahren abgeschlossen. Die Story dabei? Stewart ist gerade 91 Jahre alt geworden: »Ich glaubte, wenn ich mir mehr Zeit gelassen hätte, hätte ich es möglicherweise nicht mehr geschafft.«

Abbildung 32: Akademiker 50plus

Über 50-Jährige an deutschen Hochschulen

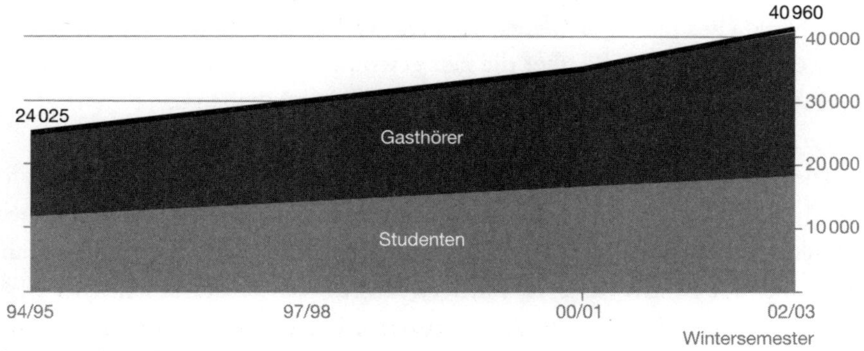

Quelle: Der Spiegel

Der Silverpreneur, den wir trafen, hat ebenfalls rechtzeitig die Weichen für seinen Lifestyle nach offiziellem Renteneintritt gestellt. Klaus F. weiß aus seinen Erfahrungen im Personalbereich, wie schwierig es ist, nach der offiziellen Erwerbszeit weiter, nämlich als Silverpreneur, aktiv zu sein. Deswegen hat er bereits vor Renteneintritt einiges unternommen, um den Anschluss nicht zu verlieren: »Leider gibt es gerade im Angestelltenbereich heutzutage eine gewisse Grenze, was die Produktivität betrifft: Viele können nicht länger arbeiten, weil sie es versäumt haben, sich weiterzubilden. Alle reden vom »lebenslangen Lernen«, aber die wenigsten tun es. (…) Ich habe immer versucht, mich kontinuierlich weiterzubilden. Mit 40 habe ich nochmals angefangen, BWL zu studieren. Das war nicht einfach, das Studium an der Fernuni Hagen neben dem Beruf. Aber dabei lernt man auch das Lernen.«

»Je länger man einfach weiterarbeitet, so wie man immer gearbeitet hat, desto länger kann man auch arbeiten und kreativ sein.«

*Elisabeth Noelle-Neumann, *1916*

Immer mehr Menschen agieren wie die beschriebenen Silverpreneure: Schon lange vor Renteneintritt planen sie ihren zweiten Aufbruch. Silverpreneure wissen genau, wo sie Orte und Gemeinschaften finden, um Projekte zu initiieren, bei denen sie ihr Wissen und ihre Erfahrung einbringen können. Ihnen ist es dabei (wie in der Vergangenheit auch) immer wichtig, sich geistigen Anstrengungen auszusetzen und/oder entsprechende Anregungen für Weiteres zu bekommen. Silverpreneure haben den Anspruch, etwas Sinnvolles und Nützliches mit ihrer (neuerdings frei verfügbaren) Lebenszeit anzufangen, oft steht die Freude über die neu gewonnene Zeitsouveränität im Konflikt mit ihrem Erlebnishunger. Einige Unternehmen haben das Potenzial der Silverpreneure bereits erkannt:

Die Coburger Automobil-Zulieferfirma Brose schaltete schon im Jahr 2003 eine Anzeige: »Senioren gesucht« – und bekam 1400 Bewerbungen von Arbeitsuchenden, die (wie in der Anzeige gewünscht) älter als 45 waren. Auch bei der Metro-Kette ist mittlerweile ein Viertel der gesamten Belegschaft über 50 Jahre alt (2005: 23 Prozent). Die Oktober 2006 in Potsdam eröffnete gläserne Bonbonfabrik von Katjes hat rund 60 Prozent der Stellen mit über 50-Jährigen besetzt.

Firmen wie das baden-württembergische Unternehmen Aesculap (www.aesculap.de: Präzisionsinstrumente für den Operationssaal) stellen mittlerweile bevorzugt Personen ab 45 Jahre ein. Besonders Aesculap schwört auf erfahrene Fachkräfte, da sich das Anfertigen von medizinischen Präzisionsinstrumenten nicht von heute auf morgen lernen lässt. KSB (www.ksb.de), ein Pumpenhersteller aus dem pfälzischen Frankenthal, hat früh verrentete Mitarbeiter sogar aus dem Ruhestand zurückgeholt: Man wollte auf deren Kompetenz unter flexibilisierten Arbeitsbedingungen nicht verzichten.

Dass das Experten-Know-how der freizeitaktiven Silverpreneure zunehmend gefragt ist, zeigt sich auch an den Statistiken des »Senior Experten Service« (www.ses-bonn.de), einer Initiative der Stiftung der Deutschen Wirtschaft für internationale Zusammenarbeit, die Fachleute für ehrenamtliche Jobs im In- und Ausland vermittelt. Das Konzept existiert seit über 20

Jahren. Seither haben die Senior-Experten unter anderem dabei geholfen, Solartechnik in Kenia einzuführen, neue Brotsorten in Vietnam zu etablieren, Abwässer einer chinesischen Papierfabrik zu klären sowie mit Mitarbeitern einer Coburger Werbemittelfirma die Durchlaufzeiten für Kleinaufträge zu verkürzen. Inzwischen sind über 7000 Silverpreneure registriert. Im Jahr 2006 kam es zu rund 1500 Vermittlungen.

Fazit: Silverpreneure im Un-Ruhestand werden in der Erfahrungsgesellschaft von morgen einen dritten Arbeitsmarkt erschließen. »Alters-Diversity« wird in Zukunft ein noch größeres Thema im Personalmanagement sein. Und in unserer zukünftigen Arbeitskultur wird die lange gehegte Ansicht, nur Jüngere seien Leistungsträger, endgültig revidiert.

Der Anteil der deutschen Erwerbstätigen im Alter von 55 bis 64 Jahren ist von 37,9 Prozent im Jahr 1996 auf 41,8 Prozent im Jahr 2004 gestiegen. Mit einer Beschäftigungsquote von unter 42 Prozent bleibt Deutschland damit trotzdem Schlusslicht im internationalen Vergleich: Schweden (69,5 Prozent), Neuseeland (67,2 Prozent), Schweiz (65,1 Prozent).

OECD

Abbildung 33: Silverpreneure: Zweiter Aufbruch

Erwerbstätigenquote nach Altersgruppen 1991 bis 2005
in Prozent der Bevölkerung der jeweiligen Altersgruppe

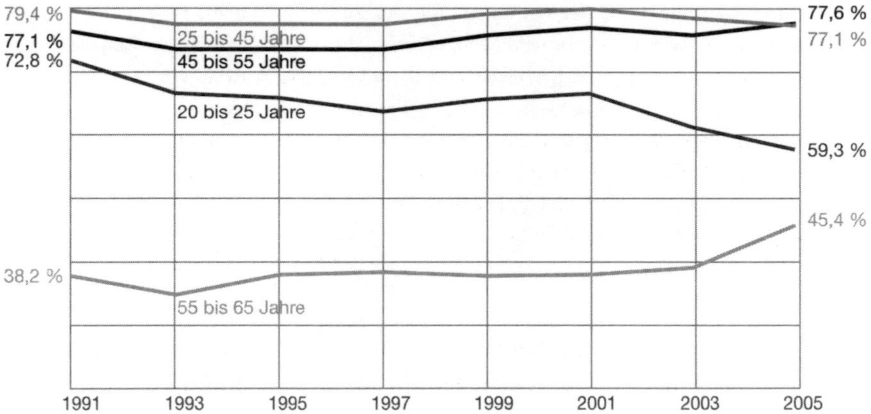

Quelle: Statistisches Bundesamt, Mikrozensus, verschiedene Jahrgänge

Bildung und Wissen: Silverpreneure nehmen neue Herausforderungen an

Das Bild des technikverdrossenen Rentners, der an den kleingedruckten Gebrauchsanweisungen für den Eierkocher verzweifelt, trifft ganz und gar nicht auf die Silverpreneure zu. Silverpreneure sind mit den gesellschaftlichen und technischen Entwicklungen der vergangenen Jahre gewachsen. Sie haben nie aufgehört, sich für Neues zu interessieren; auch haben sie Innovationen nie von vornherein abgelehnt. Silverpreneure waren schon immer wissbegierig und nutzen selbstverständlich die Möglichkeiten, die das Internet bietet. So können die Ergebnisse der aktuellen ARD/ZDF-Online-Studie auch nicht wirklich überraschen. Danach nutzen derzeit knapp 60 Prozent der Bevölkerung das Internet. Im Vergleich zum Vorjahr ist das ein Anstieg um 6,5 Prozent. Wichtiger noch: Das größte Wachstum lag bei der Gruppe der über 60-Jährigen.

Fast jeder zehnte Internet-Kunde ist über 60.

Bundesverband des deutschen Versandhandels

Kein Digital Gap bei den Alten

Aufgrund der Fülle der Untersuchungen, die sich zu diesem Thema inzwischen angehäuft haben, ist sicher: Es gibt jede Menge Surfer, die das 55. Lebensjahr längst überschritten haben. So heißt es beispielsweise beim ONLINER Atlas von TNS-Emnid, dass 57 Prozent der 50- bis 59-Jährigen, 33 Prozent der 60- bis 69-Jährigen und 12 Prozent der über 70-Jährigen das Internet nutzen. Das Statistische Bundesamt beziffert den Anteil der über 54-jährigen User auf 30 Prozent (davon ist fast die Hälfte täglich online). Laut ACTA vom Allensbach-Institut schwirren 48 Prozent der 50- bis 64-Jährigen durch das World Wide Web.

Da der Eintritt der Silverpreneure in den dritten Lebensabschnitt kaum Änderungen zur Folge hat, was die Anzahl ihrer Sozialkontakte angeht, ihr privates Netzwerk sich in vielen Fällen sogar noch erweitert, ist es für sie auch mehr als selbstverständlich, über einen Web-Zugang zu verfügen und

Abbildung 34: Silver-Shopping
Was ältere Nutzer (ab 50 Jahren) im Internet kaufen; Angaben in Prozent

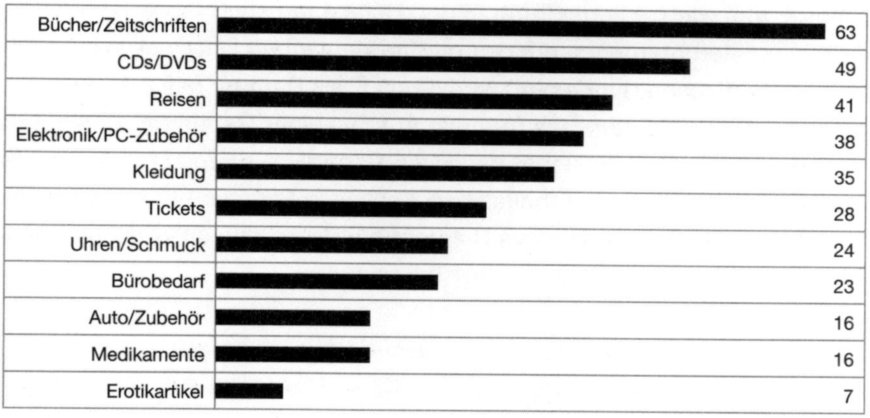

Quelle: Internetworldbusiness 15/06

digital anschlussfähig zu bleiben. Mehr noch: Silverpreneure wollen nicht einfach nur von anderen mitgezogen werden, sie wollen bestens informiert sein und begrüßen Internet und Handy ausdrücklich. Silverpreneure werden da durchaus auch zu Computerbastlern, wie Klaus F. erzählt: »Auch um meinen Computer richtig zu beherrschen, muss ich mich ständig informieren, in Fachbüchern nachlesen.« Informationsbeschaffung und Kommunikation mit digitalen Mitteln in einer hochgradig modernen und differenzierten Gesellschaft stellen für Silverpreneure keine Hürden dar. Auch auf dem sensiblen Gebiet der Finanzdienstleistungen ist der Anteil der über 50-Jährigen erstaunlich hoch. Laut AGOF Internet-Facts 2006-III sind 42 Prozent der Nutzer von Cityweb.de älter als 50 Jahre. Boerse.de (37 Prozent), Finanztreff.de (36 Prozent) und OnVista Finanzportal (34 Prozent) werden ebenfalls stark von den Älteren konsultiert.

Fazit: Die meisten Seniorenklischees werden von Silverpreneuren nur noch mit einem Lächeln quittiert. Unverständliche Technik, moderne Kommunikation, den Anschluss nicht verlieren, geistig in Schuss bleiben – all das spielt beim zweiten Aufbruch der Silverpreneure keine große Rolle mehr. Sie akzeptieren die willkürliche 65-Jahre-Grenze nicht mehr, lassen die alt hergebrachten Grenzziehungen hinter sich und brechen auf zu neuen Horizonten.

Interview mit Silverpreneur Klaus F.

Klaus F. (66) war bis zum Eintritt in den Ruhestand als Geschäftsführer bei einem Tochterunternehmen eines großen deutschen Unternehmens tätig. Beim Statistischen Bundesamt wird Klaus F. als Rentner geführt – was ihm ganz recht ist: »Da muss ich für mein Auto weniger Gebühren zahlen, und im Kino gibt's mit dem Rentnerausweis Rabatt!« Als Freiberufler steht er aber weiterhin mitten im Arbeitsleben – sei es in Form von Beratertätigkeiten für seine alte Firma oder als Referent bei Unternehmen im In- und Ausland.

Herr F., hat sich Ihr Leben seit der Pensionierung verändert?

Eigentlich kaum. Der Unterschied: Wenn heute jemand auf mich zukommt und zu mir sagt, ich solle dies und jenes machen, dann hängt das davon ab, ob ich auch Lust zu dieser Aufgabe habe. Wenn mir das keinen Spaß macht, dann übernehme ich die Aufgabe auch nicht mehr. Und: Ich arbeite heute mit weniger Stress. Als Geschäftsführer musste ich Arbeit für 120 Leute ranholen. Da kam man abends oft kaputt nach Hause. Jetzt ist die Verantwortung nicht mehr so groß, und es bleibt mehr Zeit, sich um private Dinge zu kümmern. Da mir die freiberufliche Tätigkeit in dieser Form sehr viel Spaß macht, möchte ich sie auch so lange ausüben, wie es mir noch möglich ist.

Wie kam es denn zu Ihrem Engagement über die Rente hinaus?

Mir war beim Eintritt in die Rente schon klar, dass ich weiterarbeiten würde. Bereits vor meiner Pensionierung wurde ich gefragt, ob ich nicht weiterhin beratend für mein Unternehmen tätig sein will. Wenn man sich so lange intensiv in seinem Beruf engagiert hat wie ich, dann ist es wahrscheinlich schwer aufzuhören. Und die Angebote kommen von allen Seiten: Nicht nur meine Firma ruft mich an und fragt, auch alte Kunden wollen mich als Berater. Da hat beispielsweise ein großer Computerhersteller angefragt, wie man sozialverträglich Stellen abbauen kann. Oder von einem anderen großen Unternehmen wurde ich gefragt, wie man Altersteilzeit macht. Andere wiederum, die wollen mich für den ehrenamtlichen Einsatz in der Politik gewinnen. Aber da bin ich noch am Zögern …

Sie haben gesagt, dass Sie sich vorstellen könnten, noch lange weiterzuarbeiten. Was glauben Sie: Welches sind die wichtigen Faktoren, um möglichst lange produktiv zu bleiben?

Ich habe ja jahrelang im Personalbereich gearbeitet und mir daraus eine Meinung gebildet. Leider gibt es gerade im Angestelltenbereich heutzutage eine gewisse Grenze, was die Produktivität betrifft: Viele können nicht länger arbeiten, weil sie es versäumt haben, sich weiterzubilden. Alle reden vom »lebenslangen Lernen«, aber die wenigsten tun es. Auch ich musste im Rahmen meiner beruflichen Tätigkeit viele Menschen in den Vorruhestand schicken, weil sie sich ihre Lernfähigkeit nicht bewahrt hatten. Darunter waren auch viele Akademiker und Promovierte. Die denken, sie sind schon wer, und tun dann nichts mehr, um ihr Niveau zu halten. Stattdessen sinkt es immer weiter ab, und dann fallen sie aus allen Wolken, wenn sie mit 55 gefragt werden, ob sie Altersteilzeit machen oder in den Vorruhestand treten wollen.

Was haben Sie selbst getan, um sich beruflich auf dem neuesten Stand zu halten?

Ich habe immer versucht, mich kontinuierlich weiterzubilden. Mit 40 habe ich noch mal angefangen, BWL zu studieren. Das war nicht einfach, das Studium an der Fernuni Hagen neben dem Beruf. Aber dabei lernt man auch das Lernen. Oft habe ich mir Gesetzestexte mit nach Hause genommen, habe diese durchgearbeitet, damit ich in einem bestimmten Bereich besser Bescheid weiß. Auch heute gilt noch: Wenn ein Kollege ausfällt und ich seinen Vortrag halten muss, dann übernehme ich den nicht einfach, sondern mache mir meine eigenen Gedanken. Ich gehe in die Bücherei, besorge mir Literatur und arbeite den ganzen Vortrag neu aus. Auch um meinen Computer richtig zu beherrschen, muss ich mich ständig informieren, in Fachbüchern nachlesen. Viele ältere Arbeitnehmer wissen noch nicht mal, wie man einen Computer richtig bedient.

Gibt es eine Dienstleistung, die Sie sich dringend wünschen würden, die Sie aber in der Form auf dem Markt noch nicht entdeckt haben?

Ja, da fällt mir gleich der kompetente Beratungsservice für Finanzdienstleistungen ein. Ich lese in diesem Zusammenhang oft die *Stiftung Warentest*. Die empfehlen immer, dass man Investmentfonds nicht über Banken, sondern über das Internet und über Direktbanken kaufen soll. Ich würde mir wünschen, dass es Beratungsangebote gäbe, die einem erklären, wie man für solche Dinge das Internet besser nutzt – jemand, der einem sagt, wie man günstig einkauft, wie man Finanzdienstleistungen optimiert, jemand, der den großen Finanzdienstleistern die Zähne zeigt und darauf hinweist, dass es auch noch andere Ideen gibt.

Was halten Sie von der Werbung in Presse und Fernsehen heutzutage? Gibt es da Dinge, die Ihnen positiv oder negativ auffallen?

Eigentlich berührt mich Werbung nicht so sehr. Angeekelt fühle ich mich allerdings von der Werbung mancher Telekommunikationsfirmen. Wenn beispielsweise mit einem Preis von 1 Euro für eine DSL-Flatrate geworben wird und unten dann in ganz kleiner Schrift steht – sodass man es als älterer Mann kaum lesen kann –, was man an Anschlussgebühren und Fixkosten noch alles draufzahlen muss. So etwas ekelt mich an, und ich habe mir schon mal überlegt, der Deutschen Telekom einen Brief zu schreiben, um zu fragen: »Leute, ist das seriös?« Ich wünsche mir mehr Ehrlichkeit. Undurchschaubare Werbung verunsichert einen als Kunden. Da sollte man als Unternehmer nicht übertreiben.

Die Wünsche und Bedürfnisse der Silverpreneure

Silverpreneure mögen es einfach, möchten aber bitte nicht in das Altenghetto verabschiedet werden: Sie schätzen einfache Bedienbarkeit, doch vor einem »Senioren-Handy« würden sie sofort Reißaus nehmen, da dies ihrem Selbstverständnis völlig widerspricht. Durch ihre hohe Technikaffinität spielt auch das Online-Shopping eine immer größere Rolle. Das wünschen sie sich jedoch verbunden mit zusätzlichen Services wie Garantieleistungen, Wartungsverträgen oder Notfallservices.

Werberesistent, aber an immateriellen Werten interessiert: Die Silverpreneure sind alte Hasen und lassen sich nichts vormachen. Sie schätzen Qualität wie Zuverlässigkeit und können mit marktschreierischer Werbung nichts anfangen. Die Silverpreneure sind kritische Verbraucher, die nicht aufs Geld schauen müssen, das aber aus unternehmerischer Denke heraus tun. Für Dinge und Erfahrungen, die für sie persönlich »wertvoll« sind, spielt der Preis jedoch keine Rolle. Das sind in starkem Maße Bildungsangebote.

Silverpreneure sind wissensdurstig und keinesfalls technikverdrossen: Um im höheren Alter den Anschluss nicht zu verlieren, sind die Silverpreneure sehr wissensorientiert. Ob Zeitschriften, Bücher oder elektronische Informationsträger – ihnen ist wichtig, *up to date* zu bleiben. Da sie einen Großteil ihrer Tätigkeit im Home Office erledigen, investieren sie regelmäßig in die Kommunikationsinfrastruktur mit modernen Kommunikationsmedien, um einer Vielzahl von Interessen nachzugehen: Kontakte knüpfen, Neues dazulernen, kreativ sein und so weiter. Sie erobern sich sukzessive jene Welten, von denen sie zuvor ausgeschlossen waren: Online-Spiele, die Flirt-Chaträume oder das personalisierte News-Angebot. Technik ist für sie Zugang zu neuen kreativen Betätigungsfeldern. Silverpreneure sind an vorderster Front dabei, wenn die Taufe des Enkelkindes mit dem Camcorder aufgezeichnet wird, die Videos zusammengeschnitten und mit Musik unterlegt werden. Technische Probleme sind für sie Herausforderungen, an denen sie wachsen.

Wie sich Trend-Pioniere auf die Silverpreneure einstellen

Fürs Gaming nicht zu alt: Das Wii von Nintendos Wii-Konsole klingt wie das englische »we« (wir) und steht für den generationsübergreifenden Familienspaß am Video-Gaming. Der Freihand-Controller macht das Knöpfchendrücken überflüssig und ersetzt es durch tatsächliche, körperliche Bewegung der Spieler, wodurch Eltern und Großeltern mit ihren Kindern gemeinsam spielen können. Dieser Rückgriff auf die Körperlichkeit (sei es beim Schwingen eines Golfschlägers oder eines Schwertes) hat nun insbesondere US-amerikanische Altersheime dazu bewogen, sich Wii-Konsolen anzuschaffen. Der Seniorenheimbetreiber Erickson Retirement Communities hat seine 18 Altenresidenzen serienmäßig mit dem elektronischen Spielzeug ausgestattet. Das digitale Angebot wird dankend angenommen. Tennis und vor allem die Bowling-Simulation sind der Renner unter den Alten. Mittlerweile finden auch in deutschen Altersresidenzen virtuelle Bowlingmeisterschaften auf der Wii-Konsole statt. Aber auch Strategiespiele für die geistige Fitness sind sehr gefragt (http://wii.nintendo.de).

Vom Gasthörer zum Studenten: EZUS ist das Akronym für »Europäisches Zentrum für universitäre Studien der Senioren« in Ostwestfalen-Lippe.

EZUS richtet sich mit seinem Studienangebot als erste universitäre Bildungseinrichtung explizit an Menschen ab 50, die zum oder nach dem Ende ihres Berufslebens noch einen Studienabschluss machen wollen. Geboten werden spezielle und altersgerechte Programme, wie zum Beispiel das »Studium Generale«, das im Sommer 2006 startete. Als weitere Programme sind geplant: »Senior Consultant« und »Bürgerschaftliches Engagement«. Das Studium dauert zwei Jahre, kostet pro Trimester 400 Euro und wird bei erfolgreichem Abschluss mit einem Zertifikat belohnt, das gemeinsam von der Universität Bielefeld, dem Zentrum für wissenschaftliche Weiterbildung und dem EZUS erteilt wird (www.zig-owl.de).

Wissen gefragt: Jedes Jahr treten schätzungsweise 15 000 hoch qualifizierte Fach- und Führungskräfte in den Ruhestand. Viele von ihnen fehlen dann in boomenden Branchen wie Maschinenbau, Chemie und Elektrotechnik. »Erfahrung Deutschland« ist das größte Online-Portal für Führungskräfte im Ruhestand. Ziel ist es, Expertenwissen von Ruheständlern im Sinne eines Erfahrungstransfers für die Wirtschaft wieder nutzbar zu machen. Neben den Silverpreneuren profitieren davon also auch die Unternehmen und die gesamte Volkswirtschaft (www.erfahrung-deutschland.de, auch www.expertia.de).

Prognose 2020

Der Lebensstil des Silverpreneurs nährt sich auch in Zukunft von den Erfahrungen und Errungenschaften eines aktiv gestalteten Berufslebens. Nicht nur die demografische Entwicklung oder die soziale Not, sondern der ungebremste Wissenshunger und der wertvolle Erfahrungsschatz der Silverpreneure im Un-Ruhestand werden ihre Zahl im Jahr 2020 auf 6,3 Millionen klettern lassen.

Super-Grannys – Alter schützt vor Schönheit und Konsumfreude nicht

»Als ich in den Ruhestand eintrat, dachte ich:
Endlich bist du frei!«
Klara U., Super-Granny

Super-Grannys sind erfahrene und selbstbewusste Frauen jenseits des 55. Lebensjahres, die den sogenannten dritten Lebensabschnitt aktiv und selbstbestimmt gestalten möchten. Auch wenn der späte Aufbruch der Super-Grannys sehr stark auf eigene Selbstverwirklichung zielt, distanzieren sie sich nicht komplett von tradierten Rollenanforderungen: Die gesellschaftlich engagierte und/oder familiär fürsorgliche Mutter, Oma oder Uroma kommt bei ihr nicht zu kurz und gehört zum festen Bestandteil ihres Un-Ruhestands. Die Umwälzungen der 68er-Bewegung haben die Super-Grannys unmittelbar miterlebt. Viele von ihnen haben in ihrem Familien- und Erwerbsleben jedoch auch noch die Dominanz der verdienenden Männer in Beruf und Familienleben erfahren. Super-Grannys weichen mit ihrer Lebensphiloso-

Abbildung 35: Super-Grannys 2007

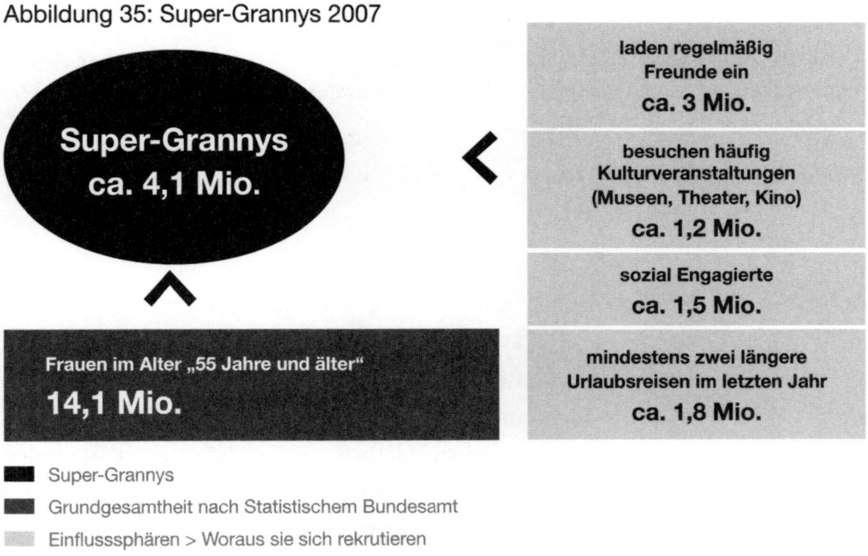

Quelle: Statistisches Bundesamt, Focus MediaLine CN 12.0, Schätzung: Zukunftsinstitut

phie deutlich von den Biografien ihrer Mütter und Großmütter ab, die sich in der Regel selbstlos für die Familie aufopferten. Ihre Träume, ihre Art sich zu kleiden und ihr Freizeitverhalten unterscheiden die Super-Grannys signifikant von ihren Vorgängerinnen. Super-Grannys haben nicht das Gefühl, dass sie am Ende ihres Lebens angekommen sind.

Super-Grannys: Die Großmutter 2.0 vergisst bei aller Fürsorge das eigene Leben nicht

Ende 2005 lebten insgesamt 82,4 Millionen Menschen in Deutschland. 51 Prozent davon sind Frauen – obwohl der Männeranteil bis zu den 51-Jährigen überwiegt. Ab der Altersklasse der 52-Jährigen sind die Frauen in der Mehrheit. Statistiker sprechen deshalb von einem Frauenüberschuss, der, so die aktuelle Prognose, auch für die nahe Zukunft bestehen bleiben wird. Es gilt also: Je älter die Bevölkerung, desto höher ist der Anteil der Frauen. Von den rund 25,4 Millionen Deutschen ab 55 Jahren sind 14,1 Millionen weiblich (das ist ein Plus von 2,8 Millionen gegenüber den Männern). Rund 4,1 Millionen von ihnen bezeichnen wir als Super-Grannys.

> Von den heute etwa 17 Millionen 60- bis 79-Jährigen in Deutschland sind etwa 54 Prozent weiblich. Bei den knapp 4 Millionen älteren »Alten« (80plus) liegt der Frauenanteil gar bei 72 Prozent.
>
> *Bundesinstitut für Bevölkerungsforschung, BIB-Mitteilungen 04/2006*

Aufgrund der demografischen Entwicklung werden in Zukunft also immer mehr Super-Grannys ihren Platz im öffentlichen Leben einnehmen – und auch verstärkt einfordern. Um eine wichtige Facette der Super-Grannys zu erklären, kann man die sogenannte »Großmutter-Hypothese« zu Hilfe nehmen. Diese besagt, dass Omas aufgrund ihrer fürsorglich-unterstützenden Haltung »einen wichtigen Beitrag zum Überleben der Nachkommen ihrer eigenen Kinder« leisten. Der Biowissenschaftler Professor Eckard Voland von der Universität Gießen entwickelte diese These. Er stützt sich dabei auf anthropologische Untersuchungen, bei denen Forscher herausfanden, dass vor allem die Frauen in ihrer Rolle als ältere Mitglieder einer Sippe und jenseits ihres Fortpflanzungsalters durch ihre fürsorgliche Familienarbeit eine Überlebensgarantie für ihre Enkelkinder und damit insgesamt die Fortsetzung der menschlichen Evolution darstellten.

Abbildung 36: Gelebte Generationensolidarität: Der Zusammenhalt ist keine Einbahnstraße

Repräsentativbefragung von 2000 Personen ab 14 Jahren im Februar/März 2003 in Deutschland

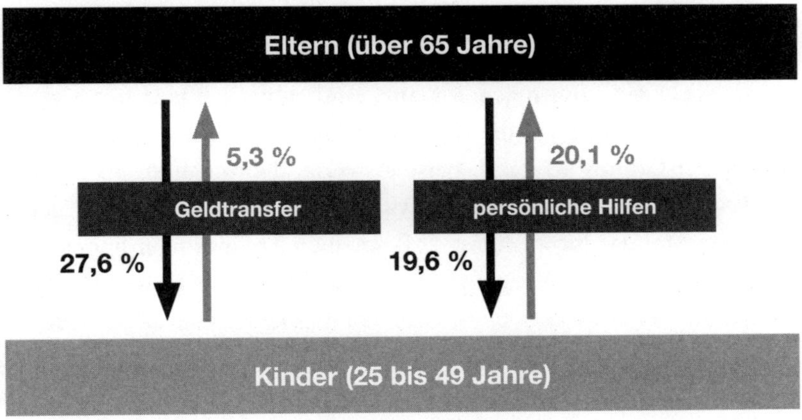

Quelle: Horst W. Opaschowski: *Der Generationenpakt. Das soziale Netz der Zukunft.* Darmstadt 2004

Die Super-Grannys bestätigen auf neue Weise die »Großmutter-Hypothese«: Sie übernehmen gerne die Schlüsselfunktion im Familienverbund. Durch die gestiegene Lebenserwartung und das Zusammenrücken der Generationen können (und wollen) die Super-Grannys auch in Zukunft mehr Zeit mit ihren Enkeln und Urenkeln verbringen. Und tatsächlich: Die Betreuung durch Omas und Opas ist weit verbreitet: Etwa jedes zweite Kind in Deutschland bis zum Alter von sechs Jahren wird einmal pro Woche von den Großeltern betreut. Die Super-Grannys sind also durchaus gerne Oma. Im Unterschied zu ihren eigenen Müttern und Großmüttern sehen sie in der Fürsorge für andere jedoch nicht ihren alleinigen Lebenssinn. Zur späten Selbstverwirklichung gehören die Enkel genauso wie das eigene Leben.

»Up, up and away«: Super-Grannys sind open-minded und stehen mitten im Leben

Noch vor 20 Jahren war das Bild einer Socken strickenden Oma in unserem Bewusstsein zementiert, einer Oma, die im Schaukelstuhl sitzend den Kindern und Enkelkindern vom Krieg erzählte und sich selbstlos ihrem Altersschicksal ergab. Zuletzt wurde dieses negative Bild durch den ZDF-Dreiteiler »Aufstand der Alten« wiederbelebt. Die Super-Grannys entsprechen ganz und gar nicht diesen tradierten Vorstellungen. Das liegt vor allem daran, dass sie den »dritten Lebensabschnitt« nicht mehr als geduldiges Warten auf den Tod erleben. Sie haben eher das Gefühl, dass sie sich mitten im Leben befinden. Super-Grannys machen Pläne, sind egoistisch und fürsorglich zugleich – und durchbrechen die Kausalitätskette alt-gebrechlich-einsam-passiv. Für Super-Granny Klara U. beispielsweise, die mit ihren 65 Jahren nur so vor Energie strotzt, gehören Aktivitäten zur körperlichen und geistigen Fitness zum Standardprogramm: »Mit meinen Freundinnen haben wir ein Feld, das wir beackern: Wir gehen einmal die Woche ins Kino und unterhalten uns hinterher über den Film, oder wir besuchen eine Ausstellung oder das Theater. Außerdem gehe ich mindestens zweimal die Woche mit Freunden zum Sport: Ich bin regelmäßig beim Tennisspielen – da spielen wir dann Doppel – und ich gehe mit einer Freundin einmal wöchentlich in die Gymnastikstunde. Eine weitere Sache, die ich sehr gern mache, ist zum Essen einladen. Da bekoche ich dann meine Gäste, und man unterhält sich ausgiebig.« Super-Grannys machen Programm und lassen sich nicht berieseln, Super-Grannys bevölkern den öffentlichen Raum, vor allem die Institutionen der klassischen Kultur wie Theater, Kino und Konzert.

Der biologische Alterungsprozess ist für Super-Grannys ein Problem, das man bearbeiten kann. Sie gehen aktiv gegen den körperlichen Verfall an. Super-Grannys setzen auf positive Altersattribute wie Reife und Erfahrung, um das zu bekommen, was sie wollen, nämlich möglichst viel vom Leben. Die französische Schauspielerin Fanny Ardant (58), Truffaut-Schauspielerin und bekannt aus dem Kinoerfolg *8 femmes*, bringt das Super-Granny-Gefühl sehr schön auf den Punkt: »Das Alter ist wie eine Meereswelle: Lauf nicht ängstlich davon – wirf dich hinein.«

Abbildung 37: Super-Grannys in der Traumfabrik
Anteil der über 50-Jährigen; Angaben in Millionen (in Prozent aller Kinobesucher)

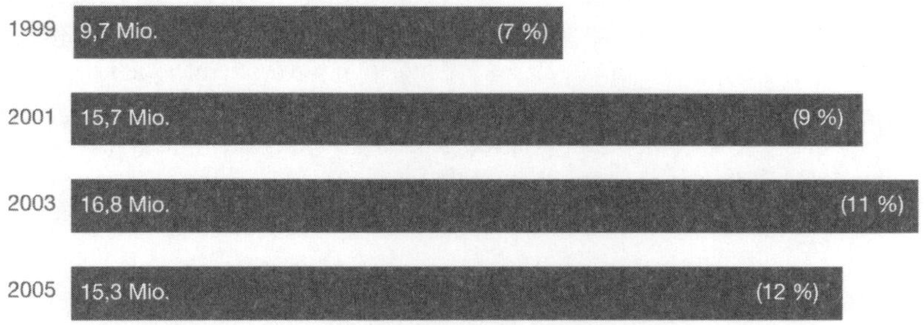

Der Anteil Tickets, die an ältere Personen verkauft wurden, ist in den letzten Jahren angestiegen. Allerdings hat nach wie vor nur jeder zwölfte Kinobesucher die 50 überschritten.

Quelle: FFA auf Basis des GfK Consumer Panels

Super-Granny sind nicht zu bequem für Neuanfänge im dritten Lebensabschnitt

Super-Grannys werden nicht nur aktiver und aufgeschlossener, sondern auch selbstbewusster und mutiger älter als ihre Mütter und Großmütter. Erste Super-Granny-Bewegungen scheinen derweil auch in Japan zu entstehen. Im Land mit der höchsten Lebenserwartung wird seit einiger Zeit nicht mehr nur in Talkshows, sondern auch in wissenschaftlichen Zirkeln ernsthaft über das Mann-zu-Hause-Syndrom diskutiert. Hintergrund ist die seit Jahren steigende Zahl der Ehescheidungen im Rentenalter, deren Zuwächse in keiner anderen Altersgruppe so auffällig sind. Dabei sind es vor allem die japanischen Ehefrauen, die sich nach Jahrzehnten gemeinsamer Ehe entschließen, die Scheidungspapiere einzureichen und noch einmal von vorn anzufangen. Wie japanische Eheberater und Soziologen herausgefunden haben wollen, sind daran hauptsächlich die Ehemänner schuld, die mit dem Eintritt ins Rentenalter nach Jahrzehnten der arbeitsbedingten Abwesenheit nun plötzlich tagsüber zu Hause sind. Als »Sperrmüll« (sie stehen im Weg und sind schwer loszuwerden) und »Nasses Herbstlaub« (klebt an den Schuhen und ist zu nichts zu gebrauchen) werden die Männer deshalb auch bezeichnet, wie die *Neue Zürcher Zeitung* am 23.02.2005 berichtete.

Auch Befragungen belegen: Super-Grannys sind nicht alt

In einer Studie, die die Marke Dove in neun Ländern unter 1450 Frauen zwischen 50 und 64 Jahren durchgeführt hat, ist festgestellt worden, dass 87 Prozent der Frauen sich zu jung fühlen, um schon als alt abgestempelt zu werden. Auch die Kölner Unternehmensberatung BBE hat in einer aktuellen Studie unter dem Titel »Zielgruppe forever young: Die selbstbewusste Konsumgeneration« festgestellt, dass das biologische Alter in der Regel nicht mit dem gefühlten Alter übereinstimmt. Frauen über 55 fühlen sich demzufolge im Durchschnitt 14 Jahre jünger, als sie sind.

Super-Granny Klara U. umgeht das Problem ungewohnter und plötzlicher Partnernähe im Rentenalter elegant. Sie hat mit ihrem langjährigem Ehegatten eine Art Zwischenlösung gefunden: »Bei der Freizeitgestaltung gehen wir oft getrennte Wege. Mein Mann ist ein sehr technisch interessierter Mensch und er trifft seine Freunde und dann lassen sie sich über ihre Motoren aus – bis ins kleinste Detail und so weiter. Ist ja auch schön. (...) Auf meine Fernreisen gehe ich immer ohne meinen Mann. Ich bin ihm zu flott, und deshalb sagt er dann: ›Fahr du mal!‹ Auf die etwas gemütlicheren Städtereisen gehen wir dann oft gemeinsam. Oder wenn ich meine Freundinnen zum Essen einlade, da darf er dann natürlich auch mit dabei sein.«

Super-Grannys sind beziehungserfahren und leben also offenbar durchaus moderne Lösungen. Auch hierzulande kommt der Bruch mit dem langjährigen Lebensbegleiter immer mehr in Mode. Die Zahl der Scheidungen nach der Silberhochzeit hat sich in den letzten 30 Jahren jedenfalls verdoppelt.

Super-Grannys tragen maßgeblich zur soziokulturellen Verjüngung der Gesellschaft bei

Das emanzipatorische Persönlichkeitsideal und die neuen Freiheitsgefühle, die die Super-Grannys jenseits des 55. Lebensalters gerade erleben, gehen mit einer erhöhten gesellschaftlichen Aktivität und Präsenz in der Öffentlichkeit einher: Super-Grannys wollen nicht länger unsichtbar sein – auch modisch nicht. Wie der Beauty Guide 2006 von Bauer Media belegt, ist der Anteil der 60- bis 69-jährigen Frauen, die dekorative Kosmetik (Make-up, Lippenstift, Nagellack) verwenden, von etwa 11 Prozent im Jahr 1996 auf rund 20 Prozent im Jahr 2006 angestiegen. Mit etwas über 11 Prozent war der Anstieg bei den 50- bis 59-Jährigen noch deutlicher. Sogar in der Gruppe 70plus war im gleichen Zeitraum ein Anstieg auf über 8 Prozent (plus 3 Prozent) zu verzeichnen. Auch im Segment der Pflegekosmetik gibt es ähnlich starke Zuwächse.

Abbildung 38: Megamarkt Pflege
Ältere Frauen pflegen ihr Gesicht immer häufiger

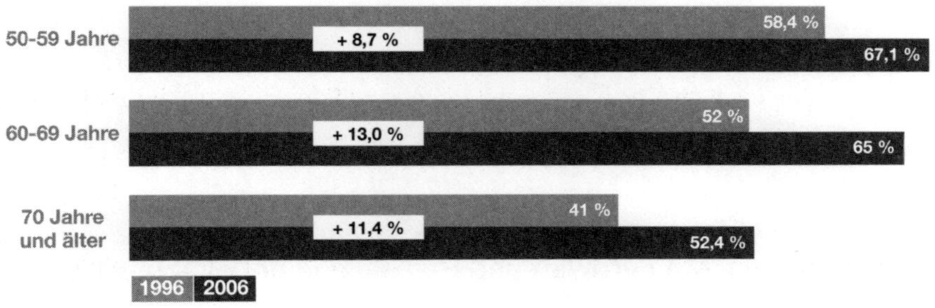

Quelle: Beauty Guide 2006, Bauer Media KG

Die Super-Grannys tragen mehr zur soziokulturellen Verjüngung der Gesellschaft bei als die Männer aus der gleichen Altersgruppe. Super-Grannys passen nicht mehr in das Bild einer Großmutter mit Dutt auf dem Kopf, die die Farben Braun, Beige und Grau trägt. Dass schön und alt längst kein unüberbrückbarer Gegensatz mehr ist, zeigt aktuell auch die Unilever-Tochter Lever-Fabergé mit der Kampagne »Pro-Age«, die sie vor kurzem für ihre Körperpflegemarke Dove im Rahmen der »Initiative für wahre Schönheit« startete. In TV-Spots sowie in Anzeigen und auf Postern präsentiert die Marke Frauen zwischen 54 und 63 Jahren auf sehr ästhetische und natürliche Weise – attraktiv, selbstbewusst und nackt. Die Bilder des TV-Spots werden mit den Worten »Zu alt für Anti-Age-Werbung« eingeläutet. »Mit Dove Pro-Age möchten wir deutlich machen, dass Älterwerden nichts Negatives ist«, erklärt Nicole Ehlen, Senior Brand Manager Dove Deutschland.

Die Ergebnisse der Einkommens- und Verbrauchsstichprobe belegen indes die Konsumfreude der modernen Seniorenhaushalte. Während die privaten Haushalte in Deutschland im ersten Halbjahr 2003 durchschnittlich 75 Prozent ihres ausgabefähigen Einkommens verkonsumierten, erzielten die Haushalte mit 65- bis 70-jährigen sowie 70- bis 80-jährigen Haupteinkommensbeziehern jeweils 82 Prozent und damit die höchsten Konsumquoten aller Altersgruppen. Und wie eine Studie der Gesellschaft für Konsumforschung aus dem Jahr 2005 belegt, steckt hinter dieser robusten Konsumfreude eine enorme absolute Kaufkraft: Die Gruppe »65 Jahre und älter« kommt auf einen Betrag von rund 293 Milliarden Euro (pro Kopf: 19691 Euro). Die 50- bis 59-Jährigen zählen mit einer Pro-Kopf-Kaufkraft von 24008 Euro ebenso zu den finanziell besser ausgestatteten Altersgruppen (Gesamt: 238,6 Milliarden Euro).

»Mode ist für mich eher eine Frage der Ästhetik und der Figur, nicht des Alters.«

Gabriele Krone-Schmalz, Fernsehbjournalistin

Super-Grannys: Mit Fernweh und Reiselust in unbekannte Welten

Für Super-Grannys ist der späte Un-Ruhestand verbunden mit erhöhter Reiselust. Die Super-Grannys gehören nicht zu den Senioren, die den Großteil ihres Geldes sparen, um es Kindern und Enkelkindern zu vererben. Ihr Motto: Wenn nicht jetzt, wann dann? Konsumwünsche werden selten aufgeschoben. In Großbritannien hat sich für dieses neue Konsumverhalten der Begriff des »SKI-ing« etabliert. »Spending the Kids' Inheritance«, was übersetzt so viel heißt wie: »Wir verschleudern das Erbe unserer Kinder«. Super-Granny Klara U. gibt ihr Geld am liebsten für Reisen, Essen und Kulturveranstaltungen mit ihren Freundinnen aus. Ihre große Reiseaffinität wird offensichtlich, wenn man sich die Liste ihrer bisherigen Reiseziele anschaut: »Letztes Jahr war ich beispielsweise mit meiner Tochter acht Tage in Madrid. Wir sind durch alle Museen gegangen und haben alles abgelaufen, was es so zu sehen gibt.« Auch die Reisen in ferne Länder stellen für Super-Grannys kein Problem mehr dar. Ihr Antrieb: die Neugier und die Lust an der Entdeckung. So auch bei Klara U.: »Ich war unter anderem in Mexiko, Belize, Peru, Südafrika, Iran, Nordindien (mit dem Auto!), Laos, Kambodscha und Vietnam. Meine Reise im vergangenen Jahr ging nach Thailand.«

Die fliegende Super-Granny

Angela Kim (57) aus dem texanischen Houston ist zwei Tage pro Woche Babysitter für ihr Enkelkind Noah (2) – im über 400 Kilometer entfernten Dallas. Sogenannte »long-distance child care arrangements« sind in Amerika gar nicht mehr selten. Das Babysitter-Arrangement von Angela Kim läuft so ab: Während ihre Tochter Andrea in Dallas langsam ans Aufstehen denkt, um sich für ihren Dienst als Ärztin im Krankenhaus vorzubereiten, verabschiedet sich die Super-Granny gerade von ihrem Mann am Flughafen Houston. Es ist Dienstag 5:45 Uhr. Um 4:45 Uhr ist sie aufgestanden, um den 6:30-Uhr-Flug nach Dallas zu nehmen. Eine Stunde später sitzen Angela, Andrea und Noah gemeinsam im Auto, auf dem Weg zum Krankenhaus, um Angela abzuliefern. Gegen 7:45 Uhr übernimmt die Super-Granny das Steuer: Sie fährt mit Noah in die Vorschule und anschließend nach Hause. Es ist 12:30 Uhr: Während Noah ein Mittagsschläfchen macht, bereitet Angela Kim alles weitere für ihren Babysitter-Aufenthalt vor. Am Mittwoch um 19:30 steigt sie dann wieder ins Flugzeug: zurück nach Houston, wo ihr Mann sie vom Flughafen abholt.

New York Times, 10.05.2007

Das überdurchschnittlich ausgeprägte Fernweh der Senioren ist endlich bis zu den Reiseanbietern durchgedrungen. Studiosus beispielsweise verkaufte sein anspruchsvolles Programm jahrelang an die breite Masse, musste kürzlich aber feststellen, dass sage und schreibe 80 Prozent des Umsatzes mit der 50plus-Generation eingefahren wird. Das Statistische Bundesamt teilte 2005 mit, dass der Anteil der Konsumausgaben, die von Seniorenhaushalten für Reiseaktivitäten ausgegeben werden, im Vergleich aller Haushalte am höchsten ist. Zwischen 1993 und 2003 sind ihre Ausgaben für Pauschalreisen stark gestiegen: 1993 waren es durchschnittlich 492 Euro jährlich (2,5 Prozent der Konsumausgaben), 1998 960 Euro (4,1 Prozent) und 2003 schon 1116 Euro (4,2 Prozent).

Super-Grannys sind gewiss keine typischen Rucksacktouristinnen oder ausschließlich Spontanurlauberinnen. Jedoch kann man sie längst nicht mehr mit Butter- oder Kaffeefahrten locken. Schwer vorstellbar ist auch, dass Super-Grannys, die pauschal verreisen, sich vollends dem Animationsprogramm eines Cluburlaubs oder vorgegebenen Sightseeing-Programmen ergeben – wie Klara U. belegen kann: »Oftmals setze ich mich dann von der Reisegruppe ab, um die Dinge zu entdecken, die für mich bedeutsam sind. Reisen sind für mich so wichtig, weil sie meinen Horizont kolossal erweitern.« Super-Grannys sind gereifte Frauen auf permanenter Entdeckungsreise, mit dem Ehemann (gerne aber auch ohne), mit den Freundinnen, der eigenen Tochter oder den Enkeln. Unterwegs zu sich selbst und in neuen Kontinenten.

Abbildung 39: Super-Grannys – time rich, money rich
Kaufkraft 2005 in Deutschland nach Altersklassen

Altersklassen	Anzahl der Einwohner	Kaufkraft 2005 in Milliarden Euro	Kaufkraft 2005 in Euro je Einwohner und Jahr
15 bis 19 Jahre	4742205	15,5	3261
20 bis 29 Jahre	9583408	136	14189
30 bis 39 Jahre	12780232	292,4	22881
40 bis 49 Jahre	12989485	323,2	24880
50 bis 59 Jahre	9937782	238,6	24008
60 bis 64 Jahre	5476454	112	20443
65 und älter	14859995	292,6	19691

Quelle: DIA 2005, GfK 2005

2006 hatten die 60- bis 64-Jährigen mit etwa 45 Prozent das größte Interesse aller Altersgruppen an Theater-, Oper- oder Konzertbesuchen (1996 waren es nur 34 Prozent). An zweiter Stelle lagen die 65- bis 69-Jährigen mit 42 Prozent (1996: 31 Prozent).

Bauer Media KG 2006

Interview mit Super-Granny Klara U.

Klara U. (65) aus Mannheim ist voller Energie. Auf ihre Weltreisen kommt nur mit, wer mit ihrem Tempo Schritt halten kann – ein Grund, warum ihr Mann nur bei ausgewählten Urlauben dabei ist. Mit intensiven Recherchen bereitet sich die ehemalige Redakteurin auf ihre Expeditionen vor. Auch wenn sie nicht auf Reisen ist, nutzt Klara U. ihren Ruhestand, um ihren vielfältigen Interessen aktiv nachzugehen.

Frau U., Ihr vielleicht wichtigstes Hobby ist das Reisen. Wo waren Sie denn schon überall?

Ich war unter anderem in Mexiko, Belize, Peru, Südafrika, Iran, Nordindien (mit dem Auto), Laos, Kambodscha und Vietnam. Meine Reise im vergangenen Jahr ging nach Thailand. Das hat mich allerdings ein wenig enttäuscht, weil es dort nicht so ursprünglich ist wie in anderen Ländern Ostasiens. Ich mache auch gerne Städtereisen. Letztes Jahr war ich beispielsweise mit meiner Tochter acht Tage in Madrid. Wir sind durch alle Museen gegangen und haben alles abgelaufen, was es so zu sehen gibt. Es kommt auch öfter vor, dass ich wegen einer Ausstellung mal spontan in eine Stadt fahre. Das ist dann auch eine Gelegenheit, um eine alte Bekanntschaft aufzufrischen: Man sucht sich ein preiswertes Hotel und verabredet sich einfach in dem Ort.

Wie bereiten Sie sich auf Reisen vor? Welche Bedeutung hat für Sie das Reisen?

Grundsätzlich gilt: Wenn ich irgendwo hinfahre, dann bereite ich mich intensiv darauf vor. Ich lese Romane von Schriftstellern, die aus dem Land kommen, oder suche nach Artikeln und Reiseberichten über das Land. Deshalb suche ich eben auch nur Länder auf, die eine reiche Kulturgeschichte haben. Wenn man sich vorbereitet hat, dann gibt es so viel mehr zu beobachten. Oftmals setze ich mich dann von der Reisegruppe ab, um die Dinge zu entdecken, die für mich bedeutsam sind. Reisen sind für mich so wichtig, weil sie meinen Horizont kolossal erweitern. Auch im Nachlauf, denn wenn ich heute Zeitungsberichte über die Länder lese, die ich bereist habe, dann habe ich dazu einen ganz anderen Zugang, weil ich die Hintergründe kenne.

Welche Rolle spielt Ihr Freundeskreis bei Ihren Unternehmungen?

Mit meinen Freundinnen haben wir ein Feld, das wir beackern: Wir gehen einmal die Woche ins Kino und unterhalten uns hinterher über den Film, oder wir besuchen eine Ausstellung oder das Theater. Außerdem gehe ich mindestens zweimal die Woche mit Freunden zum Sport: Ich bin regelmäßig beim Tennisspielen – da spielen wir dann Doppel – und ich gehe mit einer Freundin einmal wöchentlich in die Gymnastikstunde. Eine weitere Sache, dir ich sehr gern mache, ist zum Essen einladen. Da bekoche ich dann meine Gäste, und man unterhält sich ausgiebig. Bei Freundschaften finde ich es sehr wichtig, dass Kommunikation da ist. Freundschaften müssen gepflegt werden. Das bedeutet auch, dass man seinen Freunden hilft und sie pflegt, wenn jemand krank ist. Die Familie ist ja nicht mehr, weil alle weit entfernt wohnen. Meine Geschwister treffe ich vielleicht dreimal im Jahr. Das muss ich dann organisieren, und da heißt es dann: »Ach ja, schön, dass du anrufst.« Man freut sich, aber die Freunde stehen einem näher. Ich erwähnte ja schon, dass ich mich gerne mit Freunden auf Städtereisen treffe. Da gibt es zum Beispiel eine ehemalige französische Nachbarin aus Mannheim, die inzwischen in Osnabrück wohnt. Wir telefonieren regelmäßig, und dann treffen wir uns mal in Wuppertal im Tanztheater. Oder am letzten Wochenende, da fuhr sie nach Freiburg. Da ist sie dann über Mannheim gefahren und hat hier übernachtet. Man nutzt einfach die Möglichkeiten, die sich einem bieten.

Spielen moderne Kommunikationsmedien eine wichtige Rolle für Sie?

Einen iPod habe ich noch nicht, aber E-Mail-Austausch gehört zum Standard. Wir schicken uns auch oft gegenseitig eine SMS: Das stört ja nicht, man schreibt dies und jenes, dann kommt eine Antwort, und man trifft sich in der Stadt, ohne dass man mit einem Anruf gestört hat. Einige in meinem Alter sträuben sich eben noch gegen Handys, aber die werden dann überredet, auch auf diese Weise zu kommunizieren. Denn schließlich ist es sehr praktisch.

Das Internet ist für mich nützlich bei der Informationsbeschaffung. Ich rufe öfters Wikipedia oder ähnliche Seiten für neue Informationen auf. Ich bin dann allerdings sehr kritisch, wenn ich in verschiedenen Quellen unterschiedliche Angaben finde. Dann suche ich eben nach einer ganz guten und verlässlichen Information zur Bestätigung.

Das gesellschaftliche Engagement älterer Menschen nimmt ständig zu. Sehen Sie das auch so, dass Senioren einen wichtigen Beitrag leisten können?

Ja, klar. Ich bin Mitglied der Hospizbewegung. Das ist etwas, was mir auch sehr am Herzen liegt. Allerdings bin ich bisher noch nicht dazu gekommen, mich aktiv einzubringen. Ich betreue außerdem ehrenamtlich ein portugiesisches Grundschulmädchen. Ihre Mutter ist meine Haushälterin. Die Tochter spricht nur sehr schlecht Deutsch, und ich helfe ihr mit der Sprache und eigentlich auch sonst in allen Fächern. Gestern war ich dann auch selbst mal in der Grundschule, um mit ihrer Lehrerin zu sprechen. Was ich dort gesehen habe, hat mich ganz schön entsetzt. Es war nicht sauber, auch die

Lehrer waren etwas heruntergekommen angezogen. So ist man natürlich kein Vorbild für die Schüler. Auch was den Zustand des Schulgebäudes anbetrifft, finde ich, dass es schon ordentlich sein muss. Das wirkt dann auch auf die Schüler. Disziplin – dieses Wort habe ich früher gehasst. Heute sage ich jungen Leuten schon, dass Disziplin sehr wichtig ist. Ich habe auch früher den Praktikanten oder Hospitanten versucht zu erklären, dass sie hier ihre Zeit nicht nur absitzen sollen, sondern sich aktiv einbringen müssen, damit sie herausfinden, ob die Arbeit was für sie ist.

Haben Sie einen Rat an die Jüngeren: Wie bleibt man über die Pensionierung hinaus aktiv?

Man sollte bereits vor dem Ruhestand anfangen, sich für Dinge zu interessieren. Da gibt es viele Sachen, die man auch neben dem Beruf pflegen kann. Freundschaften zum Beispiel, denen man sich dann im Ruhestand richtig widmen kann. Außerdem empfehle ich: wach bleiben, neugierig bleiben! Nicht alles ablehnen und sagen: »Ach, dieses neumodische Zeug!« Auch mich ärgert manches, aber es bringt ja auch nichts, sich ständig zu beschweren. Je offener man ist – auch bei Menschen, die einem nicht so liegen – desto mehr lernt man dazu.

Gibt es denn Unterschiede zwischen Männern und Frauen beim Umgang mit dem Ruhestand?

Frauen haben weniger Probleme mit dem Ruhestand als Männer. In meiner Generation hing der Haushalt ja immer noch an den Frauen. Man war also ständig beschäftigt. Im Ruhestand hat man dann auf einmal genügend Zeit, um alles zu erledigen, und ist froh, sich auch noch anderen Dingen widmen zu können. Mein Mann tut sich da schon schwerer. Wenn er zum Arzt geht und die sagen: »Der ist Rentner, der kann ja warten!«, dann meint er: »Man ist ja eigentlich nur noch eine Null!« Es macht ihm auch zu schaffen, dass er keine »Befehle« mehr erteilen und nicht mehr delegieren kann. Das bekam ich dann manchmal zu spüren, da musste ich ihn erst erziehen, dass das so nicht geht.

Unternehmen Sie viele Dinge ohne Ihren Mann?

Bei der Freizeitgestaltung gehen wir oft getrennte Wege. Mein Mann ist ein sehr technisch interessierter Mensch und er trifft seine Freunde und dann lassen sie sich über ihre Motoren aus – bis ins kleinste Detail und so weiter.

Ist ja auch schön ... Oder er beschäftigt sich mit seinen drei Motorrollern. Das ist seine Welt. Das interessiert dann aber eben mich nicht so sehr. Auch auf meine Fernreisen gehe ich immer ohne meinen Mann. Ich bin ihm zu flott, und deshalb sagt er dann: »Fahr du mal!« Auf die etwas gemütlicheren Städtereisen gehen wir dann oft gemeinsam. Oder wenn ich meine Freundinnen zum Essen einlade, da darf er dann natürlich auch mit dabei sein.

Was würden Sie machen, wenn Ihnen jemand 1 Million Euro zur freien Verfügung geben würde?

Diese Million würde ich in ein Generationenhaus investieren, das ich dann großzügig ausstatten möchte. Man müsste dort einkaufen können und, und, und. Natürlich würde ich selbst auch in die Wohnanlage einziehen. Alle Altersgruppen müssten vertreten sein. Man hilft sich gegenseitig: Wenn ein Kind krank ist und die Eltern zur Arbeit müssen, kümmert sich zum Beispiel eine ältere Frau oder ein älterer Mann um das Kind. Und nicht nur Akademiker und Angehörige sollten mit einziehen, sondern auch die sozial Schwachen. Man sollte nicht in separaten Wohnvierteln wohnen, die einen in ihren Einfamilienhäusern, die anderen in Wohnblocks. Der Staat tut bisher viel zu wenig für die Schlechtausgebildeten und die Schlechtverdienenden. Ich bin da sehr besorgt, was die Zukunft unserer Gesellschaft angeht.

Das Generationenhaus ist ein Beispiel für altersgerechtes Wohnen, allerdings gibt es in dieser Richtung bisher nur ein überschaubares Angebot. Inwiefern haben Sie sich schon Gedanken gemacht über Ihre weitere Wohnsituation im Alter?

Die Frage der Unterbringung und Versorgung im Alter stelle ich mir regelmäßig. »Da geh ich in ein Altersheim«, sage ich schon seit längerem. »Da gehst du nie hin!«, meint dann meine Tochter. Sie denkt dann, ich würde zu ihr nach Berlin ziehen, wenn ich alleine nicht mehr kann, aber ich will ja auf meine Freunde in Mannheim nicht verzichten. Man muss sich da rechtzeitig innerlich darauf vorbereiten, was man machen wird, wenn man auf Hilfe angewiesen ist. Ich habe da gerade einen Artikel über Hans-Jochen Vogel gelesen, den ehemaligen SPD-Vorsitzenden. Das hat mir sehr gefallen. Er lebt mit seiner Frau im Altersheim Augustinum in München. Sie haben das beide rechtzeitig entschieden. Sie können dort rausgehen und ein ganz normales Leben führen – und wissen gleichzeitig, dass jemand für sie da ist, wenn sie Hilfe brauchen.

Wofür geben Sie gerne Geld aus?

Natürlich für Reisen oder für Essen und meine Kulturveranstaltungen. Wenn ich Elektroartikel benötige, dann warte ich, bis was im Angebot ist, und dann schlage ich zu. Das Preis-Leistungs-Verhältnis muss eben stimmen. Kleider kaufe ich im Kaufhaus oder bei Peek & Cloppenburg. Ich gehe auch gerne in Boutiquen, zum Beispiel wenn ich in Berlin bin, auch wenn die Ware dann teilweise zu teuer für mich ist. Aber ich muss sie auch nicht haben. Ich gehe da hin wegen des Erlebnisses, weil ich dort Dinge zum Anfassen finde et cetera. Das gefällt mir.

Wie bewerten Sie die Werbung von heute? Eher positiv oder negativ?

Meistens nervt mich Werbung. Ich schaue beispielsweise kaum private Fernsehsender, weil deren Programm permanent von Werbung unterbrochen wird. Und auch sonst mache ich den Ton oft weg, weil mich die blöden Aussprüche stören. Manchmal – allerdings viel zu selten – sehe ich auch was Interessantes und Witziges. Zum Beispiel die Werbung mit der Familienmanagerin von Vorwerk. Die hat mir sehr gefallen. Wenn mich eine Werbung anspricht, dann muss sie normalerweise Esprit, Witz und Humor haben. Das Problem ist halt, dass die Werbung für junge Leute gemacht wird. Da freue ich mich dann schon, wenn eine Firma alte Protagonisten einsetzt für die Werbung. Das kann man nämlich auch gut anschauen – wenn es gut umgesetzt ist. Scheinbar sind die Firmen aber zu träge beziehungsweise haben Angst davor, mit und für die Alten zu werben. Und das, obwohl die Älteren das Geld haben. Man könnte sie noch viel mehr bewerben. Sie werden noch nicht wahrgenommen. Sie bewegen sich in einem Freiraum.

Die Wünsche und Bedürfnisse der Super-Grannys

Erfahrung und Neulust: Super-Grannys sind erfahrene Konsumentinnen – Offenheit für Neues nicht ausgeschlossen: Super-Grannys sind sehr erfahrene und kritische Konsumentinnen. Sie sträuben sich jedoch nicht vor neuen Dingen. Klara U. beispielsweise kommuniziert per SMS mit ihren Freundinnen. Das Internet nutzen Super-Grannys wie selbstverständlich zur Wissensbeschaffung, beäugen die Inhalte aber kritisch. Auch wenn sie finanziell wohlhabender als andere Altersgruppen sind, achten sie bei Käufen auf das Preis-Leistungs-Verhältnis. »Schnäppchenjagd« hat bei ihnen sportiven

Charakter. Sie informieren sich im Internet, kaufen aber lieber in der analog-realen Welt ein, weil sie das Erlebnis des Kaufs nicht missen wollen.

Lebensmittelkultur: Super-Grannys sind Kultur-Connaisseure: Für Super-Grannys ist der Genuss von Kultur (vor allem die klassische Veranstaltungskultur) aus verschiedenen Gründen ein zentrales Element ihres Lebensstils. Sie halten Rückschau und versichern sich ihrer Verortung in der Welt, Kultur ist da ein wichtiger Rahmen. Darüber hinaus ist Kultur Gelegenheit für Kommunikation. Was für die CommuniTeens die SMS und myspace sind, das sind für die Super-Grannys die Oper und das Konzert. Und die Männer der Super-Grannys ertragen den Abend im Stadttheater oder auch nicht. Wie das Zukunftsinstitut in seiner Freizeitumfrage 2004 herausgefunden hat, ist für 47 Prozent der Frauen in Deutschland klassische Kultur die zentrale Freizeitoption, aber nur für 34 Prozent der repräsentativ befragten Männer.

Authentic Marketing: Super-Grannys wollen ernst genommen werden – auch in der Werbung: Kampagnen wie die von Dove passen haargenau auf die Erwartungen der Super-Grannys: Sie erwarten authentische Kommunikation und wissen selbst, dass der Traum vom ewig jugendlichen Körper illusorisch ist. Werbung, die sich mit den Super-Grannys beschäftigt, muss tatsächlich partnerschaftlich beraten und sich in Augenhöhe zu den erfahrenen Konsumentinnen positionieren. Wer jedoch denkt, dass er damit Schwarzbrot-Konzepte (am besten mit großen Buchstaben) auf die Super-Grannys abfeuern kann, wird ein böses Erwachen erleben. Die Super-Grannys sind durchaus mit Träumen und Visionen (aber keinen Illusionen) von einem erfüllten Alter zu haben.

Wie sich Trend-Pioniere auf die Super-Grannys einstellen

E-Mail für Super-Grannys: Um älteren Neueinsteigern den digitalen Kontakt zu Familie und Enkeln einfacher zu machen, hat die US-amerikanische Firma Presto in Kooperation mit Hewlett Packard folgende Lösung gefunden: Für die Nutzung des Mailing-Diensts Presto benötigt man den HP-Drucker »Printing Mailbox«, der an die Telefonleitung angeschlossen wird. Mit dem Kauf des Druckers erhält der Kunde einen Mailbox-Vertrag mit

E-Mail-Adresse. Damit wird es möglich, eingehende Mails und Fotos umgehend auszudrucken – ganz ohne Internetverbindung und Computer. Der Drucker kostet 150 Dollar, der Mailing-Dienst 10 Dollar im Monat.

Strategie der »99 Kleinigkeiten«: Bereits 1998 wurde in Österreich das 50plus-Gütesiegel für Hotels entwickelt. »Urlaub für Fortgeschrittene«, wie das deutsche Portal des 50plus-Hotels sein Angebot nennt, zeichne sich vor allem durch hohe Servicequalität und kommunikative Atmosphäre, weniger durch Treppenlifter oder Telefone mit extragroßer Tastatur aus. Jedes der bundesweit insgesamt 70 50plus-Hotels bietet ein auf die Bedürfnisse und Wünsche der Reisenden abgestimmtes Pauschalarrangement an. Alleinstellungsmerkmal dieser Hotels ist das Konzept der »99 Kleinigkeiten«, das dem Gast mehr Aufmerksamkeit und Komfort garantiert, beispielsweise Gepäcktransport, Wunschtageszeitung, individuelle Menüs, kleine Besorgungen und so weiter (www.50plushotels.de).

Kommunikations- und Anschlussmöglichkeiten: Für die nicht online-abgeneigten Älteren gibt es im Internet mittlerweile eine Reihe von Portalen, auf denen man Gleichgesinnte treffen kann. Beziehungsanbahnungsseiten für ältere Menschen sind zum Beispiel www.50plus-treff.de, www.seniorfriendfinder.com oder www.DerZweiteFruehling.de. Wer es dann doch lieber analog-real mag, findet im Best Agers Club Hamburg Anschluss. Das Motto: »Runter vom Sofa – rein ins Leben« spricht Menschen im besten Alter (ab 50) an, um sie zwecks gemeinsamer Freizeitgestaltung zusammenzuführen. Von Mai bis Juli 2006 hat die Gründerin und Leiterin Saskia Behrendt circa 50 Veranstaltungen organisiert. Dazu zählten neben Opern-, Theater-, Restaurant- und Cafébesuchen auch Kochkurse, Radtouren und Nordic Walking. Die Mitgliedschaft beträgt 59 Euro im Monat bei mindestens 12-monatiger Mitgliedschaftsdauer (www.bestagers-hamburg.de).

Prognose 2020

Der Lebensstil der Super-Grannys wird schon jetzt nicht nur durch das demografische Übergewicht der 50plus-Generation begünstigt. Vielmehr wird er durch die starke Präsenz der Super-Grannys im öffentlichen und kulturellen Geschehen geprägt. Bis 2020 wird dieser Lebensstil-Typus von den Megatrends Individualisierung und Bildung angetrieben, sodass die Zahl der Super-Grannys im Jahr 2020 bei rund 6,2 Millionen liegen wird.

Greyhopper – Bewegung, Unterwegssein, Spiritualität und späte Umbrüche als Lebenselixier

»Es ist verheerend, wenn man zu alten Leuten heute sagt: ›Jetzt wirste älter – also schone dich mal ein bisschen!‹ Werden die Leute nicht häufig alt, weil die Umwelt ihnen sagt, sie seien alt?«
Diethard G., Greyhopper

Greyhopper sind der Beweis dafür, dass Alter und körperlich-geistige Abenteuer keine Gegensätze sein müssen. Im Unterschied zu den Silverpreneuren gehen dem Greyhopper-Lifestyle radikale(re) Brüche voraus: Die Greyhopper lösen sich bewusst von lange gelebten Kontinuitäten und Gewissheiten. Ihr zweiter Aufbruch ist ein existenzieller Schlüsselmoment. Die Greyhopper möchten noch einmal ein neues Leben beginnen, haben dafür aber nur begrenzte Lebenszeit zur Verfügung. Zweiter Aufbruch heißt (noch einmal): Unsicherheit, tabula rasa, Ressourcen aktivieren, Festplatte booten. In gewisser Weise eine zweite Pubertät. Hauptkennzeichen für den Greyhopper-Lifestyle sind deshalb auch Konsumgewohnheiten, Freizeitaktivitäten und persönliche Einstellungen, die wir spontan eher mit Jugendlichkeit oder jungem Erwachsenenleben assoziieren. Der Fokus der Greyhopper liegt auf den körperlichen, aber auch geistigen Herausforderungen, die sie am liebsten täglich suchen. Das Motiv für das hohe Aktivitätspotenzial der Greyhopper ist nicht (nur) gesundheitliche Prävention: Die Greyhopper leben im Diesseits, aber durchaus mit spirituellen (nicht unbedingt religiösen) Vorstellungen. Sie möchten mit ihren Aktivitäten in bisher unbekannte Sphären vordringen, Erfahrungen und Wissen sammeln respektive auch »alte« Leidenschaften mit neuer Leidenschaft ausleben. Ihre Grundhaltung ist ein Gemisch aus Neugierde, Abenteuerlust und Erfahrungshunger. Das Ziel der Greyhopper: die persönlichen Grenzen ausloten und vielleicht neue Gewissheiten finden, die vielfältiger und abwechslungsreicher sind als die aus dem alten Leben.

Abbildung 40: Greyhopper 2007

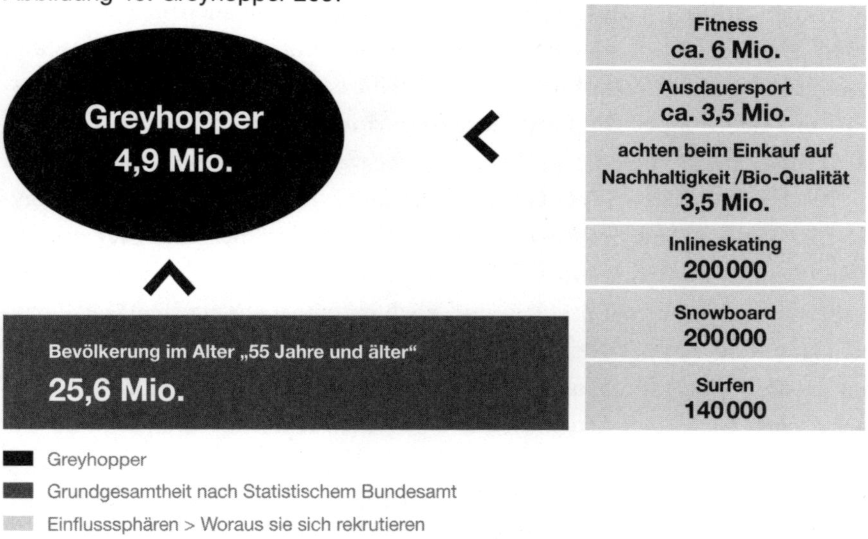

Quelle: Statistisches Bundesamt, AWA 2006, Focus MediaLine CN 12.0, Schätzung: Zukunftsinstitut

Das Lebensmotto der Greyhopper: Es ist nie zu spät für einen zweiten Aufbruch

In Deutschland leben 25,6 Millionen Menschen, die das 55. Lebensjahr überschritten haben. Sie wurden in den Jahren vor 1953 geboren. 4,9 Millionen von ihnen leben den Lifestyle eines Greyhoppers.

Für Greyhopper sind ehrenamtliche Tätigkeiten, die Sorge um ihre Kinder und Enkelkinder oder mehr Zeit für den heimischen Garten keine befriedigenden Tätigkeiten für das Alter. Greyhopper befinden sich mit dem Eintritt ins Rentenalter im Un-Ruhestand, sie suchen nach neuen Herausforderungen. Der Übergang ins Rentenalter geht, wie bereits erwähnt, bei den Greyhoppern deutlicher mit Brüchen einher als beispielsweise bei den Silverpreneuren, bei denen das »Auf-zu-neuen-Ufern-Gefühl« aus ihrer Erwerbstätigenzeit ohne Abbruch nahezu unverändert im Rentenalter fortbesteht – Silverpreneure erfahren in ihrem neuen Alltag keine gravierenden Unterschiede zu dem ihres (offiziellen) Erwerbslebens (Vergleichen Sie dazu das Kapitel über die Silverpreneure). Greyhopper dagegen brechen radikal mit der Kontinuität ihres bisherigen Lebens beziehungsweise retten ein paar Elemente aus ihrem alten Leben ins neue hinüber und suchen in der restlichen Zeit nach dem »Kick« in bisher unbekannten Sphären. Mit »Man muss auch mal loslassen können« beschreibt der 69-jährige Medizinprofessor und Greyhopper Diethard G. diesen Moment des Umbruchs. Das Ziel der Greyhopper: lange körperliche und geistige Fitness bewahren.

Wie bereits bei den Super-Grannys erläutert, verhalten sich auch die Greyhopper kritisch und progressiv, was ihr Beziehungsleben im Alter angeht. Der zweite Aufbruch ist für sie nicht selten auch der Moment, die bewährte Lebenspartnerschaft zu beenden und noch einmal einen eigenen Weg einzuschlagen. Greyhopper verkörpern einen Lebensstil, der von vielen Männern gelebt wird, aber durchaus auch ein Modell für Frauen darstellt. Greyhopper suchen nach einer neuen Synthese zwischen Ich und Natur, Ich und Gemeinschaft – ein spirituelles, aber kein esoterisches Konzept. Körper, Geist und Seele sollen sich in Harmonie befinden, deshalb ist Greyhopping auch durchaus ein weiblicher Lebensstil.

Greyhopper richten ihren Fokus häufig auf körperliche Aktivität und individuelle Fitness, was sie vor allem durch Sport erreichen. Wichtig ist jedoch: Die motorische Aktivität muss sich mit persönlichem Wohlbefinden und Balance rückkoppeln lassen. Mit den typischen Alterssportarten wie Wandern, Golf, Kegeln oder Wassergymnastik im Thermalbad haben Greyhopper aber nichts zu tun (das ist genauso unwahrscheinlich, wie einen Greyhopper auf einer Kaffeefahrt oder dem wöchentlichen Kaffee-Kränzchen im Seniorenheim anzutreffen). Greyhopper betreiben die Arten von Sport, die man (bisher) eher mit jüngeren Menschen in Verbindung brachte: sie joggen, spielen Beach-Volleyball oder surfen. Wie erste Greyhopper-Bewegungen in den USA zeigen, steigen Greyhopper auch gerne aufs Snowboard: Rund 2,6 Prozent der Snowboarder in den USA sind mittlerweile 55 Jahre und älter, wie die National Sporting Goods Association in ihrer jährlichen Haushaltsbefragung ermittelte. Die Zahl der US-Snowboarder belief sich 2005 auf über 6 Millionen (1995 waren es 2,8 Millionen). Hierzulande sehen die Greyhopper zum Beispiel Marathons als Herausforderung: Beim letzten Berlin Marathon im Jahr 2006 waren 1449 Läufer gemeldet, die die 60 bereits hinter sich hatten. Im Jahr 2000 waren es erst 903.

Abbildung 41: Greyhopper – on the road again
Teilnehmer am Berlin Marathon: im Alter „55 Jahre und älter" gemeldete Läufer

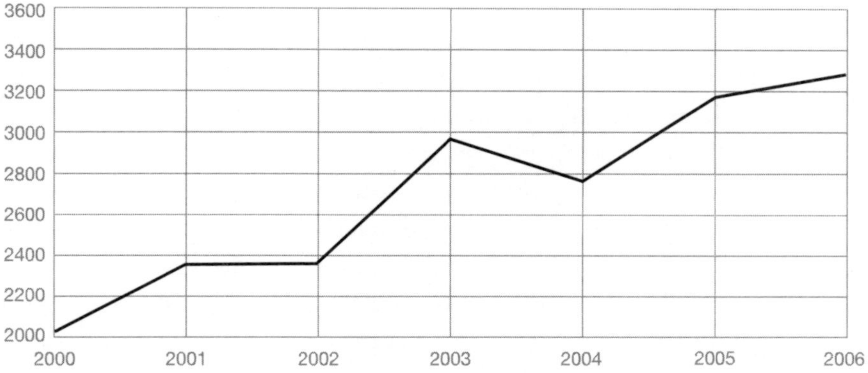

Quelle: SCC-Running Events GmbH, eigene Berechnungen

Ein Fitnessprogramm, das ein- bis zweimal pro Woche Tennis und/oder nur kreislaufstimulierendes Nordic Walking vorsieht, würde Greyhopper jedoch nicht auslasten und erfüllen – und deshalb auch keine Anhänger unter ihnen finden. Die Uralt-Weisheit »Wer rastet, der rostet« trifft auch auf die Greyhopper zu, erreicht bei ihnen aber eine neue Dimension: Wichtig ist den Greyhoppern nicht nur die körperliche Bewegung, sondern auch die Herausforderung, die Kontinuität der sportlichen Höchstleistung und die ständige Neugier, wissen zu wollen, wo die eigenen Grenzen sind – um sie zu überqueren. Der Greyhopper Diethard G. beschreibt das Greyhopper-Feeling sehr pointiert: »Wenn Sie versuchen, Ihre Grenzen zu erreichen oder die Grenzen sogar zu überschreiten, dann kommen Sie dahin, wo das ist, was Sie vorher noch nicht gesehen haben oder sehen konnten.«

Greyhopper können nicht rosten, weil sie nie rasten

Nur wer sich bewegt, lernt die Welt kennen, das ist nicht nur die Erfahrung von krabbelnden Säuglingen, sondern auch das Motto der Greyhopper, die gerade Marathonläufe oder Triathlonveranstaltungen stürmen. Bewegung, körperliche Aktivität und Sport werden die Gesundheitsmärkte in den nächsten Jahren noch stärker prägen als ohnehin schon. Inzwischen erhält der Bewegungs-Hype der letzten Jahre (2005 wurden 3 Millionen Paar Nordic-Walking-Stöcke verkauft) sogar Unterstützung von den obersten Instanzen der medizinischen Forschung. Immer häufiger werden schwere Krankheiten mit dem Zaubermittel Bewegung und Eigenaktivität behandelt, wozu die Ärzte tatsächlich vermehrt raten (beispielsweise lernen Schlaganfallpatienten mit Golfspielen wieder Koordination und Konzentration). *Der Spiegel* hat letztes Jahr in einem groß angelegten *Spiegel special* dargelegt: Durch Sport und Bewegung wird nicht nur der Austausch von Botenstoffen im Gehirn verbessert. Offenbar bilden sich dadurch auch neue Nervenzellen – eine medizinische Revolution, der Forscher jetzt erst auf den Grund gegangen sind. Immer mehr Studien belegen: Körperliche Aktivität ist der Königsweg zu einem gesunden und geistig vitalen Leben. Greyhopper wissen das intuitiv schon lange. Trotzdem sind die wissenschaftlichen Belege beeindruckend:

- Inaktivität macht krank. Bewegungsmuffel haben ein um 50 Prozent erhöhtes Risiko, an Dickdarmkrebs zu erkranken.
- Dem Remscheider Internisten Löllgen zufolge vermag regelmäßige körperliche Bewegung den Alterungsprozess zu stoppen.
- Eine amerikanische Studie hat 10 000 Frauen über einen Zeitraum von fünf Jahren nach ihrem Wohlbefinden befragt. Ergebnis: Diejenigen, die pro Woche etwa zwei Stunden ihren Körper trainierten, hatten 36 Prozent weniger Hüftfrakturen (*Annals of Internal Medicine*).
- In der chinesischen Stadt Daqing wurden Müßiggänger mit hohem Diabetesrisiko (Diabetes Typ 2) dazu verdonnert, sich regelmäßig körperlich zu betätigen. Als Belohnung durften sie weiter trinken und essen, wie sie wollten. Nach sechs Jahren war ihr Diabetesrisiko um 46 Prozent gesunken.
- Mediziner des »Human Nutrition Research Center on Aging« der Bostoner Tuffts University haben herausgefunden, dass selbst Menschen jenseits der 70 ihre Fitness bereits nach einem 16-wöchigen Aufbautraining signifikant steigern. Konsequenz: Körperlicher Verfall ist keine Frage der Zeit (»Wir altern nicht chronologisch, sondern biologisch«).
- James Fries von der Stanford University School of Medicine hat 370 Läufer und 249 Nicht-Sportler untersucht. Zu Beginn der Studie waren die Teilnehmer im Durchschnitt 59 Jahre alt. 13 Jahre später stellte Fries fest, dass bei den Sportlern gesundheitliche Beeinträchtigungen erst 12,8 Jahre später aufgetreten waren.

- Jeffrey Meyerhardt vom Dana-Farber Cancer Institute in Boston fand bei 816 Menschen, die an Dickdarmkrebs erkrankt waren, Folgendes heraus: Diejenigen, die zwei bis drei Stunden pro Woche joggten, hatten deutlich weniger Rückfälle.[12]

Für die Greyhopper bedeutet Bewegung nicht nur Sport und Ausgleich. Bewegung, Unterwegssein (zu sich selbst, zu neuen Urlaubszielen), Aktivsein, sich aufmachen zu neuen Erfahrungen – das unterscheidet die Greyhopper am markantesten von Alten-Generationen vor ihnen. Der zweite Aufbruch der Greyhopper sieht dieses Unterwegssein durchaus in einem spirituellen Sinn. Und während sie ansonsten einen aktiven und unsteten Konsum- und Lebensstil wie 25-Jährige pflegen, wird das, was ihnen wichtig ist, aus der Sicht des gelebten Lebens betrachtet. Greyhopper sind spirituelle Genießer: Das meiste, was sie tun, tun sie gerne und entdecken dahinter häufig einen spirituellen Mehrwert. Greyhopper sind Philosophen des Alltags – neugierig, erfahrungshungrig, aufmerksam.

Auch der Greyhopper Diethard G. hat für sich entschieden (gerade weil er Mediziner ist), dass man keine Medikamente schlucken muss, um gesund zu bleiben. Intensive und regelmäßige körperliche Anstrengung ist für ihn der Schlüssel zu einem gesunden und zufriedenen Leben, mit weiteren positiven Nebenwirkungen: »Der Mensch sollte eigentlich 5- bis 6-mal die Woche an seine Leistungsgrenze gehen. Dabei geht es nicht nur um den körperlichen Aspekt, sondern auch um den Zusammenhang zwischen Körper, Seele und Geist. Vielleicht nicht so sehr während des Sports, gewiss aber danach, fühlen sie sich stundenlang ausgesprochen wohl und ausgeglichen. Eine weitere Sache, die ich immer wieder beobachtet habe: Wenn man läuft, kriegt man gute Ideen. Früher habe ich ganze wissenschaftliche Arbeiten beim Laufen entworfen.«

Greyhopper zweifeln also keineswegs an ihren kognitiven und physischen Fähigkeiten im Alter. Sie haben mit dem Eintritt in den Un-Ruhestand angefangen, ihre Grenzen neu auszuloten. Greyhopper meiden jedoch möglichst den Kontakt mit Gleichaltrigen, weil sie nicht nur über typische »Altersthemen« (Krankheiten, Krieg, Wetter) reden wollen. Auch bei Ärzten haben sie ihre eigenen Vorstellungen: Sie gehen lieber zu erfahrenen Sportmedizinern als zu »normalen« Medizinern, die ihnen im Alter nichts mehr zutrauen und heilende Beschäftigungstherapien verschreiben.

Greyhopper pflegen einen bewussten Lebensstil und gehören zur neuen Bio- und Genuss-Avantgarde

Das Motto der Greyhopper ist in allen Lebenslagen: offen sein für Neues, Aufmerksamkeit für das große Ganze haben und nicht in alten Denkmustern verharren (wie es ihre Eltern und Großeltern noch taten). So konnte natürlich auch der Bio- und Nachhaltigkeits-Boom nicht an ihnen vorbeigehen. Ganz im Gegenteil: Zum Greyhopper-Lifestyle gehört neben der körperlichen und geistigen Vitalität eine gesunde und bewusste Ernährung. Wie der TrendNavigator »BIO« von AC Nielsen aus dem Jahr 2006 belegt, gehören die »Älteren« beim derzeitigen Bio-Boom mit zur Avantgarde. Einige Ergebnisse aus der Nielsen-Untersuchung:

- Fast ein Viertel aller Haushalte (24 Prozent) legt Wert auf biologisch reine, unbehandelte Nahrungsmittel. Im überdurchschnittlichen Maß tun dies die »leeren Nester« (Zweipersonenhaushalte 55plus, ohne Kinder) mit über 31 Prozent sowie alleinstehende Senioren mit über 33 Prozent.
- Ein Fünftel (20 Prozent) der Haushalte in Deutschland kauft lieber naturreine Produkte und ist dafür bereit, mehr auszugeben. Allen voran auch hier die »leeren Nester« (rund 27 Prozent) und die alleinstehenden Senioren (über 25 Prozent).
- Fast ein Fünftel (18 Prozent) der Haushalte in Deutschland achtet beim Kauf von Lebensmitteln verstärkt darauf, dass die Produkte ein Öko-Siegel tragen. Wieder zeigen die »leeren Nester« (rund 24 Prozent) und alleinstehende Senioren (über 24 Prozent) ein überdurchschnittliches Interesse.

Für Greyhopper bedeutet Altwerden mehr Zeit für Exploration und Erfahrung

Falls ihr Körper den Greyhoppern dann im fortgeschrittenen Alter doch mal einen Strich durch die Rechnung machen sollte, fallen sie in keine schwarzen Löcher, dafür sind sie zu krisenerprobt. Die beste Versicherung gegen den körperlichen Verfall ist für die Greyhopper ihre ganzheitliche Weltsicht. Ausgestattet mit hoher Zeitsouveränität, brechen sie auf zu zweiten Karrieren (ähnlich den Silverpreneuren) oder erschließen sich den viel beschworenen neuen Lebensaspekt, »zu dem man früher einfach nicht kam«. Das trifft auch auf unseren Gesprächspartner Diethard G. zu, der neben seiner Affinität zum Ausdauersport noch eine Menge anderer Projekte am Laufen hat. Eines davon ist jetzt sogar zum zweiten Beruf geworden, mit dem er einen Teil seines Lebensunterhalts bestreitet: das künstlerische Malen. Diethard G.: »Ich habe immer viele interessante Dinge gleichzeitig gemacht, habe auch meine Hobbys gelebt und mit in den Beruf hineingenommen. Insofern war ich sicherlich privilegiert. Außerdem bin ich immer neugierig geblieben. Das Wort ›neugierig‹ bedeutet ja eigentlich, dass man gierig darauf ist, etwas Neues zu lernen. Ich halte das daher für ein sehr schönes Wort. Diese Neugier hatte ich im Beruf, aber sie blieb nicht darauf beschränkt. Auch wenn ich male oder, wie jetzt wieder, an einem Lehrbuch arbeite, dann treiben mich diese Fragen an: Wie geht das? Was kommt raus?«

Sex in the Sixties: Keine Tragikomödie

Nicht nur in den USA scheint sich das Ende des Jugendlichkeitswahns und das Ende eines Tabus auf dem Bildschirm anzubahnen: Hollywood entdeckt die sportlich-attraktiven »Alten« und räumt mit dem Vorteil auf, dass es jenseits der 60 keinen Sex mehr gäbe. Beispielsweise mit dem US-Film *Boynton Beach Club*, der vom Liebesleben einer amerikanischen Rentner-Community erzählt und sich mittlerweile zum Kultfilm entwickelt hat. Auch hierzulande tut sich einiges auf dem Bildschirm: Vergangenes Jahr sahen mehr als 7 Millionen Zuschauer der inzwischen 69-jährigen Christiane Hörbiger dabei zu, wie sie in dem ARD-Spielfilm *Mathilde liebt* nach langer Ehe mit einem neuen Liebhaber ihren ersten Orgasmus hat.

Das Leben ist eine lange Entdeckungsreise. Aber nur derjenige, der sich aufmacht zu neuen Ufern, kommt in den Genuss eines erfüllten Lebens jenseits der Phase der Berufstätigkeit. Greyhopper sind die graue Avantgarde eines sinnlich und spirituell verankerten Lebensstils. Zeitsouveränität wissen sie als größtes Geschenk zu nutzen. Dass es nie zu spät ist, neue Horizonte anzusteuern, machte kürzlich auch die *New York Times* zum Thema: »Great Generation Learns About Great Safe Sex« berichtet von einem Arbeitsalltag einer Sexual-Erzieherin. Ihre Schüler: Frauen und Männer, die um die 1930er Jahre geboren wurden.

Interview mit Greyhopper Diethard G.

Diethard G. (69) hat in seinem Leben herausgefunden, dass man für neue Erfahrungen keine Medikamente schlucken, sondern Körper und Geist in Bewegung versetzen muss. Diethard G. ist ein Rentner, wie wir ihn uns in der Zukunft vorstellen. Der in Berlin geborene Marburger hört iPod, fährt Mini, findet Generationenhäuser klasse, läuft mehrere Halbmarathons pro Jahr und veranstaltet mit seinen Öl-Bildern regelmäßig Ausstellungen. Der zweite Aufbruch bedeutete für Diethard G.: erste Erwerbstätigkeit auslaufen lassen, ein paar berufliche Rosinen herauspicken und neue kreative Horizonte ausmachen. Mit 60 bezog der Vater dreier erwachsener Kinder eine Zweitwohnung, um mehr Platz zum Malen, Schreiben und Denken zu haben. Und in Kürze wird der Medizinprofessor im Un-Ruhestand zu einem dreiwöchigen Lehraufenthalt nach China aufbrechen. Was treibt den sportlichen und gut aussehenden Greyhopper an, in solch unterschiedlichen Projekten aufzugehen? »Wenn Sie wie ich Forscher sind, dann sind Sie neugierig. Dann wollen Sie auch das Neue, das nicht Bekannte suchen und finden!« Sogenannte Hobbys kennt Diethard G. nicht, sondern nur Projekte, die wirklich wichtig sind. Das Malen, erst wieder so richtig einige Jahre vor der Pensionierung aufgenommen, bezeichnet Diethard G. als seinen zweiten Beruf.

Herr G., was hat sich mit dem Eintritt in das Rentenalter für Sie verändert?

Ich gehe immer noch täglich drei bis vier Stunden an meinen alten Arbeitsplatz im Institut für Immunologie, nehme Prüfungen ab, schreibe an einem Lehrbuch. Als Professor habe ich früher aber teilweise 60 bis 70 Stunden pro Woche gearbeitet. Heute bewege ich mich nicht mehr in einem vorgegebenen Zeitrahmen. Dazu habe ich keine Mitarbeiter mehr unter mir, an die man Aufgaben delegieren müsste. Auch der Anteil an Vorlesungen und Kommissionssitzungen – all das ist kontinuierlich weniger geworden. Und obwohl ich vorher schon gefühlt hatte, dass das weh tun könnte, wenn man nicht mehr in seiner Funktion steckt, war es gar nicht mehr so schlimm, als ich dann tatsächlich aufhörte. Man muss auch mal loslassen können.

Wie kamen Sie zu Ihrer großen Leidenschaft, dem Laufen?

Das ist eine ganz eigenartige Geschichte, die eigentlich auf die traurigen Erlebnisse in meiner Jugend zurückgeht. Ich bin im Ost-Berlin der Nachkriegszeit groß geworden, und in der Schule hatten wir unerträgliche Klassenverhältnisse mit mehr als 40 Schülern pro Klasse. Es kamen viele Aussiedler hinzu, Achtjährige saßen zusammen mit 14-Jährigen im gleichen Zimmer, und es wurde ordentlich geprügelt – das war ganz schlimm. Da habe ich als relativ schmächtiger kleiner Junge einiges abbekommen. Aber an einem Punkt merkte ich, dass ich etwas gut konnte: laufen. Dass ich da schneller war als meine Klassenkameraden. Vielleicht nicht auf den ersten 10 bis 20 Metern, aber danach kam keiner mehr hinterher. Und nachdem ich diese Entdeckung gemacht hatte, bin ich fortan immer gelaufen. In der Gymnasialzeit, in der Studienzeit und auch dann, als ich eine Familie hatte. Als ich 40 war, fing ich dann an, Marathons zu laufen, etwa zwei bis drei pro Jahr. Vor knapp fünf Jahren bin ich dann auf Halbmarathons umgestiegen und gehe immer noch vier- bis fünfmal die Woche raus, um eine gute Stunde lang zu laufen.

Als Deutschland in den 80er Jahren die Fitness-Welle erlebte, sind Sie also schon längst Marathons gelaufen. Wie haben denn Sie diesen Wandel hin zur Fitness-Gesellschaft erlebt?

Wenn Sie heute verstärkt ältere Menschen beim Joggen in der Öffentlichkeit sehen, dann liegt das daran, dass die Rentner heute nicht mehr diese Hemmungen haben, sich öffentlich zu zeigen. Das wäre vor 20 bis 30 Jahren unvorstellbar gewesen, dass ein 70-Jähriger hierzulande die Berge rauf und runter läuft. Auch als ich in den 60ern und den frühen 70ern in Amerika war, ist dort das Jogging noch nicht gesellschafsfähig gewesen. Wenn ich mich dann in Seattle zum Laufen aufmachte, da wurde man als Jogger öfter mal von der Polizei angehalten und gefragt, wovon man denn wegrenne. Die Leute dachten, wenn der rennt, dann muss er wohl auf der Flucht sein. Die Jogging-Welle, so habe ich es in den USA dann erlebt, begann in Kalifornien eigentlich erst im Jahr 1971. Da gab es diesen Jogging-Papst, Jim Fixx hieß er, der das Jogging zur Mode machte, und danach machten das alle. Übrigens, Jim Fixx starb mit 52 Jahren. Aber: Er hatte eine erbliche Fett-Stoffwechselstörung und wäre, wenn er nicht regelmäßig joggen gegangen wäre, mit circa 30 Jahren gestorben.

Was bedeutet für Sie das Laufen? Warum haben Sie diesen Sport ein Leben lang, bis ins hohe Alter, so intensiv betrieben?

Als Mediziner weiß man, dass das Herz-Kreislauf-System gefördert werden muss. Der Mensch sollte eigentlich fünf- bis sechsmal die Woche an seine Leistungsgrenze gehen. Dabei geht es nicht nur um den körperlichen

Aspekt, sondern auch um den Zusammenhang zwischen Körper, Seele und Geist. Vielleicht nicht so sehr während Sie Sport treiben, gewiss aber danach fühlen Sie sich stundenlang ausgesprochen wohl und ausgeglichen.

Eine weitere Sache, die ich immer wieder beobachtet habe: Wenn man läuft, kriegt man gute Ideen. Früher habe ich ganze wissenschaftliche Arbeiten beim Laufen entworfen. Ich bin auch nie mit meinem Walkman oder meinem iPod gelaufen, weil ich mich gerade beim Laufen ganz auf mich selbst und meine Gedanken beziehen wollte. Meine Hypothese, die bisher von der Medizin noch nicht ausreichend beleuchtet wurde, ist: Konstante physische Arbeit führt auch dazu – nicht nur dass Herz und Gefäße unterstützt werden –, sondern dass auch das Gehirn gut durchblutet wird und die Neuronen angesprochen werden. Eine neue wissenschaftliche Arbeit zeigt, dass die Kraftwerke der Zelle, die Mitochondrien, durch Ausdauersport hervorragend stimuliert werden, was dann auch bei Hirnzellen zu besserer Funktion führt. Zusätzlich werden keine Kalorien als Fett abgelagert.

Wie lange wollen Sie Ihrem Sport noch treu bleiben?

Der Ausdauersport ist eigentlich das, was der Mensch bis kurz vors Grab machen kann. Auch wenn sie nach einem Schlaganfall halbseitig gelähmt sind, können Sie noch Sport treiben. Das zentrale Altersproblem, das ich sehe, ist, dass durch degenerative Veränderungen in bestimmten Hirnarealen das eigentliche Bestreben, aktiv zu sein, beeinträchtigt und man als Mensch lethargisch wird. Körperlich könnten wir prinzipiell lange aktiv bleiben.

Das sind ja sehr interessante Ansichten, wo es doch immer heißt, man müsse sich im Alter eher schonen. Ist das also ein Fehlschluss?

Ich halte das für einen problematischen, wenn nicht sogar falschen Gedanken zu sagen, dass man sich mit zunehmendem Alter weniger anstrengen sollte. Ich bin eigentlich nicht dafür, dass der Mensch sich derart schont. Denn es ist ein essenzieller Punkt, dass der Mensch ständig aus sich und der Umwelt heraus Stimuli braucht, um aktiv zu bleiben – und zwar maximal aktiv zu bleiben. Diesen Gedanken haben wir in unserer Gesellschaft leider eliminiert. Es ist verheerend, wenn man zu alten Leuten heute sagt: »Jetzt wirste älter – also schone dich mal ein bisschen!«. Werden die Leute nicht häufig alt, weil die Umwelt ihnen sagt, sie seien alt?

Alt sein bedeutet nicht, schonungsbedürftig zu sein! Wenn überhaupt, so braucht man im Alter lediglich längere Erholungspausen.

Wie haben Sie sich Ihre Neugier und Ihren Lebenshunger erhalten?

Ich habe immer viele interessante Dinge gleichzeitig gemacht, habe auch meine Hobbys gelebt und mit in den Beruf hineingenommen. Insofern war ich sicherlich privilegiert. Außerdem bin ich immer neugierig geblieben. Das Wort »neugierig« bedeutet ja eigentlich, dass man gierig darauf ist, etwas Neues zu lernen. Ich halte das daher für ein sehr schönes Wort. Diese Neugier hatte ich im Beruf, aber sie blieb nicht darauf beschränkt. Auch wenn ich male oder, wie jetzt wieder, an einem Lehrbuch arbeite, dann treiben mich diese Fragen an: Wie geht das? Was kommt raus?

Dabei kommt es auch darauf an, Grenzen auszuloten. Wenn sie versuchen, Ihre Grenzen zu erreichen oder die Grenzen sogar zu überschreiten, dann kommen Sie dahin, wo das ist, was Sie vorher noch nicht gesehen haben oder sehen konnten. Es gibt ja auch so etwas wie eine Genusssucht für Neugierige. Um etwas Neues, noch nicht Gesehenes aus sich herauszuholen, dafür brauchen Sie keinen Medikamentenkick, das können Sie selbst.

Wie wichtig sind für Sie die sozialen Kontakte, wenn man weiterhin im Leben stehen will?

Man sollte auf jeden Fall sein Netz aus Bekannten und Freunden pflegen und den regelmäßigen Kontakt aufrecht erhalten. Viele Rentner stellen fest, dass mit der Zwangsjacke der beruflichen Tätigkeit leider auch das soziale Umfeld wegfällt. Dann schauen sie sich um, und die Leute, die man vorher treffen musste, fehlen einem auf einmal. Ich habe mein Institut immer sehr familiär gepflegt und treffe mich auch heute regelmäßig mit meinen damaligen Mitarbeitern.

Sie sprachen vom Grenzenausloten und der Begegnung mit den zuvor »nicht gesehenen« Dingen. Nun machen Sie mit Ihren Bildern ja vieles sichtbar. Welche Rolle spielt das Malen in Ihrem Leben?

Ich sehe das künstlerische Schaffen als meine zweite Berufstätigkeit an. Das hängt wieder mit meiner Neugier zusammen: Was kann man aus sich noch herausholen, was man vorher noch nicht gesehen hat? Die Bilder sind auch eine Reflexion all dessen, was ich früher erlebt habe. Und natürlich möchte ich Bilder malen, die andere Menschen ansprechen. Da hab ich auch den Ehrgeiz, die Bilder verkaufen zu wollen. Und ich verkaufe ganz ordentlich, sodass ich mit dem Erlös ein Stück weit meinen Lebensunterhalt bestreiten kann.

Mit der Kunst verdienen Sie einen Teil Ihres Geldes. Wofür geben Sie es denn aus?

Am meisten Geld fließt eigentlich in Bücher, CDs, Theater, Konzerte, Oper – solche Sachen eben. Und beim Essen versuche ich natürlich was Gesundes, wofür ich eventuell etwas mehr ausgeben muss, zu kaufen. Da ist man als Mediziner eben entsprechend orientiert. Wir haben hier einen Tegut-Supermarkt. Ich glaube, das ist die beste Supermarktkette, die es in Deutschland überhaupt gibt. Die haben über 1 000 Bio-Produkte.

Ist für Sie bei Bio-Produkten neben der Gesundheit auch der Aspekt der Nachhaltigkeit von Bedeutung?

Nachhaltigkeit ist für mich ein sehr wichtiges Thema. In meinem Haus habe ich einen schönen Bio-Garten, der nie gespritzt wurde. In meiner Wohnung hier habe ich ausschließlich Energiesparlampen, und bei meinen Geräten achte ich immer darauf, dass sie nicht im Standby-Modus sind, wenn ich sie nicht benutze.

Als Mediziner und Biologe weiß ich viel über die Natur und wie pfleglich man mit ihr umgehen muss. Natürlich bringt es nichts, wenn ich diesen Lebensstil allein praktiziere, aber wir haben doch einen ganz erheblichen Einfluss auf unsere Mitmenschen. Wenn einer sich korrekt verhält, ist das durchaus Anlass dafür, dass sich zehn Leute um ihn herum auch korrekt verhalten. Und diese zehn Leute werden weitere Menschen dazu veranlassen, sich umzuorientieren. Deshalb lohnt es sich, dass man sich auch als Einzelner ganz bewusst verhält und mit anderen darüber redet. Nach dem Motto: Verhalte dich nachhaltig und rede auch darüber!

Kürzlich hatte ich Ärger mit meinem Fischhändler. Er hatte den sogenannten Viktoriabarsch in seinem Sortiment. Da habe ich gesagt: »Den können Sie nicht verkaufen!« Der Viktoriabarsch wurde ursprünglich vom Nil in den Viktoriasee eingesetzt, und – auch wenn er vielleicht gut schmeckt – er frisst die ganze interessante biologische Vielfalt im Viktoriasee weg und wird von den Einheimischen unter unerträglich ausbeuterischen Bedingungen gefangen. Der Fischhändler meint: Das dürfe ich nicht sagen, von irgendetwas müsse er ja schließlich auch leben. Wir dürfen uns nicht scheuen, auf eine ausgewogene Natur und Nachhaltigkeit immer deutlich hinzuweisen. Das sage ich dann auch zu Kunden: »Den Fisch können Sie nicht kaufen, das ist nicht vertretbar! Es gibt noch andere Fische, die unter natürlichen Bedingungen aufwachsen oder nachhaltig gezüchtet werden.«

Die Wünsche und Bedürfnisse der Greyhopper

Sense- and Sensibility-Konsum: Greyhopper sind in der Regel keine Konsumfeinde, sie konsumieren gerne, allerdings achten sie sehr genau auf Qualität. Einfachheit ist ihnen wichtiger als der Preis. Sie sind jedoch sehr empfänglich für Dinge, die authentisch und sinnlich daherkommen. Manufactum ist eine Marke, die die Bedürfnisse der Greyhopper exakt bedient: Dinge, die unverwechselbar sind, eine Geschichte und eine nachvollziehbare Herkunft haben – so wie die Greyhopper selbst.

Greyhopper sind Bilderbuch-LOHAS: Der Lifestyle of Health and Sustainability, kurz LOHAS, wird von den Greyhoppern idealtypisch verkörpert. Sie lieben es, sich nachhaltig, gesund und genussvoll zu ernähren. Ihr ganzheitliches Weltbild fordert von ihnen, in Balance mit sich selbst, mit ihrer Mitwelt und mit der Umwelt zu leben. Der Genuss kommt dabei jedoch keineswegs zu kurz. Gesunde Ernährung und ein darüber hinausgehender gesunder Lebensstil haben bei den Greyhoppern nichts mit Verzicht zu tun. Greyhopper nehmen sich viel Zeit, um die für sie richtigen Produkte zu finden, sie sind auf keinen Vertriebskanal festgelegt. Sie schätzen das Internet ebenso wie den Wochenmarkt. Gerade Lebensmitteleinkauf bedeutet für die Greyhopper mehr, als das zum Leben notwendige zu ergattern: Einkaufen ist Kommunikation und Lebensstil, ein ganz zentraler Aspekt ihres Lebens.

Greyhopper definieren Luxus um: Greyhopper (unter ihnen auch nicht wenige Frauen) sind eine Premiumzielgruppe für Outdoor- und Sportbekleidungsartikel. Für exzellente Qualität bezahlen sie gerne den höheren Preis. Ihre Luxusbedürfnisse gehen eher weg vom klassischen Prestigeluxus. Sie gehören zu den Vertretern eines neuen Luxus, die individuellem Wohlfühlen den Vorzug gegenüber Statusprodukten geben. Sie wissen um ihre Bedeutung als kaufkräftige Konsumenten und wollen mit ihren Kaufentscheidungen, wenn irgendwie möglich, sowohl Gutes tun als auch Position beziehen.

Wie sich Trend-Pioniere auf die Greyhopper einstellen

Adventure für Alte: Der US-Reiseveranstalter Eldertreks ist nach eigenen Angaben der weltweit erste Anbieter von Abenteuerreisen für die Zielgruppe der über 50-Jährigen. Seit nun 20 Jahren kann man die aktiven und außergewöhnlichen Reiserlebnisse zu Lande oder auf dem Wasser in über 80 Ländern buchen: von der Wildnis-Safari in Tansania, Wandern im chilenischen Torres del Paine bis zur kamelberittenen Entdeckungsreise durch die Mongolei (www.eldertreks.com).

Krankheitsbewältigung war gestern: SecondaVita bietet Präventionsprogramme für nicht mehr junge und noch lange nicht alte Menschen ab 45 an. Die Devise: Kopf und Körper sind in der Lage, sich selbst gesund zu erhalten. Andrea S. Klahre, Gründerin von SecondaVita, arbeitet als Präventologin in Anlehnung an die Mind Body Medicine der Harvard Medical School in Boston und hilft ihren Kunden in Gesprächen sowie praktischen Übungen, sinnvoll, effektiv und nachhaltig an den Themen Stress, Selbstfürsorge und vitales Altern zu arbeiten (www.secondavita.de).

Kilimandscharo-60plus-Tour: Wer mit 60 Jahren noch einmal hoch hinaus möchte, kann bei Hubert Schwarz die 14-tägige Kilimandscharo-60plus-Tour buchen. Im Reisepreis von 3995 Euro enthalten sind unter anderem die Übernachtungen (auch fünf Hüttenübernachtungen am Kilimandscharo), der Hin- und Rückflug sowie zwei vorbereitende Informationswochenenden im Hubert-Schwarz-Zentrum. Vorausgesetzt wird neben einer guten physischen Leistungsfähigkeit auch eine hohe psychische Belastbarkeit. Wer trotzdem eine individuelle Ernährungsberatung oder Fitness-Vorbereitung auf die Tour braucht, kann mit einem 6- oder 9-monatigen Kili-Coaching-Paket für 440 respektive 490 Euro persönliche sporttherapeutische und medizinische Betreuung bis zum Tag der Abreise in Anspruch nehmen (www.hubert-schwarz.com).

Prognose 2020

Nicht nur die längere Lebenserwartung und der medizinische Fortschritt, sondern auch neue wissenschaftliche Erkenntnisse begünstigen den sportlich-spirituellen Lebensstil der Greyhopper. Der Greyhopper-Lebensstil wird sich in den nächsten Jahren noch stärker etablieren. Die Zahl der Greyhopper wird bis zum Jahr 2020 auf 6,1 Millionen ansteigen.

Zehn Grundregeln für das Marketing im 21. Jahrhundert

1. Individualisierung richtig einschätzen

Verabschieden Sie sich von isolierten Parametern wie Geschlecht, Alter und Einkommen, wenn Sie der zukünftigen Dynamik auf den Konsummärkten gerecht werden wollen. Die Individualisierungssehnsucht der Menschen zielt auf mehr Autonomie im Lebensvollzug. Individualisierung heißt aber nicht, eine Unmenge von Mass-customized-Produkten auf die überfüllten Konsummärkte zu werfen.

Individualisierung beschreibt die Herauslösung des Einzelnen aus den traditionellen Bindungen von Herkunft, Gesellschaftsschicht und Religion. Die Lebensstile der Zukunft, die wir Ihnen hier vorgestellt haben, werden sich bis 2020 und darüber hinaus noch weiter und mitunter deutlich individualisieren. Das ist bedingt durch volatile Konjunkturverläufe, nervöse Märkte, die Beschleunigung der Lebensverhältnisse sowie die Megatrends Neo-Ökologie und New Work und andere Ungewissheiten. Aber dieser Individualisierungsprozess wird vor allem von den Einzelnen eingefordert – als Zugewinn an Lebensqualität und Autonomie. Individualisierung ist das Faustpfand für einen gelungenen Gesellschaftsentwurf in der Zukunft. Während Individualisierung eine positive Entwicklung zu mehr Selbstverantwortung und persönlicher Einzigartigkeit bezeichnet, zielt der Begriff Individualismus auf eine kulturpessimistische Beschreibung für moderne Gesellschaften, in denen Tendenzen der Vereinsamung und des Egozentrischen beklagt werden. Indem wir die Bedeutung von Individualisierung für das Marketing 2020 hervorheben, möchten wir nicht der besinnungslosen Diversifizierung von Produkten das Wort reden. Wir haben MyMüsli, MyAdidas, MyMedicine und vieles mehr – aber diese Lawinen haben unser Leben bislang noch nicht maßgeblich verändert. Was wir dagegen unter Individualisierung verstehen, ist, innovative Ideen zu entwickeln, die dem

Einzelnen dabei helfen, mehr individuelle Lebensqualität und eine höhere Erfahrungsintensität zu erlangen. Fraglos sind iPod/iPhone Ideen solcher »Individualisierer«, denn sie ermöglichen es uns, zum Genießer unseres eigenen »Soundtracks des Lebens« zu werden. Lust an Selbstverantwortung und das Bedürfnis nach individuellem Self-Design setzen sich immer mehr durch. Individualisierung bedeutet keinesfalls, dass wir in eine Kultur der selbstverliebten »Ichlinge« einschwenken.

2. Unfocus

Je unübersichtlicher das Leben ist und je mehr Veränderungen, Übergänge und Zäsuren das Leben prägen, umso mehr braucht ein zukunftsfähiges Marketing Instrumente, die mit dieser gesteigerten Komplexität umgehen können. Die Devise kann deshalb nur lauten: Den Fokus erweitern, die sozialen Begleitumstände des Konsums können wichtiger sein als Einkommen und Schichtzugehörigkeit.

Noch folgt die Mehrzahl unserer Lebensbiografien einem starren und gesellschaftlich vorgegebenen Muster. Im Zeitalter der Multigrafie werden sich die Menschen ihren Lebenslauf jedoch mehr und mehr selbst »zusammenbasteln«. Gesellschaft und Politik müssen diesen veränderten Bedürfnissen und Situationen in Zukunft Rechnung tragen. Mehr denn je ist es wichtig, die konkreten Lebensumstände in Betracht zu ziehen, und vor allem: die in immer kürzeren Abständen wechselnden Situationen zu berücksichtigen. Entscheidend werden Fragen wie: Was ist die nächste Veränderung, die ansteht, auf welchen Gebieten (Beruf, Familie, Individualität) finden in nächster Zeit Umorientierungen statt, welche Konsequenzen hat es, wenn Kinder ins Haus kommen und die Rush-Hour des Lebens beginnt et cetera. Vor allem Marketing und Management müssen sich vor Augen führen, dass substanzielle Einsichten in die Biografien der Menschen nicht mehr über eindimensionale Fragebogenprozeduren zu haben sind. Aus dieser Unübersichtlichkeit heraus ergeben sich zugleich noch Chancen für neue Einsichten. Die Wichtigste: Wir müssen uns auf bislang ungekannten Wegen Erkenntnisse über unsere Kunden verschaffen. Neue Medien führen zu neuen Gewohnheiten, machen diese Gewohnheiten aber auch auf neue Weise überprüfbar. Die Atomisierung der Mediennutzung enthält die

Chance des individuelleren Monitorings des Konsums von Internet, TV, Zeitung und so weiter. Einblicke in die Podcast-Playlist des iPods, in das Weblog oder in die Bookmarks des persönlichen Rechners verraten mitunter mehr über die Vorlieben und Bedürfnisse eines Menschen als die Laborsituation einer Fokusgruppe.

3. Neues Geschlechter- und Generationen-Commitment

Wir erleben gerade eine Revolutionierung der Geschlechterverhältnisse. Männer werden stärker in Erziehungs- und Gefühlsarbeit einbezogen – und entwickeln neue Konsumbedürfnisse. Senioren wagen den zweiten Aufbruch, auch im Konsum.

Lebensstile im Jahr 2020 setzen sich souverän über alte Gewissheiten hinweg. Als da wären: Männer sind Kaufmuffel, Frauen sind Shopping-Victims, Alte haben keine ausgeprägten Eigenwünsche mehr und so weiter. Schon seit einigen Jahren ist es die 50plus-Kohorte, der das größte Budget für Reisen und Wellness zur Verfügung steht – Alte avancieren zur Erlebniszielgruppe Nummer eins. Männer gehen mit neuen Bedürfnissen und Motiven auf die Konsummärkte: In den vergangenen Jahren erzielten vor allem Männerprodukte für Gesichtspflege weltweit eine Wachstumsrate von 72 Prozent. Die Anzahl der männlichen und weiblichen Nutzer derartiger Angebote differiert längst nicht mehr so stark wie noch vor einigen Jahren. 790 000 Frauen suchen regelmäßig Spa-Bereiche auf, während 370 000 Männer es ihnen mittlerweile gleichtun. In den nächsten Jahren werden wir erleben, dass besonders die Rollen zwischen Männern und Frauen neu definiert werden. Dabei kommt es mitunter zu Inversionen (Umkehrungen) der bestehenden Muster (Vergleichen Sie hierzu die Tiger-Ladys und die Super-Daddys). Trotzdem werden die Männer nicht nur die Bedürfnisse der Frauen für sich entdecken. Sie werden aufgrund ihrer neuen Lebenssituation neue Bedürfnisse ausprägen, von denen wir heute zum Teil noch gar nichts wissen. Fest steht auf jeden Fall, dass Männer künftig mehr Beratungs- und Gesundheitsbedarf artikulieren werden – allerdings nicht in der Form, wie es Frauen tun. Außerdem werden sich die Soziologie und die Ökonomie der Familie grundlegend verändern.

4. Prognostisches Marktverstehen statt überholtes Milieudenken

Um Märkte (und das entsprechende Marketing) in der Zukunft zu verstehen, sind Lebensstile und Trends das richtige Rüstzeug. Während sich an den Lebensstilen die Veränderungen in der sozialen Welt nachvollziehen lassen, geben Trends und Megatrends Auskunft über die relevantesten Veränderungen auf den Märkten und in der Gesellschaft.

Achten Sie in Zukunft auf die Wandlungen in den Lebensstilen einer Gesellschaft, gerade weil sich Milieus, Subkulturen und Schichten kaum noch plausibel und trennscharf analysieren lassen. Im Gegensatz zur Marktforschung setzen wir als Trendforscher nicht bei der Suggestion von großen, einheitlichen Clustern, Gruppen und Kohorten an. Trend- und Zukunftsforschung liefert Ihnen »prognostisches Marktverstehen« (Vergleichen Sie hierzu auch die Einleitung). Trends sind konkrete Manifestationen von signifikanten Veränderungsprozessen in Wirtschaft und Gesellschaft, die eine Halbwertzeit von zehn bis 30 Jahren haben. Dieses individuell steuerbaren Werkzeug der Trendanalyse, davon sind wir überzeugt, erreicht erst die Tiefenschichten der Bedürfnisse und Wünsche der Menschen. Und nur wer sich die Mühe macht, auf diese Ebenen vorzustoßen, wird künftig noch relevante Planungsdaten zum Konsumenten von morgen an die Hand bekommen. Gegenüber der klassischen Marktforschung haben trendbasierte Lebensstile den Vorteil, dass sie Zukunft planbar machen.

5. Familie 2.0

Bis tief in die 1980er Jahre hinein galt die Familie als Geburtsstätte von Neurosen und Verzweiflung. Momentan erleben wir eine Neubewertung der Familie. Familie 2.0 ist das Beziehungsmodell der Zukunft: Keine Zwangsgemeinschaft, aber dafür ein neues Vergemeinschaftungskonzept, das neue Anforderungen an ein zeitgemäßes Marketing stellt.

Lösen Sie sich von dem Gedanken, dass Familien die immer gleichen Bedürfnisse produzieren und mit standardisierten Angeboten zufrieden zu stellen seien. Die Re-Fokussierung der Familie durch Staat und Gesellschaft sowie die Individualisierungswünsche der Familienakteure führen in den nächsten Jahren dazu, dass im System Familie eine Vielzahl neuer Konsumpersönlichkeiten und -erwartungen ausgebildet werden (Väter, die sich mit dem Liebeskummer ihrer Töchter auseinander setzen müssen, stellen auch neue Ansprüche an die Markenartikelindustrie). Familie 2.0 heißt deshalb auch: es bilden sich neue Orte und Gelegenheiten des Genusses heraus, es entstehen neue Mobilitätsbedürfnisse (der geschiedene Vater, der seine Kinder abholt), es kommt zu neuen Beziehungsformen zwischen den Generationen. All das sollte ein Marketing interessieren, dass langfristig denkt und sich vor Augen zu führen vermag, dass signifikante Veränderungen in der Beziehungsrealität auch direkt auf die Konsumgewohnheiten der Menschen ausstrahlen. Um es nur noch einmal zu betonen: Es macht einfach einen Unterschied, ob man mit einer sich aufopfernden Mutter aus den 1950er Jahren kommuniziert oder die Bedürfnisse einer alleinerziehenden Karrierefrau und Mutter zum Ausgangspunkt seiner Überlegungen macht. Nur wer diese Veränderungen im Familienbild aufmerksam registriert, wird die neuen Bedürfniskonstellationen verstehen und in innovatives Handeln umsetzen können. Familien im 21. Jahrhundert leiden besonders unter drei konkreten Lebensknappheiten: Zeit, Komplexität und Unterstützung (finanzieller und ideeller Art). Marketing 2020 sollte sich vor allem dieser Lebensknappheiten annehmen.

6. Jugend: Generation Gemeinsinn

Jugend ist seit jeher ein Lieblingsobjekt des Marketings, denn Jugendlichkeit ist eine unbestrittene Kollektivsehnsucht. Jugend wird darüber hinaus fast tagtäglich als Sinnbild für Hoffnungslosigkeit, Perspektivlosigkeit, »Null Bock« und so weiter eingesetzt. Jugend im 21. Jahrhundert gibt dem Marketing jedoch ganz andere Rätsel auf.

Unbestritten ist: Für die jungen Generationen werden das Motiv des Protests und die Abgrenzungsrituale gegenüber der Erwachsenenwelt immer sekundärer. Bei ihren Lebensstilen stehen künftig stärker Sozialtechniken wie Unsicherheitsmanagement und das Bedürfnis nach Gemeinsinn im Vordergrund. Bei der jungen Generation (aber nicht nur dort) findet überdies gerade eine Markendämmerung statt. An die Stelle des Distinktionen und

Identität suggerierenden Shirts tritt das Gadget, das Portal, von dem aus sich kommunizieren lässt. Die Jugendmarken der Zukunft werden deshalb Community-Marken sein: Ermöglicher von Kommunikation wie myspace und YouTube, Produkte, die reale Kommunikation erlauben (und sei es im virtuellen Raum des Internets). Fiktive Identitätsversprechen über klassische Markenstrategien treten demgegenüber eindeutig in den Hintergrund. Marketing im Jahr 2020 sollte sich auf eine Jugend einstellen, die sich nach Begriffen wie Klarheit, Einfachheit und Authentizität sehnt. Eine amerikanische Untersuchung zum Markenkonsum von 21- bis 27-jährigen Jugendlichen kam zu dem Ergebnis, dass einfache, authentische und ökologisch korrekte Marken bevorzugt werden. Zu den Zukunftsmarken gehören folglich: Apple (aufgrund seiner simplen, aber klugen und edlen Ästhetik), Jet Blue (eine Billigfluglinie mit hohem Design-Anspruch) und Trader Joe's (ein Lebensmittelhändler mit vielen Handelsmarken und einem Multikulti-Angebot zu erschwinglichen Preisen). Natürlich stehen bei Amerikas Hippster auch Brands wie American Apparel, Whole Foods Market und Adidas (aufgrund seiner Retro-Produkte) hoch im Kurs.

7. Die Macht der Situation

Lebensstile konkretisieren sich in Lebenssituationen. Die meisten Menschen werden sich in der Zukunft mit sich immer schneller wandelnden Lebenssituationen auseinandersetzen müssen. Eine genaue Kenntnis dieser Lebenssituationen führt in der Regel zu den »wirklich wichtigen« Wünschen und den »wirklich wichtigen« Engpässen des Lebens.

Situationen, in denen (Mega-)Trends auf Wünsche und Gewohnheiten treffen, sind künftig aufschlussreicher als isolierte Daten, die das schematische Handeln von Einzelpersonen wiedergeben sollen. Aber wie lassen sich diese Situationen aus dem Punktuellen und Impressionistischen herauslösen und einer erhellenden Analyse zuführen? Wir sind davon überzeugt, dass Lebensphasen (das Ende einer Beziehung, ein Kind kommt ins Haus, der Lebenspartner verstirbt, der Ruhestand beginnt) mehr Klarheit bringen werden als exakte Zielgruppenberechnungen. Unsere Lebensstil-Typologie setzt an eben diesem Punkt an: Sie beschreibt konkrete Individuen in Kontexten, die sie sich zwar nicht autonom wählen konnten, die sie selbst aber immer stärker gestalten möchten. Wenn wir also fordern, dass ein zukunftsfähiges Marketing mit hoher Aufmerksamkeit Situationen und »Lebensweltkontexte« analysieren muss, dann heißt das im Umkehrschluss nicht, dass die Menschen von ihren Lebenslagen komplett determiniert werden. Situationen enthalten fast immer Handlungsspielräume für den Einzelnen. Ein intelligentes Marketing muss diese Spielräume im Vorfeld von Entscheidungen ausloten und die optionalen Szenarien beschreiben. Auf diese Weise wird der Pluralisierung der Lebens- und Konsumstile Rechnung getragen: Das Alter gibt tatsächlich keinen verlässlichen Hinweis mehr darauf, welche Musik ich höre. Und das Einkommen entscheidet nicht mehr zwingend darüber, nach welchen Kriterien ich meine Wohnung einrichte oder welches Auto ich fahre.

8. Die Ära der Multigrafie bricht an

Es ist Unsinn von einer Multioptionsgesellschaft zu reden. Auch ohne Finanzkrisen und Klimawandel ist selbst im 21. Jahrhundert nicht für jeden alles möglich. Es ist jedoch sinnvoll von Multigrafien zu sprechen, denn damit ist unter anderem gemeint, dass wir uns in einem künftigen Marketingdenken von linearen Biografien und eindimensionalen Verstehensmodellen verabschieden müssen.

An die Stelle der Normalbiografie treten zukünftig Multigrafien. Wir haben uns alle längst daran gewöhnt, dass es den einen Lebensarbeitsplatz, die für alle Zeit richtige Ausbildung und den perfekten Lebenspartner nicht gibt. Wenn wir von Multigrafien sprechen, dann ist damit eine schleichende Lebensstil-Revolution gemeint, die bis zum Jahr 2020 auf die Mehrheit der Deutschen zutreffen wird und die Logik kontinuierlicher Lebensläufe außer Kraft setzt. Wichtig wird es in Zukunft sein, die Überschneidungen und Gleichzeitigkeiten zu registrieren, die in einzelnen Lebensphasen auftreten (Vaterschaft mit 60, miterziehender Großvater mit 60, Unruheständler mit 60: Silverpreneur, Greyhopper). Natürlich ist es auch hier wichtig, Situationen und Kontexte genau »lesen« zu lernen. Was wir bei unseren Lebensstil-Analysen unter anderem als Erkenntnis zutage fördern könnten, ist, dass Super-Grannys, Silverpreneure und Greyhopper einen Konsumstil pflegen, der stärker an 25-Jährige als an die 60-Jährigen des 20. Jahrhunderts erinnert. Es ist ein Grundmuster der Lebensstile im 21. Jahrhundert, dass bestimmte Prozesse wie Ausbildung/Lernen und Beziehung nie abgeschlossen sind beziehungsweise im Laufe eines Lebens mehrmals auf die persönliche Agenda rücken und neue Antworten verlangen. Beispiel lebenslanges Lernen: Früher genügte eine Ausbildung, um ein Leben lang »marktfähig« zu bleiben. In Zukunft wird ausnahmslos die gesamte Bevölkerung permanent am eigenen »Kompetenzprofil« feilen. Oder denken wir nur an das Heer der ergrauten Väter (von Franz Beckenbauer bis Anthony Quinn). Immer mehr Menschen jenseits der 50 und 60 Jahre riskieren »noch einmal« einen zweiten Aufbruch, lassen sich scheiden und verwirklichen sich in mitunter unkonventionellen beziehungsweise prekären Beziehungen. Auch hier werden plötzlich Beziehungsmodelle für Ältere interessant, die wir bislang nur den Heranwachsenden zugestanden haben: Alten-WG, Mehrgenerationenhaus, »Ehe ohne Trauschein«, taktisches Single-Dasein, das das nächste Beziehungsabenteuer aufschiebt, homosexuelle Beziehungen und so weiter. Auch hier werden Lebensbereiche verschoben und ineinandergeschachtelt, wie es noch vor 20 Jahren undenkbar gewesen wäre. Leben im 21. Jahrhundert heißt: aus der Linearität isolierter Lebensabschnitte auszubrechen – Lebensqualität bedeutet mithin, dass für die meisten zu jeder Zeit vieles möglich ist.

9. Überschneidungen und Gleichzeitigkeiten berücksichtigen

Erst seit wir die Individualisierung unserer Lebensverhältnisse beobachten, also etwa seit Beginn des 20. Jahrhunderts, können wir sinnvollerweise von Lebensstilen sprechen, die unsere Konsumgewohnheiten maßgeblich prägen. Seitdem verhalten sich Konsumenten in zunehmendem Maße widersprüchlich, eigensinnig und störrisch.

Unterschiedliche Lebensstile bringen unterschiedliche Bedürfnisse hervor, aber nicht nur das. Neben den Überschneidungen und Gleichzeitigkeiten, also Multigrafien, die künftige Lebensentwürfe kennzeichnen, wird es für das Marketing in den nächsten Jahren zusehends wichtiger, den Blick für die Besonderheiten und Divergenzen in diesen Lebensentwürfen zu schärfen. Gute Beispiele dafür sind aus der Gruppe der Jungen die Inbetweens und die Young Globalists, die sich etwa in derselben Alterskohorte und einer ähnlichen Lebenssituation (Berufseinsteiger, Familienanfänger) wie die Latte-

Macchiatos befinden, aber allesamt doch ganz unterschiedliche Lebensstile mit unterschiedlichen Wünschen und Notwendigkeiten entwickeln. Sogenannte All-age-Phänomene wie beispielsweise die Nachfrage nach Harry-Potter-Büchern bei Enkeln und Großmüttern, Akademikern und Hauptschülern lehren uns aber auch, dass es durchaus lebensstilübergreifende Gemeinsamkeiten geben kann. Das Internet als individualisierbares Meta-Medium und die daraus entstandenen neuen und individualisierten Kommunikationsformen (Blogs, E-Mail und so weiter) erlauben es dem Marketing tatsächlich, das »Segment of one« zur größten Herausforderung der nächsten Jahre zu machen. Für das Marketing von morgen wird es darauf ankommen, Individualisierung in ihren komplizierten Facetten zu begreifen und so lange wie möglich Zielgruppen-Clusterungen zu widerstehen, die auf den ersten Blick Ordnung schaffen (Alter, Einkommen, Geschlecht), die zeitgenössische Realität aber nicht mehr abzubilden vermögen.

10. Den permanenten Übergang planen

(Mega-)Trends, Lebensstile und Werte sind die Trias, vor deren Hintergrund das hochgradig flüchtige und widersinnige Konsumverhalten der Menschen im 21. Jahrhundert beschreibbar wird. Wo herkömmliche Marktforschung gegenwartsfixierte Momentaufnahmen liefert, lassen (Mega-)Trends, Lebensstile und Werte das ganze Bild des Konsumenten von morgen entstehen.

Lebensstile sind vorübergehende Positionen, die mehr von Trends und Situationen abhängen – und weniger von klassischen Wertemustern. Die elf Lebensstile, die wir Ihnen in diesem Buch präsentiert haben, sind also keine auf ewige Zeiten in Stein gemeißelten Existenzentwürfe. Über unsere Zahlenrecherchen und gekoppelt an unsere Trend- und Megatrend-Analysen lassen sich jedoch Anzeichen dafür finden, dass Sie mit den elf Lebensstilen die Konsumavantgarde der nächsten zehn bis 15 Jahre in den Händen halten. Die Menschen, die sich in den nächsten Jahren diesen Lebensstilen »zuordnen« werden, werden dadurch jedoch nicht herkömmliche Werte über Bord werfen. Ganz im Gegenteil: Wir beobachten gerade angesichts der Finanzkrise und des drohenden Klimawandels, dass ein starkes Rollback zu klassischen Werten wie Familie und Natur stattfindet, Begriffe wie Treue, Authentizität und Freundschaft wieder hoch im Kurs stehen. Die Konsumenten des

Jahres 2020 entwickeln immer neue Strategien im Umgang mit den Ungewissheiten des modernen Lebens, womit sich auch neue Wertekonstellationen ergeben. Es wird also immer wichtiger, den Facettenreichtum der Lebensstile genauer kennen zu lernen, als zu wissen, wie groß oder homogen die Zielgruppe ist: Rein marktforscherisches Schubladendenken versperrt den Blick auf Veränderungen und die Sicht nach vorn. In allen Lebensstilen gibt es Gegensätze, die sich zu neuen (vorübergehenden) Einheiten formen und sich nicht mehr mit konstanten, abhängigen Variablen erfassen lassen.

Anmerkungen

1 *Spiegel Online* 17.2.2007 und 22.2.2007.

2 Schulze, Gerhard: *Die Erlebnisgesellschaft. Kultursoziologie der Gegenwart,* Frankfurt/New York 2005, S. 188.

3 *Die Welt* vom 16.10.2006: Friedrich-Ebert-Stiftung/TNS Infratest Sozialforschung: »Gesellschaft im Reformprozess«.

4 Gerhard Schulze: »Ökonomie und Glück«. In: Walter Ch. Zimmerli, Stefan Wolf (Hg.): *Spurwechsel. Wirtschaft weiter denken,* Hamburg 2006.

5 Statistisches Bundesamt und Bundesfamilienministerium.

6 *Der Spiegel*, 27.2.2007.

7 Liviá Olah: *Gendering Family Dynamics. The Case of Sweden and Hungary*, Stockholm 2001.

8 *Der Spiegel*, 26.02.2007.

9 *Die Zeit,* 12/2005.

10 Bertram, Hans/Kreher, Simone: »Lebensformen und Lebensverläufe in diesem Jahrhundert«. In: *Aus Politik und Zeitgeschichte* (APZU) Nr. 42, 1996.

11 *Stern,* 43/2005.

12 *Spiegel Special*, Nr. 4/2006, »Bewegung ist alles. Die Heilkraft des Sports«.

Register